"十四五"职业教育国家规划教材

电子商务网站建设及维护管理

（第 3 版）

主　编　余爱云　孟　丛
副主编　熊爱珍　贾　瑛
参　编　王　波　张　艳
　　　　任冰青　田　玲

北京理工大学出版社
BEIJING INSTITUTE OF TECHNOLOGY PRESS

版权专有　侵权必究

图书在版编目（CIP）数据

电子商务网站建设及维护管理/余爱云，孟丛主编. —3 版. —北京：北京理工大学出版社，2022.1（2024.1 重印）
ISBN 978-7-5763-0991-1

Ⅰ. ①电… Ⅱ. ①余… ②孟… Ⅲ. ①电子商务—网站建设—教材 Ⅳ. ①F713.36②TP393.092

中国版本图书馆 CIP 数据核字（2022）第 028232 号

责任编辑：陈莉华　　**文案编辑**：陈莉华
责任校对：刘亚男　　**责任印制**：施胜娟

出版发行 / 北京理工大学出版社有限责任公司
社　　址 / 北京市丰台区四合庄路 6 号
邮　　编 / 100070
电　　话 / （010）68914026（教材售后服务热线）
　　　　　（010）68944437（课件资源服务热线）
网　　址 / http://www.bitpress.com.cn
版 印 次 / 2024 年 1 月第 3 版第 3 次印刷
印　　刷 / 三河市天利华印刷装订有限公司
开　　本 / 787 mm×1092 mm　1/16
印　　张 / 20.25
字　　数 / 500 千字
定　　价 / 55.00 元

图书出现印装质量问题，请拨打售后服务热线，负责调换

前　言

　　电子商务作为我国战略性新型产业的重要组成部分，已经成为新时代中国经济发展的新引擎和"互联网+"时代大众创新的新平台。越来越多的企业认识到成功规划设计、建设推广、管理与维护电子商务网站对企业发展至关重要，而现实中能够满足企业需要的这种人才又非常匮乏。本教材以培养电子商务网站建设和维护的高端技能型人才为目标，围绕"项目导向、任务驱动、工学结合"的教学理念，根据电子商务网站建设岗位基本能力、职业素质要求、工作过程进行教材的编写。

　　本教材由三大部分组成。第一部分是电子商务网站的基础理论，包括电子商务及计算机网络技术认知、电子商务网站的规划与设计、电子商务网站运作方式设计，重点奠定学生规划设计网站的基础；第二部分为网站制作部分，包括 FrontPage 和最新的 Dreamweaver 网页制作工具的使用，以及网站运行环境构建；第三部分为网站的宣传推广与管理，包括电子商务网站推广与优化、电子商务网站管理、电子商务网站安全。三大部分、10 个项目的内容形成了一个完整的电子商务网站建设与管理体系。

　　本教材的主要特点如下：

　　（1）以项目教学、任务驱动贯穿整部教材。将原来以理论为主的学习过程，修订为以项目驱动、基于工作岗位进行任务分解，系统、全面地讲述了电子商务网站建设的相关知识，既有理论，更有实践，可以满足目前电子商务网站建设需要。

　　（2）充分挖掘思政元素，体现新时代新特点。本教材首次融入思想政治的相关内容。坚持以习近平新时代中国特色社会主义思想为指导，在本教材编写中，挖掘网站建设专业理论的相关理论知识，以体现网站建设课程和教学的思想政治性。同时将最新理论及实践案例引用于教材，使教材更能体现时代特征，并有助于学生更好地掌握电子商务网站建设的相关理论。如在本教材中引入云计算、物联网、4G 等新技术，应用微博、微信、二维码、网络多媒体等新概念。

　　（3）教学内容呈现方式丰富。教材中有图像作品、网页作品、动画作品和程序作品等教学范例，在学生制作过程中完成相应的教学内容。教学范例能体现相应操作技能内容的教学，学生在制作过程中不知不觉地学习相应的知识，避免了原来说教式的理论教学。在教学过程及作业安排中，鼓励学生制作自己喜欢的个性化作品，让学生在制作作品过程中完成学习过程。

　　（4）校企合作共同编写教材。该教材的编者是具有丰富的教学经验与编写（著）教材经验的一线教师，也有行业企业一线的网站制作经理。

　　（5）编写思路超前，突出职业能力培养。根据电子商务网站建设的职业特点，按照高校人才培养目标和职业实际，以能力为主线设计教学内容，相关的素材和案例都是当前正在应用或正在推广的并且相对成熟的技术。

　　本教材适用于高等本科院校、高等职业院校、成人高等院校相关专业网站建设课程的教学，也可作为企业网站建设的培训及自学学习用书。

本书由宝鸡职业技术学院余爱云和济南职业学院孟丛担任主编。余爱云提出了本教材的编写思想，设计了全书的整体架构和各项目目录，负责全书的统稿、修改和定稿。具体分工为：项目一、项目十由宝鸡职业技术学院熊爱珍编写和修订，项目二、项目三由宝鸡职业技术学院余爱云编写和修订，项目四由宝鸡职业技术学院王波编写修订，项目五由宝鸡职业技术学院张艳修订，项目六、项目七由宝鸡职业技术学院贾瑛编写和修订，项目八由济南职业学院孟丛编写和修订，项目九由宝鸡职业技术学院任冰青、田玲修订。参加本教材编写工作的除高等院校的一线教师外，还有北京博导前程信息技术股份有限公司赵阳、北京新迈尔科技公司等相关企业网络管理人员，他们具有多年相关课程的教学经验及网站设计、开发建设的实践经验，对网站的建设流程及创建相当熟悉，提供了丰富的企业案例。

教材中部分二维码微课素材由北京博导前程信息技术股份有限公司旗下 i 博导平台提供，在此向北京博导前程信息技术股份有限公司及旗下 i 博导平台对本教材提供的大力支持表示感谢！

本教材中的部分动画微课由深圳市新风向科技有限公司（http：//www. newvane. com. cn/）提供支持，在此表示感谢。

由于编者水平所限，书中难免存在不足之处，恳请读者批评指正。

编　者

目 录

项目一 走进电子商务 ·· (1)
知识准备 ·· (2)
    单元一 认知电子商务 ·· (2)
    单元二 认知电子商务网站 ·· (14)
任务实施 ·· (19)
    任务一 认知电子商务 ·· (19)
    任务二 认知电子商务网站 ·· (20)
技能训练 ·· (21)
    技能训练一 电子商务入门体验——访问当当网站 ·························· (21)
    技能训练二 小山村电商创业达人——贾文亮 ··································· (21)

项目二 认知 Internet 技术 ·· (24)
知识准备 ·· (25)
    单元一 Internet 技术 ·· (25)
    单元二 TCP/IP 协议和域名 ··· (29)
    单元三 电子商务网站运行平台 ·· (36)
任务实施 ·· (42)
    任务一 掌握 TCP/IP 地址 ·· (42)
    任务二 掌握域名申请 ·· (45)
    任务三 熟悉电子商务网站运行平台 ·· (47)
技能训练 ·· (47)
    技能训练一 建立网络连接,进行 IP 设置 ··· (48)
    技能训练二 注册域名 ·· (48)
    技能训练三 ISP 选择 ·· (49)
    技能训练四 服务器选择方案 ·· (49)

项目三 电子商务网站规划 ·· (51)
知识准备 ·· (52)

单元一　电子商务网站规划 ……………………………………………………… (52)
　　单元二　电子商务网站客户需求调查分析 ………………………………………… (59)
　　单元三　电子商务网站建设合同 …………………………………………………… (61)
　　单元四　电子商务网站制作流程 …………………………………………………… (63)
　任务实施 …………………………………………………………………………………… (66)
　　任务一　撰写电子商务网站规划书 ………………………………………………… (66)
　　任务二　电子商务网站客户需求调查与分析 ……………………………………… (70)
　　任务三　起草与签订电子商务网站建设合同 ……………………………………… (71)
　技能训练 …………………………………………………………………………………… (77)
　　技能训练一　撰写电子商务网站规划书 …………………………………………… (77)
　　技能训练二　电子商务网站客户需求调查 ………………………………………… (78)
　　技能训练三　电子商务网站规划步骤和技巧 ……………………………………… (79)
　　技能训练四　电子商务网站建设合同签订 ………………………………………… (80)
　　技能训练五　电子商务网站建设规划 ……………………………………………… (80)

项目四　电子商务网站设计 ……………………………………………………………… (82)
　知识准备 …………………………………………………………………………………… (83)
　　单元一　电子商务网站首页设计 …………………………………………………… (83)
　　单元二　电子商务网站内容设计 …………………………………………………… (88)
　　单元三　电子商务网站页面可视化设计 …………………………………………… (93)
　　单元四　电子商务网站风格设计 …………………………………………………… (104)
　　单元五　电子商务网站目录结构设计 ……………………………………………… (109)
　任务实施 …………………………………………………………………………………… (112)
　　任务一　设计电子商务网站首页 …………………………………………………… (112)
　　任务二　电子商务网站页面可视化设计 …………………………………………… (114)
　　任务三　电子商务网站风格设计 …………………………………………………… (116)
　　任务四　设计电子商务网站的目录结构 …………………………………………… (117)
　技能训练 …………………………………………………………………………………… (118)
　　技能训练一　电子商务网站内容规划 ……………………………………………… (118)
　　技能训练二　电子商务网站风格设计 ……………………………………………… (119)
　　技能训练三　设计电子商务网站 …………………………………………………… (119)

项目五　电子商务网站运作方式设计 …………………………………………………… (122)
　知识准备 …………………………………………………………………………………… (123)
　　单元一　电子商务网站网页素材 …………………………………………………… (123)
　　单元二　电子商务网站商品展示方式 ……………………………………………… (130)
　　单元三　电子商务网站支付方式 …………………………………………………… (135)
　　单元四　电子商务网站商品配送方式 ……………………………………………… (137)
　任务实施 …………………………………………………………………………………… (140)
　　任务一　准备电子商务网站网页素材 ……………………………………………… (140)
　　任务二　设计电子商务网站商品的展示方式 ……………………………………… (143)

任务三　选择电子商务网站的支付方式 (144)
　　任务四　选择电子商务网站的配送方式 (145)
　技能训练 (148)
　　技能训练一　准备电子商务网站素材 (148)
　　技能训练二　设计电子商务网站商品展示方式 (149)
　　技能训练三　选择电子商务网站支付方式 (150)
　　技能训练四　选择电子商务网站配送方式 (151)

项目六　构建电子商务网站运行环境 (153)
　知识准备 (154)
　　单元一　认识 Web 站点及 IIS (154)
　　单元二　FTP 站点的创建 (156)
　任务实施 (159)
　　任务一　安装 IIS (159)
　　任务二　设置 IIS (162)
　　任务三　FTP 站点、Web 站点虚拟目录的创建 (167)
　　任务四　FTP 站点的维护和管理 (172)
　　任务五　测试网站服务器 (176)
　技能训练 (179)
　　技能训练一　安装并使用 IIS (179)
　　技能训练二　创建 FTP 站点和虚拟目录 (180)

项目七　电子商务网站制作 (182)
　知识准备 (183)
　　单元一　静态网页基础知识 (183)
　　单元二　动态网页制作知识 (190)
　任务实施 (197)
　　任务一　静态网页制作 (197)
　　任务二　动态网页制作 (202)
　技能训练 (208)
　　技能训练　网页的设计和开发 (208)

项目八　电子商务网站推广与优化 (210)
　知识准备 (211)
　　单元一　传统的宣传与推广方式 (211)
　　单元二　网络宣传与推广方式 (213)
　　单元三　电子商务网站的信息沟通与分析 (226)
　　单元四　电子商务网站的优化 (229)
　任务实施 (232)
　　任务一　电子商务网站线下推广 (232)
　　任务二　电子商务网站网络推广 (234)
　　任务三　收集与处理网站用户反馈信息 (235)

技能训练……………………………………………………………………………………(238)
    技能训练一　传统推广服饰销售网站…………………………………………………(238)
    技能训练二　网络推广数码产品销售网站………………………………………………(239)
    技能训练三　管理电子商务网站广告业务………………………………………………(239)
    技能训练四　利用软文推广电子商务网站………………………………………………(241)

项目九　电子商务网站管理……………………………………………………………(243)

知识准备……………………………………………………………………………………(244)
    单元一　电子商务网站管理的模式及内容………………………………………………(244)
    单元二　电子商务网站数据备份与恢复…………………………………………………(255)
    单元三　电子商务网站工作人员权限的管理……………………………………………(256)
    单元四　电子商务网站软硬件设备的管理………………………………………………(259)
任务实施……………………………………………………………………………………(262)
    任务一　确定电子商务网站管理的内容…………………………………………………(263)
    任务二　备份与恢复电子商务网站数据…………………………………………………(265)
    任务三　管理和设置人员权限控制………………………………………………………(270)
    任务四　管理与维护网站硬件设备………………………………………………………(277)
技能训练……………………………………………………………………………………(279)
    技能训练一　撰写网站管理制度…………………………………………………………(279)
    技能训练二　备份与恢复网站数据………………………………………………………(279)
    技能训练三　电子商务网站维护…………………………………………………………(279)
    技能训练四　管理与维护网站硬件设备…………………………………………………(280)

项目十　电子商务网站安全……………………………………………………………(282)

知识准备……………………………………………………………………………………(282)
    单元一　电子商务网站安全隐患…………………………………………………………(285)
    单元二　电子商务网站安全对策…………………………………………………………(292)
    单元三　电子商务网站常见病毒防范……………………………………………………(303)
任务实施……………………………………………………………………………………(307)
    任务一　安装防病毒软件…………………………………………………………………(307)
    任务二　安装防火墙………………………………………………………………………(311)
技能训练……………………………………………………………………………………(314)
    技能训练一　支付宝数字证书的申请……………………………………………………(314)
    技能训练二　360 安全卫士的使用………………………………………………………(314)

参考文献……………………………………………………………………………………(316)

项目一

走进电子商务

走进电子商务

知识目标

- 掌握电子商务的定义及特点。
- 熟悉电子商务系统的框架结构。
- 了解电子商务的功能。
- 了解电子商务网站的定义。
- 熟悉电子商务网站的功能。
- 掌握电子商务网站的构成和要素。

能力目标

- 专业能力目标：掌握电子商务的定义及特点，熟悉电子商务系统的框架结构，了解电子商务的功能及发展趋势，了解电子商务网站的定义，熟悉电子商务网站的功能，掌握电子商务网站的构成和要素。
- 社会能力目标：具有独立思考问题的能力，具有分析问题的能力，具有解决问题的能力和文字表达能力。
- 方法能力目标：自学能力，文字编排能力，分析网站架构、功能、布局等技能；具有网上创业理念的培养能力。

素质目标

- 通过电子商务的认知，尤其是移动电子商务的快速发展，激发同学们强烈的民族自豪感和爱国情怀。
- 使学生正确认识电子商务网站，激励学生创新意识，发扬自主创业精神。

> 知识准备

单元一　认知电子商务

20 世纪 60 年代，随着计算机的问世，美国国防部着手研究怎样通过计算机将一台电脑信息自动传递到另一台或更多电脑上，以确保美国在美苏冷战中由于局部战争据点的摧毁而不影响获取前线信息的准确性，于是产生了 EDI（电子数据交换，Electronic Date Interchange，简称 EDI）的电子商务，这是最早电子商务的雏形，被应用于政府计划、教育科研、海关税收、国际贸易等领域，但由于高昂的 VAN（增值网，Value Added Net，简称 VAN）费用导致 EDI 的电子商务发展缓慢，一直未进入商业化应用。直到 20 世纪 90 年代，随着 Internet 的产生及发展，才产生了真正意义上的电子商务，率先在美国发展起来，并迅速扩展到欧洲、亚洲等国家，极大地推动了全世界经济的发展。电子商务迅速地影响了我们的生产、生活、流通方式，改变了人们的消费方式与购物渠道，带来 IT 信息业的崛起，带动网络金融的创新、政府办公电子化、电子商务法律的问世，推动物流及快递业的快速成长等，它已经影响了社会的方方面面。"轻触鼠标，货从天下来"已成现实，实现了"无店铺营销"及"无库存"生产和网络营销，素不谋面的企业、组织或个人，虽然相隔万里，仍然可以通过网络完成信息交流、商品交换、情感沟通和协同工作。

互联网的极大发展更是影响了商业、工业、农业、服务业的变革，它们纷纷试水网络营销，线上线下 O2O（Online to Offline）经营已成为主流，国家"互联网+行动计划"的出台更是推动了电子商务的大力发展。移动电子商务、跨境电商、农村电商、社交电商、云电商、APP、短视频应用程序、直播电商、VR 等不断涌现，让人眼花缭乱、目不暇接。

一、电子商务的含义

（一）不同的国际组织和机构的定义

电子商务经过十多年的发展，可谓初具规模，然而至今没有一个统一的定义。欧洲经济委员会、联合国经济合作和发展组织（OECD）、全球信息基础设施委员会（GIIC）电子商务工作委员会、加拿大电子商务协会、美国政府"全球电子商务纲要"、《中国电子商务蓝皮书：2001 年度》、IBM 以及惠普公司等都对电子商务给出了不同的定义。

（二）本书中电子商务的含义

电子商务有广义和狭义之分。广义的电子商务是指基于互联网的全部商务活动。这一概念用英文 Electronic Business（简称 EB）表示，包括利用网络进行的有形的商品交易、无形的信息与服务贸易和知识产权贸易等业务，涉及商家、企业、金融、税收、法律、政府、机构团体等部门和消费者在内的广泛的商业活动，也包括电子政务和企业内部业务联系的电子化、网络化，如建立企业管理信息系统、市场调查分析、计划安排、资源调配等管理活动。

狭义的电子商务，是指利用 Web 实现整个贸易的电子化。这一概念用英文 Electronic Commerce（电子交易，简称 EC）表示，它强调的是网上交易或电子交易，往往是有偿的。较低层次的电子商务只能完成电子交易的部分环节，如电子商情发布、网上订货等。较高层次的电子商务是利用网络完成全部的交易过程，包括信息流、商流、资金流和物流，从寻找客户、商务洽谈、签订合同到付款结算都在网上进行。

电子商务是通过 Internet 实现企业、商家及消费者的网上购物、网上交易、网上支付等一系列商务活动。电子商务是一种新的商业形式，从本质上说，它就是通过电子手段进行商业贸易活动。电子商务是一种业务流程、组织结构、思维观念、生活方式等的转型和变革。将利用各类电子信息网络进行的广告、设计、开发、推销、采购、结算等全部贸易活动都纳入电子商务的范畴则较为妥当。

一般而言，电子商务应包含以下 5 点含义。

（1）采用多种电子方式，包括内部网 Intranet、外部网 Extranet、EDI 网络、因特网 Internet 等，特别是采用 Internet，Internet 是电子商务的基础框架、载体。

（2）实现商品交易、服务交易（其中包含人力资源、资金、信息服务等），包括实体商品和虚体商品，也就是有形商务、在线服务、虚体和信息服务。

（3）包含企业间的商务活动，也包含企业内部的商务活动，实现生产、经营、管理、财务等商务活动的自动化、信息化、内部网络化。

（4）涵盖交易的各个环节，如广告、新产品开发、设计、生产、推广、销售、询价、报价、订货、支付、配送、售后服务等。

（5）采用电子方式是形式，信息自动通过网络传递、不需要人工的介入，跨越时空、提高效率是主要目的。

综合以上分析，我们可以为电子商务做出这样的定义：电子商务是各种具有商业活动能力和需求的实体（生产企业、商贸企业、金融企业、政府机构、个人消费者……）为了跨越时空限制，提高商务活动效率，而采用计算机网络和各种数字化传媒技术等电子方式实现商品交易和服务交易的一种贸易形式。

二、电子商务的特点

1. 商务化、超时空

电子商务不受时间和空间的限制，可以在全球范围内拓展市场，增加客户数量、提高网络知名度，获取利润。

2. 电子化、无纸化

电子商务采用电信号来传输、处理和交换信息，避免了烦琐的人工书写，只需要更少人工的介入。其书写电子化、数据传输自动化，自动收集客户信息，提供"自我动手服务"，同时也是一种无纸贸易，消费者端日志会自动记录交易的细节，以便将来查询。

3. 高效化、服务化

电子商务给我们的生活带来了很大的便利，我们随时随地只要轻触鼠标，就坐等送货上门。企业通过计算机网络自动快速地处理商务过程，一般在 20~30 s 完成，最长不超过 3 min，就可为客户提供完整服务。

4. 低廉化、经济化

电子商务可以无店铺营销、无库存，需要更少的营销人员及业务员，而且商家相互之间或与消费者直接交易，由于通过电子商务减少了店铺租金、水电费等管理费用成本支出，网上直接采购降低了中间环节费用等，因而电子商务费用更低，商品通过网络销售价格往往低于市场价，表现为低廉化、经济化。

5. 网络化、透明化

电子商务的载体是网络，通过网络，企业进行产品宣传、品牌推广、商品信息发布实现网络营销、网络广告、在线服务、技术支持、电子交易、电子支付等，整个过程都是公开透明的，不会有地区差异，大家都是一样的价格、一样的管理及服务。

6. 协调化和安全性

电子商务是一个复杂的商务过程，本身需要交易参与方互相协调、密切合作。它需要用户与企业内部、生产商、批发商、零售商间的协调，更要求与网上银行、认证中心、物流配送、通信部门、技术服务等多部门的通力合作，才能使电子商务的过程一气呵成。

电子商务的安全是最重要的问题，电子商务系统往往采用防火墙、信用认证、各种加密、签名技术、安全协议以及安全管理、防病毒保护等确保电子商务过程是安全的。

7. 交易对象特定化

电子商务的交易对象一般是年轻的、大专以上学历、收入较高的20~35岁的人，他们比较容易接受新鲜事物。

三、电子商务系统的框架结构

（一）电子商务系统

电子商务系统（Electronic Commerce Systems）是保证以电子商务为基础的网上交易实现的体系。完整的一个电子商务系统包括用户（商家、消费者）、网络、认证中心、网上银行和物流配送这五要素，缺一不可，它们相辅相成实现完整的一个电子交易活动。电子商务系统组成要素如图1-1所示。

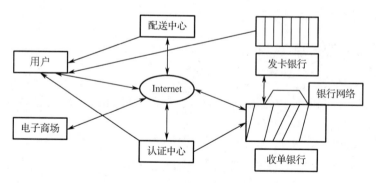

图1-1 电子商务系统组成要素

电子商务系统市场交易是由参与交易双方在平等、自由、互利的基础上进行的基于价值的交换。网上交易同样遵循上述原则。作为交易中两个有机组成部分，一是交易双方进行信息沟通，二是双方进行等价交换。在网上交易，其信息沟通是通过数字化的信息沟通渠道而实现的，一个首要条件是交易双方必须拥有相应信息技术工具。其次，网上的交易双方在空间上是分离的，为保证交易双方进行等价交换，必须提供相应的物流配送手段和支付结算手段。此外，为保证企业、组织和消费者能够利用数字化沟通渠道，保证交易的配送和支付的顺利进行，需要有专门提供服务的中间商参与，即需要电子商务服务商。最后，电子商务系统在提供交易所必需的信息交换、支付结算和实物配送这些基础服务的同时，还将面临使用信息技术作为交易平台带来的新问题，如信息安全、身份识别等问题，所以，还需要公钥基础设施 PKI 来加强电子商务交易的信息安全。

一个完整的电子商务系统运行环境应该包括企业 Internet 信息系统、电子商务服务商、物流配送、网上支付结算和商家与消费者 5 个部分，如图 1-2 所示，这 5 个部分有机地结合在一起，才能够保证网上交易的顺利进行。

1. 企业 Internet 信息系统

企业构建电子商务系统，首先要搭建基于 Internet 的信息系统和企业内部网，在这个系统中，企业的采购、供应、生产、销售、配送等信息自动地进行传输与交换处理。另外，交易中所涉及的商流、信息流、物流和资金流都与信息系统紧密相关。在信息系统安全措施的保证下，才能进行企业产品宣传、网络广告和电子交易等活动。因此，Internet 信息系统和企业内部网的作用是提供一个开放、安全和可控制的信息交换平台，是电子商务系统的核心和基石。

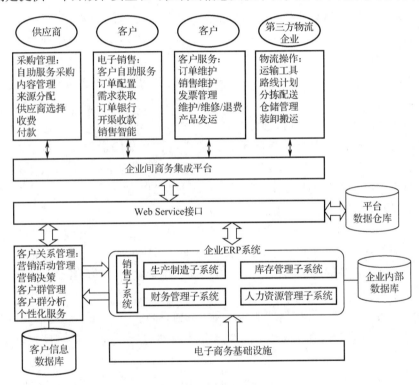

图 1-2　电子商务系统

企业内部电子商务系统由下述 3 个部分组成。

1）企业内部网络系统

企业内部网又称为 Intranet，是将 Internet 技术应用于企业或组织内部信息网络的产物，其主要特点是企业信息管理以 Internet 技术为基础，它是企业内部信息传输的媒介。企业在组建电子商务系统时，应考虑企业面对的客户是谁，如何采用不同的策略与这些客户进行联系。一般来说，可以将客户分为 3 个层次并采取相应的策略。对于特别重要的战略合作伙伴，企业允许他们进入企业的 Intranet 系统直接访问有关信息；对于与企业业务相关的合作企业，企业同他们共同建设 Extranet，实现企业之间的信息共享；对普通客户，则可以通过

Internet 进行联系。

2）企业管理信息系统

企业管理信息系统是一个用系统思想建立起来的，以人为主导的，以计算机硬件、软件、网络通信设备以及其他办公设备为手段，进行信息的收集、传输、存储、加工、更新和维护，支持组织高层决策、中层控制、基层运作的集成化的人机系统。简单来说，管理信息系统是一个由人和计算机等组成的，能进行管理信息的收集、传输、存储、加工、维护和使用的系统。大多数情况下，企业在建设电子商务系统时企业内部已经有了自己的管理信息系统，在这种情况下，企业管理信息系统应该作为电子商务系统的一个重要组成部分。图 1-2 中 ERP 就是企业管理信息系统，它将外部的市场、客户及内部销售、生产、库存、人力、财务等自动有机联系起来，实现信息的共享共用。

3）电子商务网站

电子商务网站是企业信息化建设的组成部分，是企业通过网络展示实力、树立形象、拓展网上市场的窗口，也是企业进行电子交易的主要手段，它起着连接企业内外部的桥梁作用。一方面它可以直接连接到 Internet，顾客或者供应商可以直接通过网站了解企业信息并与企业进行交易；另一方面，它将市场信息同企业内部的管理信息系统连接在一起，将市场需求信息传送到企业的管理信息系统，使企业可以根据市场的变化组织经营管理活动。越来越多的企业建立自己的网站，并通过其网站受益。

简言之，电子商务网站是指从事电子商务的机构在互联网上建立的从事商业活动的站点。电子商务网站是以营利为目的的站点，主要以两种类型为主：一种是专业的互联网网站服务商，比如 SOHU、163、TOM、万网、腾讯、阿里巴巴等；另一种是传统企业在网上开通的站点，比如 Dell、联想、海尔等公司都有自己的网站。

图 1-2 中的企业间商务集成平台就是电子商务网站，通过 Web Service 接口将企业内部网、企业管理信息系统、客户关系管理 CRM、企业内部数据库进行集成，形成企业 Internet 信息系统，并与电子商务服务商与电子商务应用商发生千丝万缕的联系。

2. 电子商务服务商

电子商务的兴起必然会带来新的服务企业，我们称它为电子商务服务商。电子商务服务商为企业、组织与消费者在 Internet 上进行交易提供支持。电子商务服务商主要有以下 5 种：

（1）接入服务商（Internet Service Provider，简称 ISP），它主要提供 Internet 通信和线路租借服务。

（2）内容提供商（Internet Content Provider，简称 ICP），它主要为企业提供信息内容服务，如财经信息、搜索引擎。

（3）应用服务商（Application Service Provider，简称 ASP），它主要为企业、组织建设电子商务系统提供解决方案。如网站策划、网站建设与维护、网站宣传与推广等。

（4）网站运营商（Web Site Operators，简称 WSP），它主要负责为企业搭建网络系统。

网络系统包括网络硬件系统、网络软件系统等。网络硬件系统包括网络服务器、网络工作站、网络交换互连设备、网络适配器、调制解调器、网络传输介质、中继器、集线器、交换机、路由器、网桥、网关、外部互连设备等。网络软件系统包括网络操作系统软件、网络通信协议、网络工具软件、网络应用软件。网络软件系统中 OSI 和 TCP/IP 参考模型很重要。

OSI 参考模型是 ISO（国际标准化组织）在 1985 年研究的网络互连模型。国际标准化组织 ISO 发布的最著名的标准是 ISO/IEC 7498，又称为 X.200 协议。该体系结构标准定义了网络互连的物理层、数据链路层、网络层、传输层、会话层、表示层和应用层等 7 个层次框架，即 ISO 开放系统互连参考模型。在这一框架下进一步详细规定了每一层的功能，以实现开放系统环境中的互连性、互操作性和应用的可移植性。TCP/IP 参考模型将计算机网络分为网络接口层、网际互连层、传输层和应用层 4 个层次。TCP 保证数据传输的质量，IP 协议保证用户能收到信息。几种常见的网络通信协议有 HTTP 协议、邮件传输协议、FTP 协议、TCP/IP 协议。

（5）设备提供商（Network Equipment Provider，简称 NEP），它主要为企业提供服务器、工作站、交换机、路由器等设备。

3. 物流配送

物流配送就是将用户在网上订购的商家物品及时送货上门，以满足消费者的需求。除了网上直接交付的数字化产品，像软件、CD、电子图书、服务等外，大部分商品需要物流配送将实物由商家送至消费者手中。物流配送是电子商务的保证，因此，一个完整的电子商务系统必须要有一个高效的物流配送系统支撑，否则，就无法完成一个完整的电子交易活动。一个电子商务系统需要自建物流或外包给第三方物流企业，大多数电子商务网站平台采用第三方物流配送，这要选择好第三方物流企业或快递企业，跟它们联系好物流送货事宜，比如京东网在北京、广州、重庆、上海是自营物流，其他地区全是外包物流来送货。

4. 网上支付结算

一个完整的电子商务交易，必须采用电子支付工具，实现在线支付结算。目前常用的电子支付工具有电子现金、银行卡和电子支票等，其中信用卡是国际上最广泛采用的工具。网上支付有通过网上银行直接支付、第三方支付、移动支付等方式。

5. 用户

用户，就是商家与消费者，是网上交易的主体。商家一般由企业、机构团体和组织构成。商家通过其自主网站或委托网站进行产品的销售，消费者则通过商家的网站浏览查看、比较并达成购买交易，然后在线支付完成交易。在交易中，双方互不见面，可以通过数字证书证实各自身份的真实性，另外需要网上工商注册和网上公示商家的主体身份。必须确保双方身份的真实性，网上交易才能完成。

（二）电子商务系统的特点

电子商务系统的特点可归结为高效、方便、集成、可扩展、安全和协调。

1. 高效

电子商务系统提供了一种高效、快捷的信息传输与处理方式，为买卖双方提供了一种高效的服务方式、场所和机会，为消费者提供了一种足不出户就能完成购物的平台，同时为商家提供了一个广阔的市场和消费者。

2. 方便

电子商务不受时间和空间的限制，人们只要点击一下鼠标就可以随时随地选择全球商品，而且货比千家，精挑细选，没人催你要下班关门了，不用舟车劳顿，排队等候。商家可以在世界范围内寻找贸易伙伴，开展合作交流。

3. 集成

一个电子商务系统集技术、工具、商务于一体，它的集成性在于事务处理的整体性和统一性，它能规范事务处理的流程，将人工操作和电子信息处理集成为一个不可分割的整体。这样不仅提高了人员和设备的利用效率，也提高了系统运行的可靠性。

4. 可扩展

一个电子商务系统必须保障将来扩展的可能，系统容量的扩展、功能的扩展、用户数量的扩展、峰高扩展等，以适应将来电子商务扩展的需求。否则，电子商务系统会瘫痪。

5. 安全

一个电子商务系统必须确保安全、可靠、稳定运行，防止病毒入侵、破坏、篡改数据、盗窃情报资料等。安全是整个电子商务系统的核心，必须采取加密、认证、安全协议及标准，建立一个安全的运行环境。

6. 协调

电子商务系统需要协调员工与客户、生产方与供方、销售方与商务伙伴之间的关系，使其作为一个统一的整体来运作。

（三）电子商务系统框架

从技术角度看，可将电子商务系统看成由一个五层框架结构和两大支柱构成。

五层框架结构分别是网络基础层、多媒体技术与网络宣传基础层、报文信息收发基础层、商业服务基础层、电子商务应用层。

两大支柱构成一是文件、安全性与网络技术标准，二是公共政策、法律与隐私权问题，两大支柱构成对于建立电子商务领域标准、提供安全保证、公共政策、出台相关电子商务法律文件及保护网络隐私权等发挥积极作用，用来规范约束各种网络交易行为向着有序方向发展。电子商务系统框架如图1-3所示。

图1-3 电子商务系统框架图

1. 电子商务系统框架的5个层次

1）网络基础层

网络基础层是实现电子商务最底层的基本设施，由实现计算机网络连接的硬件组成，包括远程通信网、有线电视网、无线通信网、Internet等多种信息传输系统，由骨干网、城域网、局域网层层搭建，从而使任何一台联网的计算机能够随时与这个世界连为一体。

2) 多媒体技术与网络宣传基础层

目前较为流行的发布信息的方式是以 HTML（超文本编辑语言）的形式将信息利用多媒体发布在 WWW（World Wide Web）上。在 Web 上，企业以声、文、图、像并茂地宣传自己的产品目录和存货清单，从而吸引 Web 上极为可观的顾客。同样，Web 也使企业能够成为合作伙伴、供应商和消费者，提供更好、更丰富的信息，HTML 使消费者和采购人员得到最适当、最精练的信息。

3) 报文信息收发基础层

网上传来的声、文、图、像的信息，网络本身并不知是哪一种，通通看作二进制字符串。而对于这些二进制字符串的解释、格式编码及还原是由一些消息传播的硬件和软件共同实现的，它们位于网络设施的上一层。报文和信息传播工具提供了以下两种交流方式。

（1）非格式化的数据交流，比如 FAX、E-mail 传递消息，主要是面向人的。

（2）格式化的数据交流，比如 EDI 传递消息，订单、发票、发运单等单证比较适合格式化的数据交流，主要是面向机器的。

4) 商业服务基础层

商业服务基础层是为了方便交易所提供的通用的业务服务，是所有的企业、个人做贸易时都会用到的服务，包括安全和认证、电子支付、商品目录和价目服务、客户服务等。

5) 电子商务应用层

在这个层面上，用户可以开展各种各样的应用。例如：家庭购物、视屏点播、供应链管理、电子采购、在线营销以及广告、远程金融服务等。

这 5 个层次一般可归为 3 个层次，即网络基础层、网络中间件层、网络应用层，如图 1-4 所示。

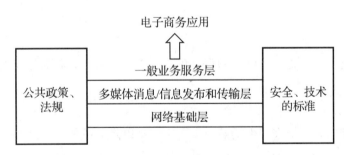

图 1-4 电子商务系统的一般框架结构图

其中最底层的网络基础层，是信息传送的载体和用户接入环境，它包括各种各样的物理传送平台和传送方式；中间一层是商务功能平台，进行多媒体消息或信息的发布和传输，对进入进出网站系统内部的信息或消息进行控制或屏蔽，起着存储并保护内部系统的安全作用；第三层是网络应用层，包含电子商务应用功能和相关的应用系统。

2. 电子商务系统框架的两大支柱

1) 公共政策、法律及隐私问题

公共政策包括围绕电子商务的税收问题、信息的定价、信息访问的收费、信息的传输成本、消费者隐私保护，由政府制定相关的政策。法律则应包括《电子合同法》《电子签名法》《电子支付示范法》等一系列电子法律法规，通过它们来规范约束安全电子交易行为，维持电子商务的正常运转。同时对有关政府监管部门的法律责任做出规定。

2）各种技术标准、文件安全、网络协议

各种技术标准是信息发布和传递的基础，是网上信息一致性的保证。技术标准定义了用户接口、传输协议、信息发布标准、安全协议等技术细节。就整个网络环境来说，标准对于保证兼容性和通用性是十分重要的。目前，许多厂商和机构都意识到标准的重要性，正致力于联合起来开发统一标准，比如：Visa 和 MasterCard 的国际信用卡组织已经同业界合作制定出了用于电子商务安全支付的 SET 标准。

四、电子商务的功能

（一）电子商务的应用领域

电子商务系统以互联网为依托，对整个社会和经济都带来巨大的影响，其应用的范围也越来越广，如：

（1）国际旅游和各国旅行服务行业，如旅店、宾馆、饭店、机场、车站的订票、订房间、预订旅游线路、信息发布等一系列服务。

（2）图书、报刊、音像出版业，如电子图书发行、报刊图书的网上订阅等服务。

（3）新闻媒体，如门户网站、公众号。

（4）进行金融服务的银行和金融机构，如网上银行、网上证券与保险业务的开展。

（5）政府的电子政务，如电子税收、电子商检、电子海关、电子证照发放、电子行政管理等。

（6）信息服务行业，如房产信息咨询服务、网上媒体运营服务、网上信息代理服务、导购咨询服务等。

（7）零售业，包括在线的商品批发、商品零售、拍卖等的交易活动。

（8）IT 行业等。

由此可见，电子商务正深入社会的每个角落，对社会的方方面面都产生了影响，甚至引起了巨大的变革。

（二）电子商务的功能

电子商务能够给企业带来很大的益处，它不仅可以降低成本、提高效率、减少库存、缩短生产周期、拓宽市场、增加诚信，而且可以增强企业与供应商以及客户的紧密联系，增加商业机会。但是这些都离不开一个功能强大的电子商务系统的支持，这就需要电子商务系统提供网上交易和管理等全过程的服务，因此它应该具有网上市场调查、网络广告宣传、网上咨询服务、网上洽谈及电子交易、电子支付结算、物流配送服务、电子交易管理、网上售后服务等各项功能。

1. 网上市场调查

开展电子商务之前，卖方首先要对网上试销的产品开展网上市场调研，收集潜在用户群信息及产品有关的价格、促销等信息，甚至获得新产品的构思，为公司实施网上经营提供决策依据。买方通过寻找适合自己商品的交易机会，货比千家，比较价格和交易条件等，最终决定购买哪一家产品而展开调研工作。

2. 网络广告宣传

企业可以利用电子商务系统中的 Web 服务器、企业网站主页、搜索引擎、E-mail、网络广告等在 Internet 上发布各类商业信息，发布企业产品信息进行宣传，树立企业形象、提高诚信度。

3. 网上咨询服务

企业可以利用电子商务系统提供的非实时的电子邮件（E-mail）、新闻组（News Group）和实时的讨论组（Chat）来了解市场和商品信息，洽谈交易事务，如有进一步的需求，还可用系统中的白板会议（Whiteboard Conference）来交流即时的图形信息。电子商务系统中的咨询和洽谈能超越人们面对面洽谈的限制、提供多种方便的异地交谈形式。交易双方也可以利用"在线专家"、在线留言、留言及反馈等进行咨询、疑难解答、故障排除等服务。

4. 网上洽谈及电子交易

买卖双方就交易的细节进行在线洽谈，最终利用网上订货系统签订电子合同，达成电子交易。电子商务系统提供网上订购的功能，它通常是在电子商务应用系统中提供电子目录，通过电子目录的产品介绍页面提供友好的订购提示信息和订购交互格式框；另外，电子商务应用系统还提供订单页面，当客户填完订购单后，通常系统会回复确认信息来保证订购信息的有效确认。订购信息也可采用加密的方式使客户和商家的商业信息不会泄露。

5. 电子支付结算

网上订购、订单确认完毕，要想真正完成电子交易，接下来要进行在线电子支付。电子支付是电子商务系统中重要的环节。用户和商家之间可以采用多种电子支付手段，例如网上银行、第三方支付、移动支付。其中第三方支付占主流，尤其淘宝位居首位。利用网上银行直接支付也是用得比较多的一种方法，它不仅可以节约人员的开销，而且可以加快交易中资金的周转速度，提高商家的经营效率。但是，电子支付需要更为可靠的信息安全传输机制以防止欺骗、窃听、冒用等非法行为，所以，目前我国很多电子商务系统并不支持电子支付方式。

6. 物流配送服务

电子交易成功后，用户可以坐等物流配送公司送货上门。物流是电子商务的保证。物流配送分为无形物品配送和有形实物商品配送。前者基本是信息类商品，如软件、电子读物、信息服务等，通过网络就可以完成货物交付，后者则需物流配送将商品从商家快速准确地送达消费者手中。在货物配送过程中，商家可以实时发送货物运送的情况，以供消费者了解和备查货物送达状态。

7. 电子交易管理

在整个电子交易过程中将涉及企业、客户之间，企业内部各部门之间的人、财、物以及订单、客户、产品等多个方面的管理和协调，因此，交易管理是涉及电子交易前、电子交易中、电子交易后全过程的管理。电子商务的发展，将会提供一个良好的交易管理的网络环境及多种多样的应用服务系统。这样，能保障电子商务获得更广泛的应用。

8. 网上售后服务

网上购物完成后，并不意味着交易就结束了，企业还需提供网上售后服务及在线支持页面，也可以借助 E-mail、FAQ、BBS 等来提供更加完善的顾客服务，包括提供有关产品和服务的信息、在线解答顾客在产品使用中遇到的疑难故障，以及技术升级及产品换代、退换货等信息，以便让用户忠诚于企业产品及品牌。

五、电子商务的发展趋势

国家统计局公布数据显示，2020年中国网上零售额达11.76万亿元，中国电子商务交易额达37.21万亿元，位居全球电商市场的榜首位；2021年，全国网上零售额13.9万亿元，同比增长14.1%。其中，实物商品网上零售额108 042亿元，吃类、穿类和用类商品分别增长17.8%、8.3%和12.5%。随着5G时代的到来和移动互联网的深入应用，中国电子商务发展迅猛，虽然近年来中国电子商务行业发展有所放慢，但仍在稳步发展，而且电商行业的竞争愈加激烈。中国移动电子商务、跨境电商、社区电商、短视频应用程序、直播电商、农村电商将继续是电子商务的发展趋势。

（一）移动电子商务

2017年6月，中国手机网民规模从5年前的4.2亿增至7.2亿，每月人均流量从125MB提升到1.3GB，年度移动支付规模从1 511.4亿元扩大到58.8万亿元，中国互联网全面进入移动时代，用户手中的一部智能手机，编织着一张令世界瞩目的高速信息网络。根据中国互联网信息管理中心第48次统计报告，截至2021年6月底，中国网民规模达10.11亿，其中手机网民为10.07亿，我国网民使用手机上网的比例达99.6%，移动电子商务在中国的应用愈加普遍和广泛。中商情报网数据显示，2021年双十一中国全网交易额为9 651.2亿元，同比增长12.22%，无线交易额超过90%的峰值。中国电子商务经过20多年的发展，已经形成了一个完整的产业体系，并通过创新和协调的发展方案渗透到人们生活的方方面面。人们通过一部智能手机，不仅吃、住、行、游、乐、购分秒搞定，而且在线教育、共享办公、数字政务、在线医疗、数字贸易等不断增长，移动电子商务在中国发展应用将更加全方位、线上线下全面铺开。

（二）社区团购

社区团购是真实居住社区内居民团体的一种互联网线上线下购物消费行为，是依托真实社区的一种区域化、小众化、本地化、网络化的团购形式。简而言之，它是依托社区和团长社交关系实现生鲜商品流通的新零售模式。社区团购成为一种新的电子商务模式，通过小程序，去中心化，无须下载APP，无须注册，用户购买完毕即可离去，更是简化了用户购买流程，在新冠疫情期间再次快速发展起来，与社区小门店并存，占据一定市场，尤其美团优选、多多买菜、兴盛优选、淘菜菜（原盒马集市）等社区团购以生鲜为切入点，其相互竞争促使各进一步提高自身服务和竞争能力，让更多的用户得到切切实实的利益和优惠。

《2020社区团购白皮书》中讲到，"我国社区团购市场在2018—2020年从280亿元上涨到890亿元左右，预计2021年能达到1 210亿元，逐年上升的市场规模对投资者释放盈利信号，越来越多的企业开始跨行布局社区团购。"

（三）直播电商

直播电商是一种商业广告兼销售活动，直播电商模式具有产品呈现形式全方位展示，直观生动、网购时间成本低、在线实时互动、社交属性针对性强、购物体验感及感召力强、售卖逻辑独特、传播路径更短、效率更高、营销效果好等显著优势，直播电商发展很快，成为电商行业的新增长动力，尤其2020年新型冠状病毒肺炎疫情爆发以来，直播电商行业凭借更便捷的购物方式更是呈现爆发式增长，中国互联网信息管理中心第48次统计报告显示，截至 2021 年 6 月，我国网络直播用户规模达 6.38 亿，同比增长 7 539 万，占网民整体的 63.1%。其中，电商直播用户规模为 3.84 亿，同比增长 7 524 万，占网民整体的 38.0%。数据显示，2020 年中国直播电商市场规模达到 9 610 亿元，同比大幅增长 121.5%。随着直播电商行业"人货场"的持续扩大，直播将逐步渗透至电商的各个领域，2021 年直播电商整体规模继续保持较高速增长，规模已接近 12 012 亿元，中商情报网数据显示：2021 年双十一主流直播电商平台销售总额达 737.56 亿元，今后随着电商直播行业监管的加强，直播电商行业将得到更加健康快速发展。

（四）短视频应用程序

短视频应用程序与直播电商相互加成，增长很快，抖音、快手成为主要的两大短视频平台，今后短视频在电商行业的应用将更加明显。数据显示，2020 年中国短视频市场规模达到 1 408.3 亿元，继续保持高增长态势，2021 年接近 2 000 亿元。CNNIC 第 48 次调研报告显示，截至 2021 年 6 月，我国网络视频（含短视频）用户规模达 9.44 亿，其中短视频用户规模达 8.88 亿，较 2020 年 12 月增长 1 440 万，占网民整体的 87.8%。快手依据内容创作与用户建立强信任关系，带来大量私域流量，与电商结合，促其转化，2021 年第 1 季度，快手电商的商品交易总额达到 1 186 亿元，同比增长 219.8%。抖音的兴趣电商生态，让用户在休闲消遣之余，发现好商品，产生好感，激发购买欲望，最终购买下单，创造消费动机，从而实现"兴趣推荐+海量转化"。

（五）跨境电商

在面临复杂的国际形势下，传统贸易受阻，自 2020 年爆发的新型冠状肺炎疫情以来，我国跨境电商发挥在线营销、在线交易、无接触交付等特点优势，迎来了大发展良机，跨境电商等新业态新模式在保订单、保市场、保份额方面发挥了重要作用，跨境电商进出口高速增长，海关统计数据显示，2021 年我国跨境电商进出口 1.98 万亿元，增长 15%；其中出口 1.44 万亿元，增长 24.5%；2021 年我国市场采购出口 9 303.9 亿元，增长 32.1%，占同期出口总值的 4.3%，拉动出口增长 1.3 个百分点。未来随着"一带一路"倡议的推进，我国跨境电商将会持续保持强劲增长势头。

（六）农村电商

随着我国"乡村振兴"战略的实施，农村电商是实现农民富裕，农村经济发展的主要方式之一，农村电商在促进农产品进城、工业品下乡方面发挥着重要作用，农村电商有着更大的市场发展空间。未来，农村电商将实现农产品标准化、规模化、品牌化发展，在种植生产、包装运输、销售服务等各方面形成供应链生态体系，利用短视频、直播等新媒体手段及平台在线展示与销售农产品及手工艺品和农村休闲旅游等，为受众提供更好的消费体验激活农村市场，促进资源要素的有效流动，同时为农村经济的进一步发展贡献力量，促进乡村大力振兴。CNNIC 第 48 次调研报告显示，截至 2021 年 6 月，我国农村网民规模达 2.97 亿，占网民整体的 29.4%。商务部数据显示，2021 年上半年，全国农村网络零售额达 9 549.3 亿元，同比增长 21.6%，其中实物商品网络零售额 8 663.1 亿元，同比增长 21.0%。2021 年全国农村网络零售额 2.05 万亿元，比上年增长 11.3%，增速加快 2.4 个百分点。全国农产品网络零售额 4 221 亿元，同比增长 2.8%。

单元二　认知电子商务网站

一、电子商务网站的定义

电子商务网站是在软、硬件基础设施的支持下，由一系列展示特定内容的相关网页及后台数据库系统等构成，具有实现不同电子商务应用的各种功能，可以实现广告宣传、经销代理、银行与运输公司中介等作用的网站。电子商务网站则是电子商务系统工作和运行的主要承担者和表现者，是网上展示企业形象及产品的窗口。构建电子商务网站是通向电子商务的重要一步。互联网上的电子商务网站覆盖了经济、市场、金融、管理、人力资源、商业与技术等各个方面。

二、电子商务网站的功能

电子商务网站的功能是通过网站设计而实现的。由于在网上开展的电子商务业务不尽相同，所以每一个电子商务网站在具体实施功能上也不相同。大体上有以下9种情况。

1. 构建企业内部信息系统

建立企业网站，首先要整合企业内部资源，搭建内部网，构建企业内部信息系统，实现企业各部门信息自动传输、加快信息处理流程，更快地响应客户需求。

2. 展示企业形象

企业建立自己的商务网站，通过精美的网页设计展示企业形象，给用户留下良好直观的第一印象，从而忠诚于企业网站，提高网站知名度。

3. 提供企业产品等信息

企业将其新产品信息及供应、销售情况发布于其网站或代理网站上，供用户浏览、查看和订购。另外，公司可以在其网站上发布公司简介及动态、主页更新、各种新闻、公告、热点问题追踪、行业信息、供求信息、需求信息的发布等。而且企业通过网站提供技术支持、FAQ列表，让用户获取自助服务。最后企业利用其网站获取顾客相关信息及各种反馈信息。

4. 开展网络营销

公司网站提供了一个利用网络进行产品推销的新方式和新渠道，这是一个基本且十分重要的功能。通过网络实现全球营销，不仅可拓展空间、增加顾客，更为重要的是通过网络直销实现商家相互之间、商家与消费者、消费者与用户面对面的交易，通过这种网络营销方式我们可以把产品卖向全世界，也可以采购到任何一个国家的产品，成本低廉、方便快捷，有利于实现企业整体营销目标。

5. 实施电子交易

电子商务网站具有电子订购系统、网上支付系统、物流配送系统，用户通过商家网站进行在线咨询比较，可决定在线购买商品并电子支付，坐等物流送货上门，完成电子交易，实现一站式服务。

6. 销售订单管理

完全的电子商务网站还要包括销售订单信息管理功能，从而使企业能够及时地接收、处理、传递与利用相关的数据资料，包括实时销售数据、热销产品及冷门产品、存货量与采购量、行业竞争者销量、有效订单、顾客数等大量数据，方便及时掌握，并使这些信息有序而有效地流动起来，为组织内部的 ERP、DSS 或 MIS 等管理信息系统提供信息支持，有助于企业制定正确的网络营销策略，更好地开展电子商务工作。

7. 提供个性化服务

网站主体要实现以客户为中心，通过网站提供用户满意的产品与服务。消费者个性的回归，要求产品不能雷同、服务有差别，商家网站能在产品开发前获得用户的想法与建议，并打造生产他或她满意的产品，从而更好地服务于顾客。

8. 发布网络广告

企业利用其网站或行业网站、门户网站可以发布旗帜广告、关键字广告、富媒体广告等，进行广告宣传，这也是网站的一项重要功能。

9. 开展网络调研

利用网站开展网络调研工作，包括网络直接调研和网络间接调研两种方式，网络直接调研一般是在网站上发布调研问卷，让用户主动参与网络调研中，从而获取第一手资料；网络间接调研是通过 WWW、搜索引擎、新闻组、论坛、贴吧、博客、微博、行业站点等，从而获取消费者行为信息及市场的有关情况和竞争者状况等二手数据，通过获取大量数据的整理分析，为网站实施电子商务提供决策依据。

三、电子商务网站的类型和组成

（一）电子商务网站的类型

一般按网站功能划分，电子商务网站可分为信息型网站、信息订阅型网站、在线销售型网站和综合型网站。

（1）信息型网站。这种类型商务网站建立的目的是通过网络媒体和电子商务的基本手段进行公司宣传和客户服务，适应于小型企业，以及想尝试网站效果的大、中型企业。一般信息是免费的。像阿里巴巴、敦煌网、买卖网、慧聪网及新浪、搜狐、网易等门户网站都是信息型网站。信息型网站要求信息是增值信息。

（2）信息订阅型网站。这种类型网站提供信息订阅功能，供用户订阅。有的要付费才能成功订阅，比如各类付费的电子杂志、电子报刊物等。

（3）在线销售型网站。这种类型商务网站建立的目的除了进行网站公司整体形象宣传与推广产品及服务外，主要目的是实现产品在线销售，比如京东网站、海尔网站。

（4）综合型网站。既发布信息、提供订阅服务，也从事在线销售，比如58同城、赶集网。

（二）电子商务网站的组成

1. 电子商务网站的架构

广义的电子商务网站由一系列网页和具有商务功能的软件系统、数据库等组成。狭义的电子商务网站由主页面、公司组织结构和员工组成的背景资料页面、产品或服务页面、购买交流页面、滚动交流页面、广告宣传页面、客户反馈页面等构成。

软件系统的基本功能包括：商品目录显示、购物车功能、交易处理、支持商品陈列和店铺展示的工具等。企业级软件系统是用于建立企业级电子商务系统的，除需要服务器和必要的防火墙外，还需要一个或多个专用的服务器。这些软件系统不仅要提供对企业间商务和企业到消费者商务的支持工具，为企业提供强大的前台和后台管理功能，使用户通过完整的配置、迅速、快捷、安全地实现电子商务，还应提供全方位的跟踪服务功能，使用户即时提供信息反馈，并且与现有的企业后台系统（包括各种数据库系统、财务系统）连接。因此，电子商务网站软件结构比较复杂，与传统的系统有着较大的差别。传统的系统着重考虑功能，而电子商务网站则对系统安全、运行速度、运行效率等要求也非常高。对于企业来讲，还需要提供多种接入方式，满足不同访问者的需求。

在数据库的选择上，除了考虑产品对于网站系统在运行效率、数据处理能力等方面的支持功能外，重要的是选择适合整个开发队伍技术能力的系统。在数据库结构设计方面，着重考虑数据安全、查询速度、数据整理效率等。此外，合理限制数据库的操作权限可以满足一定的数据安全要求。

在软件系统方面，建设电子商务网站需要考虑的问题主要有数据输入、数据组织、数据导出、智能与个性化设计等，通过信息平台、信用平台、结算平台的设置可以比较合理地划分与调配技术开发任务。

大多数企业在建立电子商务时，甚至不需要构建网络基础设施，只要在公众的网络多媒体平台上租用"虚拟空间"，就可以拥有自己的网站运行的网络平台。因此，构建电子商务网站时，主要需考虑网站软件的结构和网页的结构设计，以及数据库系统的选择与开发。

2. 电子商务网站的构成要素

电子商务网站是企业或公司在 Internet 上建立的门户网站，它由前台网页和后台数据库等组成，前台网页可以接受客户的浏览、登记和注册，记录客户的有关资料。

电子商务网站一般由以下几个部分组成。

（1）网站域名。域名是 Internet 网站的唯一文字名称。域名必须向 ISP（Internet Service Provider, Internet 服务提供商）或网络信息中心申请，比如 INNC。国内有许多网站接受域名申请，只有获得批准后，才是合法的域名。中国互联网信息管理中心（CNNIC）就是国家指定的官方域名申请机构，也可以向万维网、新浪网申请域名。

（2）网站物理地点。存放各类与电子商务网站有关信息和数据的计算机、服务器等硬件设备的具体位置，也是 ICP 备案登记的地址所在。

（3）网页。一个网站是由众多网页构成的，包括主页、产品服务、企业信息、新闻页面、帮助、相关虚拟社区等，国际上平均一个网站由 140 多个网页组成，网站打开的第一页叫网站首页，也是网站主页，把最主要内容放在首页上。主页包括导航型和内容展示型两种，导航型主页的特点是企业站点结构信息简洁、多层次；而内容展示型主页用于展示主要内容，其内容丰富，一步到位，从视觉效果上分为文本型内容和图片型内容两种，文本型追求简洁、快速，辅以图片，而图片型美观、打开网页速度较慢。实际电子商务网站建设中内容展示型主页往往是图文并茂的。网页的设计应有独特的风格，新颖奇特、内容丰富、下行速度快。首先要让客户注册登录的手续简便快速，商品分类指示明确，如同进入一家大的商店，让客户能够迅速找到想要的商品。所以一个网站还要提供分类及站内搜索功能。

（4）网上交易系统。客户通过网站利用购物车选购商品，然后选择付款方式进行支付结算，确定送货地点、时间及配送方式等，快递送货上门。所以网站要有订购系统、电子支付结算系统、物流配送系统、网上评价系统等网上交易系统，提供银行卡、信用卡、电子支票、第三方支付（如微信、支付宝）等众多支付方式供用户选择，网站要与尽可能多的银行、银行卡清算中心、支付网关、认证中心 CA、第三方物流等建立连接，实现网站的功能。

（5）客户资料管理。建立客户管理系统，管理已注册客户的姓名、通信地址、电话、电子邮件地址等信息，以及客户历史购买情况和购物偏好，甚至用户的投诉建议，以及在线沟通方式等，以便对各类用户进行有效管理和提供个性化一对一服务，提高用户满意度。

（6）商品数据库管理。建立商品数据库，存储大量商品的图片、详情文字信息及进货和销售情况，实时了解销量及库存，经常及时盘点商品，做好商品配货和商品配送，自动补货，从而更好地满足市场需求，及时做出网络促销策略，处理库存，减少积压，提高效益。

以上只是电子商务网站的大致结构，随着网站经营的商品及经营模式的变化，其构成要素也会有所变化。

四、电子商务网站建设步骤

对于任何一个电子商务网站建设，都要按照网站分析、网站策划、网站设计、网站制作、网站测试、网站运营与推广及效果监控这 7 个步骤进行。

1. 网站分析

网站分析主要就电子商务网站建设的背景、原因、目的、资源、受众等进行分析。网站建设背景是分析企业或单位在什么情况下建网站，是基于开展电子商务，还是网络营销，抑或是"互联网＋"行动计划实施"O2O"（Online to Offline，简称 O2O，即线上到线下），有无 APP 及小程序开发要求，什么样的背景与网站建设的功能、定位及采用建站技术等有一定联系。网站建设的原因一般是自身业务的需要或拓展网上业务的需要，以增强企业竞争力、实现企业利润的最大化。网站建设的目的是树立良好企业形象、提供网络信息服务，以及产品展示与订购、网上销售产品、网上交易、网上经营管理、转型战略调整、提供技术支持、线上互动与实时沟通等，网站建设资源一般要考虑采用的系统、技术、营销及人力资源和资金等，要确定网站近期目标和远期目标，网站建设目标具有准确性、时效性、相关性、可行性、便捷性、丰富性。网站受众就是网站的用户，网站服务对象，浏览者、购买者、使用者等相关人群，要准确确定。具体包括内部访问者和外部访问者，外部访问者包括客户、潜在客户（过客）、供应商、政府、其他组织和个人，竞争者、投资者、债权者；内部访问者经常被忽略，仅限于参与建设部门，包括市场部、研究部、采购部、财务部、制造部等内部人员。

2. 网站策划

电子商务网站建设项目策划内容包括域名设定、站点定位、空间设定、风格与样式、栏目设置、站点布局、功能分析与开发、网址、推广策略等，并制订详细的网站建设实施策划方案，包括网站前台及后台具体制作的内容、功能时间及人员安排季度表，即谁什么时间干什么事完成什么任务以及遇到问题怎么处理，这是网站建设的核心，必须科学认真周密策划，只有策划好，建设的网站才有吸引力，最终实现网站功能。

3. 网站设计

根据电子商务网站建设的前期规划，还要设计网站的内容和功能、装饰风格、导航系统、模板设计。网站的内容是重点，包括静态内容和动态内容，静态内容包括一般、常规信息，如公司的历史、文化等，其修改较少，初期建设注意规划；动态内容包括公司产品和与服务有关的信息，促销信息，但需经常修改，以保持网站的吸引力和作用。商务网站功能以信息发布、网上交易为主要功能，客户关系管理为辅助功能，网站功能确定原则，内容与功能统一，功能满足顾客需求（如退货）。确定网站的装饰风格形式服从内容与功能。网站导航系统，分全局导航和局部导航。全局导航出现在每个网站，连接主要大块（子站点），形式为固定链接横条；局部导航出现在相关页面，便于相关页面跳转，形式为主题列表、选项菜单，相关条目导航系统保持一致，能快速回页首。网站模板设计就是制作网站的布局网格、设计网站的框架、设计网站的页面模型。

4. 网站制作

根据网站建设项目策划方案策划来完成网站功能模块（前台、后台）的开发，开展具体诸如页面设计、功能开发、内容筹划、URL 定义等任务实施过程，并与页面进行合并。需要进行资料的搜集与整理，并按照栏目设置开始规划制作相应页面的具体内容。

5. 网站测试

网站建成后在发布之前，要进行测试，包括功能性测试、流程测试、兼容性测试、可用性测试、速度测试、压力测试、SEO 测试、安全测试等内部测试和外部测试工作，绝大多数的测试是根据点击的人为操作来验证，少部分测试可使用工具软件，如压力测试（WAS）、链接测试（Xenu Link Sleuth）。测试完毕后，将静态网站通过 FTP 账号上传至 ISP 的服务器，网站就可以对外运作了。

6. 网站运营与推广

网站运营是网站存活的关键所在。网站推广是网络营销更加通俗的说法，其手段多种多样，要更好地达成效果，这就需要一个细致分析。在分析中要广泛考虑市场环境、企业目前所掌控的资源、人员能力、配给以及主营业务所适应的方式。一要做用户推广，达到引流目的，引用户到网站上来，点击浏览网站；二要进行网站维护，保证用户来到之后的稳定环境；三要做促销与转化，通过多种网络促销策略，引导用户达到网站目标；四要提高转化率，达成企业目标。

7. 效果监控

网站效果监控一般用指标，如收录量、IP、浏览量（PV）、网站用户忠诚度、访客数（UV）、网站流量来源、网站访客属性、链接量等指标来监控其效果。

收录量的增多意味着相对的搜索引擎更喜欢你，关注你；访问量越高，意味着访问网站的用户越多。在网站运营中 IP 是英文 Internet Protocol 的缩写，即计算机在网络上的地址，中文简称为"网协"，也就是为计算机网络相互链接进行通信而设计的协议。PV 是英文 Page View 的缩写，意思是"页面访问量"，用户每次刷新被计算一次 PV。UV 的全称是 Unique Visitor，意思是"独立访问者"，访问你网站的一台电脑客户端为一个访客，24 小时之内，同一地址，多次访问，只算一次。PV/UV 就是平均一个独立访问者所浏览的页面访问量。访问网站的 IP 和 PV 已经不单纯了，现在主要看 UV；不仅看 PV、UV 值，更要关注网站流量来源及网站用户的忠诚度和网站访客属性。网站流量来源是指作为网站运营者，当然要知道目前网站的流量主要来源于哪里，谁是我们网站流量的大头；网站用户的忠诚度是指要关注网站回访率、访问频率和访问深度，这个在百度统计工具中有单独一个板块，直接关系到后期网站运营策略的调整；网站访客属性，就是你还需要了解这些访客主要性别是什么，年龄在什么范围，职业是什么，教育水平集中于什么程度，以及主要访客的地域在哪里。只有了解这些内容之后，才可以通过访客做有针对性的营销活动。不光要看 UV，还要看链接量。所谓链接量，主要指的是外链—反向链接—多少个网站链接了你的网站，看重这个说明搜索引擎重视这个。

任务实施

小张考取某大学的电子商务专业，老师要求小张所在班级的每个学生浏览查看成功电子商务案例，熟悉电子商务网站设置、构成，并对电子商务有一个初步认识，明确电子商务网站对于电子商务的作用。

任务一　认知电子商务

【实训准备】
（1）能访问 Internet 的机房，学生四人一组，每人一台计算机。
（2）具有教师控制机，供学生上传实践报告。

【实训目的】
通过浏览电子商务案例，熟悉电子商务网站的设置及运作，增强学生对电子商务及其网站的感性认识。

【实训内容】
海尔电子商务应用模式案例。

【实训过程】
（1）登录百度，搜索海尔集团商城网站。
（2）打开海尔集团商城网站，分析其网站的构成、内容、功能、特色等。
（3）研读案例，认真分析，借鉴成功经验。

海尔集团是世界白色家电第一品牌、中国比较具有价值的品牌。海尔在全球建立了29个制造基地，8个综合研发中心，19个海外贸易公司，全球员工总数超过6万人，已发展成为大规模的跨国企业集团。用白色来作网站的主色，格调高雅、柔和，吸引人的注意力。打开首页（见图1-5），首先映入眼帘的是一个窗明几净办公场所，给人以舒适感。右上角的

图1-5　海尔集团商城网站主页

logo-Haier 的蓝色标志象征着公司纯净与宁静，在整个页面上比较突出。导航条使用了下拉菜单，既节省了版面，又极好地融入页面。整个网站界面简洁，而网站的程序性和模块化却相当强。人性化设计充分体现了贴近用户的销售理念。

【讨论与思考题】

（1）海尔集团商城网站页面设计得怎样？

（2）对于自己建网站有哪些借鉴的？

任务二 认知电子商务网站

【实训准备】

（1）能访问 Internet 的机房，学生四人一组，每人一台计算机。

（2）具有教师控制机，供学生上传实践报告。

【实训目的】

通过浏览电子商务案例，熟悉电子商务网站设置及运作，增强学生对电子商务及其网站的感性认识，借鉴学习其成功经验。

【实训内容】

宝马汽车网站和淘宝网站。

【实训过程】

（1）登录百度，分别搜索查看宝马汽车网站和淘宝网站。

（2）打开宝马网站，分析其网站的构成、功能、特色等。

（3）研读案例，认真分析，借鉴成功经验。

宝马汽车公司是世界十大汽车公司之一，创立于1923年。其网站和它的汽车一样，典雅而充满动力。用白色来作网站的主色，格调高雅、柔和，吸引人的注意力。打开首页，首先映入眼帘的是最新款汽车的特写，给人极具强烈的视觉震撼力。右上角的 logo – BMW 的蓝色标志象征着旋转的螺旋劲，这正是公司早期历史的写照，在整个页面上比较突出。导航条使用了下拉菜单，既节省了版面，又极好地融入页面。整个网站界面简洁，而网站的程序性和模块化却相当强。包括BMW1 系 ~ BMW7 系等各类宝马汽车突出地摆在强调时间感的顾客群体面前，每种型号的汽车都可以选择颜色与内在构造，将方便留给了顾客。人性化设计充分体现了贴近用户的销售理念。

宝马汽车中国站以 BMW 汽车为主题，在第一屏 First View 放置最新款车型，中间放置全部车型及 BMW 精英驾驶培训、宝马中国官方微博、查找最适合您的 BMW、BMW 官方车主俱乐部、lifestyle 生活精品系列、BMW 常瑞汽油保养套餐等大家感兴趣的相关信息，页面下端放置联系我们、快速链接、法律声明、BMW 天地、其他宝马网站、官方社交媒体、ICP 备案等，布局合理，网页设计简洁、重点突出，很好地突出了宝马汽车的宣传效应。

【讨论与思考题】

（1）宝马汽车网站的页面设计得怎样？

（2）对于自己建网站有哪些借鉴的？

技能训练

技能训练一　电子商务入门体验——访问当当网站

访问当当网上书店，分析网站的基本架构、主要功能、页面布局，观察网上购书的流程，并用流程图描述出来。

【训练准备】
(1) 能访问 Internet 的机房，学生每人一台计算机。
(2) 具有教师控制机，供学生上传作业。

【训练目的】
上网浏览当当网，熟悉其网站的基本架构、主要功能、页面布局，掌握网上购书的流程。

【训练内容】
训练学生认知电子商务网站的分析能力。

【训练过程】
(1) 登录当当网，浏览查看其网站布局及设置。
(2) 分析其网站的构成、功能、特色等。
(3) 进行网上购书，并截取流程图。
(4) 写认识、谈感受，提交实践报告。

技能训练二　小山村电商创业达人——贾文亮

他正值青春年华，四年大学寒窗学有所成后却依然告别大城市的繁华，回到贫穷山村进行创业，他有着对理想信念执着的追求，不满足于年薪十几万元的优越工作。他有着对家乡难以割舍的情怀，带领乡亲们创业致富，他一个普通的农村小伙，立志要改变家乡的贫困面貌。他，就是吉林省长春市九台区塔木镇北山村青年农民电商创业达人——贾文亮。其所在的塔木镇北山村是一个偏远的贫困村，土壤瘠薄、交通闭塞，曾是个远近闻名的贫困村。逃离这山沟沟是多数年轻人的梦想。贾文亮也曾是其中一员。1988 年贾文亮出生在一个普通的农民家庭，大学毕业后一直在南方从事旅游工作，月薪一万多，然而，2015 年他回乡创业。

贾文亮是北山村土生土长的孩子，大学毕业后就一直在南方做旅游工作，月薪轻松拿到一万多元。乡亲们经常夸："老贾家这小子真能耐！"按理说，他今后的人生就应该在大城市里度过，除了过年能回趟家，基本就和北山村无缘了。没承想就在 2015 年，他的命运却有了翻天覆地的变化。那一年春节，他照例回到了老家，正好遇见了其塔木镇党委书记巩志强，两人就攀谈起来。当时巩书记问他有没有回家乡做点什么的打算，贾文亮就说："我不是什么企业家，又没什么一技之长，回来干嘛呢？"巩书记就劝道："你现在是干出来了，但乡亲们还受穷。你有文化又见过世面，为啥不回乡创业带着乡亲们致富呢？"一席话让小贾很受触动，其实他看着贫困的乡亲们早就心有不忍了。巩书记的话让他最终下定决心：辞职回乡创业！

2016年5月，小贾回到了家乡，正寻思着找个项目大展身手呢，这称心的项目就来了：九台区政府与阿里巴巴电子商务平台开展合作，建立了村级淘宝服务中心，招募村级淘宝合伙人。"这就是商机啊！"小贾马上报名，成了九台区第一个农村淘宝合伙人。

"远教+电商"。创业之路从不会一帆风顺。刚起步的时候，大家都不看好他。可小贾凭着不服输的劲儿，在远教平台的支持下硬是把淘宝店开起来了。看到村里的笨鸡蛋、黄瓜钱、大米等土特产品卖到网上就成了城里人抢着要的"宝贝"，而且还卖上了好价钱，村民们心动了，纷纷主动送货上门。这下再不用跑十几里路到镇里的市集上卖货，坐在家里上网吃喝就能来钱，真是太方便了。尝到了"远教+电商"的甜头，乡亲们都乐得合不拢嘴。

2016年8月，贾文亮成立了北大山农副产品开发公司，为村民的土特产设计包装，把村民原汁原味的土特产品运出山沟沟。很快，村民的笨鸡蛋、大米、干菜等，便成了互联网上的香饽饽，也给乡亲们带来了可观的收益。

在做好电商产业的同时，贾文亮还经营着两栋大棚，这两栋大棚解决了10个有劳动能力贫困户的就业问题，而大棚纯利润的60%分给贫困户，用于增加他们的收入。

"电商+草编"。农闲时节，北山村到处是聚在一起打麻将、扯闲话的村民，如何把这些剩余时间和剩余劳动力利用起来，变成财富？贾文亮琢磨出了一个好点子——草编。

贾文亮请来了培训团队，在北山村开展了一期又一期的草编培训。在农村随处可见的玉米叶，在农民手里就变成了艺术品。

"一个简单的坐垫，就能卖六七十元钱，低成本，高收入，坐在热乎乎的炕头上，就把钱挣到手了。"一位农民说。

2019年，为了迎合市场需要，在当地政府的支持下，贾文亮带头成立了草编协会，吸纳更多"巧手"，开发出更多草编产品。

2019年3月13日，在贾文亮的带动下，如今北山村农民的致富热情日渐高涨。

从2015年到2019年，贾文亮经历了归乡创业的艰难和心酸，也享受着归乡创业的幸福和满足。

"什么是创业？如果你敢向自己承诺，愿意拿出人生最黄金的十年、十五年，甚至更长时间，去做一项有意义的事儿，不怕风雨、不怕受伤、不怕委屈……"贾文亮拿出手机，连续发了两个微信朋友圈。

"2019，辛苦自己了。2020，是一个全新的开始。愿你我不被岁月亏待，一生温暖纯良，不舍爱与自由"。

（来源：「吉农百姓」贾文亮，揣着创业梦想往前走 https://baijiahao.baidu.com/s?id=1654765581957888009&wfr=spider&for=pc）

根据提供的案例，回答下列问题：

（1）大学生贾文亮为什么能成为电商达人，他是如何创业助力乡村振兴的？

（2）根据贾文亮的网上创业经验，写一篇自己的网上创业报告。

【训练准备】

（1）能访问Internet的机房，学生每人一台计算机。

（2）具有教师控制机，供学生上传作业。

【训练目的】
研读案例,激发学生的创业理念。
【训练内容】
训练学生创业意识的培养。
【训练过程】
(1) 研读案例,一个在校学生如何创业的?
(2) 思考自己面对激烈的竞争和巨大的就业压力,作为一名大学生,你会不会也从事网上创业?
(3) 转变理念、查找更多大学生网上创业成功案例,汲取经验。
(4) 反思现在怎样积累创业经验,写出实践报告。
(5) 提交教师。

互联网盈利模式　　建站不求人,轻松做站长　　流量统计　　广告添加管理

客服系统　　电信网络诈骗,记住"三不一多"原则　　2021年中国电商发展趋势　　电商创业贾文亮

认知Internet技术

认知 Internet 技术

知识目标

- 了解 Internet 的基本概念，以及其演变、发展历史和功能。
- 了解 Internet 接入及运行方式。
- 掌握 IP 地址和域名，熟悉当前顶级新域名。
- 熟悉电子商务网站运行平台。

能力目标

- 专业能力目标：能够熟练地建立网络链接，进行 IP 设置，能够胜任域名申请工作，为企业选择网站运行的平台。
- 社会能力目标：具有良好的团队合作精神和与人沟通、协调的能力，具有策划能力和执行能力，具有社会责任心和文字表达能力。
- 方法能力目标：具有自学能力及利用网络和文献获取信息资料的能力。

素质目标

- 通过互联网的发展历程，尤其是移动互联的发展，激发同学们强烈的民族自豪感和爱国情怀。
- 使学生正确认识中国互联网的发展历程，激励学生创新意识。
- 结合社会主义核心价值观的要求，通过网站域名注册提高学生从事网站建设工作的法律意识和道德素养，引导学生树立正确的价值观。

> 知识准备

单元一　Internet 技术

　　Internet 是一个建立在网络互连基础上的最大的开放的全球性网络。Internet 拥有数千万台计算机和上亿个用户，是全球信息资源的超大型集合体。所有采用 TCP/IP 协议的计算机都可加入 Internet，实现信息共享和相互通信。随着 Internet 技术的发展，Internet 上的各项业务也同时得到发展，与传统的书籍、报刊、广播、电视等传播媒体相比，Internet 使用方便，查阅更快捷，内容更丰富。Internet 最终改变了人们的生活方式，电子商务是商务活动和网络技术的最新结合，Internet 是电子商务发展的基础，没有 Internet，电子商务就无从谈起。下面首先了解一些 Internet 的有关知识。

一、Internet 的定义、演变和发展

1. Internet 与 Intranet 的定义

　　Internet 即因特网，又称为国际互联网，是由那些使用公用语言互相通信的计算机连接而成的全球网络。一旦连接到它的任何一个节点上，就意味着计算机已经连入 Internet 了。Internet 目前的用户已经遍及全球，有超过几亿人在使用 Internet，并且它的用户数还在以等比级数上升。Internet 一般由主机、通信子网和网络用户组成，如图 2-1 所示。

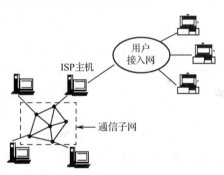

图 2-1　Internet 的组成

　　Intranet 又称企业内部网，其最大特点是在局域网内采用了 Internet 的技术，适用于公司或企业内部为用户提供信息的 TCP/IP 协议网络。这些网络可能并没有与 Internet 连通，但是由于使用了 Internet 的通信标准工具，所以被称为 Intranet。

2. Internet 的产生

　　Internet 是使用公共语言进行通信的全球计算机网络，是世界上最大的互联网络，Internet 的产生、发展和应用反映了现代信息技术发展的最新特点，涉及电子、物流、软硬件、通信和多媒体等现代技术领域。

　　和其他许多先进技术一样，Internet 最初也是为战争服务的。Internet 前身是 ARPANET，是美国国防部领导的高级研究规划局（Advanced Research Projects Agency，ARPA）为实现异种机的互连而建立的网络。20 世纪 60 年代，美苏冷战期间，美国国防部领导的高级研究规划局 ARPA 提出要研制一种崭新的网络对付来自苏联的核攻击威胁。在当时，传统的电路交换的电信网虽已经四通八达，但战争期间，一旦正在通信的电路有一个交换机或链路被炸，则整个通信电路就要中断，如要立即改用其他迂回电路，还必须重新拨号建立连接，这将要延误一些时间。ARPA 于 20 世纪 70 年代中期开始互联网技术研究，其体系结构和协议在 1977—1979 年得到迅速发展并逐渐完善。ARPA 也开始从一个实验性网络发展成为一个可运行的网络，并出现了网络互连协议 TCP/IP。

1980年，ARPA开始将连接到其研究网络上的计算机转换成使用TCP/IP协议，使ARPANET迅速成为互联网的主干，全球Internet从此起步。随着接入计算机数量的逐渐增多和应用的需要，1983年ARPANET分为独立的两部分：一个是新的民用网络，其名字仍然是ARPANET；另一个是专为军事服务的MILNET。

1985年，美国国家科学基金会NSF开始规划围绕它的6个超级计算机中心建立接入网络，用高速通信线路把分布在各地的一些超级计算机连接起来，形成Internet。1986年美国国家科学基金会建立了NSFNET来取代ARPANET成为Internet的主干网，并将Internet向全世界开放，为Internet的推广作出了巨大贡献。

随后，NSF为许多区域性网络提供启动资金，每个网络都使用了TCP/IP协议，连接指定区域的主要科学研究机构，并成为全球Internet的一部分。1990年，NSFNET替代了ARPANET，成为全球Internet的主干。到了1995年，Internet替代了NSFNET，NSFNET也结束了它的历史使命。Internet的发展如图2-2所示。

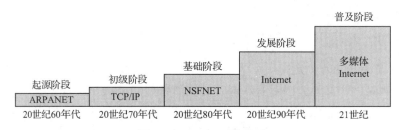

图2-2　Internet的发展

Internet在短时间里迅速发展壮大，尤其是近几年Internet发展更是突飞猛进，人们发现了Internet所蕴藏的巨大商业价值。从此，Internet不仅用于教育和科研，也开始进军商业领域，为大众提供各种方便、快捷的信息服务。当Internet成为现代商业运营中的一个极其重要的工具后，它也为自身的发展、壮大注入了更大的活力。它的内容"包罗万象、无所不有"，涉及商业、金融、经济、政治、生活等各方面。

3. Internet在我国的发展

自1994年起，中国教育和科研网CERNet、中科院科技网CSTNet、邮电部中国公用计算机互联网ChinaNet和中国金桥信息网ChinaGBN相继在我国建立，初步形成了以此四大网络为主干的我国互联网体系。中国的计算机网络建设起步晚，网络资源有限、网络设备长期被国外品牌垄断。我国互联网发展的每一步都充满了艰辛，凝聚了大批信息科技工作者的心血和汗水，而我国在计算机网络领域的贡献与发展也迅速崛起，在科技创新、知识产权保护等方面追赶发达国家。近几年，Internet在国内的发展十分迅猛。在基本设施不断完善的同时，上网的用户数也在飞速增长。与此同时，各种新技术不断涌现，各类有线、无线技术均投入使用。尤其是在移动通信领域，我们国家与世界相比，经过了2G跟随、3G追赶、4G同步、5G引领的发展历程，这个历程既展示了我国通信网络建设方面取得的巨大成绩，也展示了我国人民艰苦奋斗的创新精神。每一代网络的核心就是通信协议标准的制定，现在5G网络协议标准中有将近一半是由中国制定，华为公司引领着世界的5G网络建设，我国已经成为名副其实的世界计算机网络发展的领导者。

二、Internet 的应用及功能

Internet 上有丰富的信息资源，Internet 信息内容无所不包，是一个取之不尽、用之不竭的大宝库，而且这些信息还在不断地更新和变化。当用户进入 Internet 后，就可以利用其中各个网络和各种计算机上无穷无尽的资源，同世界各地的人们自由通信和交换信息，以及做通过计算机能做的各种各样的事情，享受 Internet 提供的各种服务。中国互联网络信息中心（CNNIC）在京发布第 39 次《中国互联网络发展状况统计报告》显示，截至 2016 年 12 月，中国网民规模达 7.31 亿，相当于欧洲人口总量，互联网普及率达到 53.2%。中国互联网行业整体向规范化、价值化方向发展，同时，移动互联网推动消费模式共享化、设备智能化和场景多元化。图 2-3 所示为中国网民规模和互联网普及率。

图 2-3　中国网民规模和互联网普及率

1. 上网浏览或冲浪

上网浏览或冲浪是网络提供的最基本的服务项目。用户可以浏览、搜索、查询各种信息，可以发布自己的信息，可以与他人进行实时或者非实时的交流，也可以游戏、娱乐、购物等。用户可以访问网上的任何网站，根据自己的兴趣在网上畅游，足不出户尽知天下事。

2. 收发电子邮件

在 Internet 上，电子邮件（E-mail）系统是使用最多的网络通信工具，由于其低廉的费用和快捷方便的特点，已成为备受欢迎的通信方式。用户可以通过 E-mail 系统同世界上任何地方的朋友交换电子邮件。

3. 远程登录 Telnet

远程登录就是通过 Internet 进入和使用远距离的计算机系统，就像使用本地计算机一样。远端的计算机可以在同一间屋子里，也可以远在数千千米之外。它使用的工具是 Telnet。它在接到远程登录的请求后，就试图把用户所在的计算机同远端计算机连接起来。一旦连通，该用户的计算机就成为远端计算机的终端。

4. 文件传输 FTP

FTP（文件传输协议）是 Internet 上最早使用的文件传输程序。它同 Telnet 一样，使用户能登录到 Internet 的一台远程计算机，把其中的文件传送回自己的计算机系统，或者反过来，把本地计算机上的文件传送并装载到远方的计算机系统。利用这个协议，可以下载免费软件，或者上传自己的主页。

5. 查询信息

利用 Internet 这个全世界最大的资料库，从浩如烟海的信息库中找到所需要的信息。随着我国"政府上网"工程的发展，人们日常的一些事务完全可以在网络上完成。

6. 网上交易

企业或消费者借助 Internet 网络，建立自己的网上商店或企业站点，展示企业形象，宣传企业产品，促进销售，或者达成购买交易。虽然目前网络购物还不完善，不会取代传统的购物方式，而只是对传统购物方式的一种补充，但它已经实实在在地来到了人们身边，使人们的生活多了一种选择。

7. 丰富人们闲暇生活

与网络有直接关系的闲暇生活一般包括闲暇教育、闲暇娱乐和闲暇交往。Internet 网络改变了人们的生活方式。越来越多的人登录互联网，进行休闲娱乐、交友聊天、沟通思想，真的能做到"海内存知己，天涯若比邻"。

8. 其他应用

如网上点播、网上炒股、网上求职、艺术展览等。

三、常用的 Internet 术语

1. 协议

协议是计算机在网络中实现通信时必须遵守的约定。

2. HTTP 协议

HTTP 协议即超文本传输协议，是从 WWW 服务器传输超文本到本地浏览器的传送协议。

3. FTP 协议

FTP 协议即文件传输协议（File Transfer Protocol），是互联网用来控制文件传输服务的协议。

4. IP 地址

IP 地址由 4 部分数字组成，每部分数字对应于 8 位二进制数字，各部分之间用小数点分开。

5. TCP/IP 协议

TCP/IP 协议又称传输控制协议/网际协议。IP 协议可以负责 IP 数据包的分割和组装，TCP 协议负责保证数据包在传送中的准确无误。

6. 域名

站点 IP 地址的字符表现形式。

7. 域名解析

将数字形式的站点 IP 地址转换为域名的过程。

8. 服务器

Internet 上的服务器是指为网络提供各类服务的一种特殊的计算机。

9. 带宽

一条通信线路传输数据能力的高低或者说通信线路的速率。

四、Internet 的接入方式

用户加入 Internet 首先要选择一个 Internet 服务商（ISP）。目前国内向全社会正式提供商业 Internet 接入服务的主要有 ChinaNet 和 ChinaGBN 两大服务商。普通用户可直接通过

ChinaNet 接入。除此之外，CERNet 和 CSTNet 主要提供国内一些学校、政府管理部门接入。选择了接入对象后，用户可根据规模、用途等方面的要求，选择不同的接入方式。

目前常用的接入方式一般分为：拨号接入、专线接入和局域网接入。

1. 拨号接入

拨号接入方式是目前我国家庭使用最广泛且连接最为简单的一种 Internet 连接。拨号上网费用较低，比较适宜个人和业务量较小的单位使用。用户只需一台计算机，在安装配置了 Modem 等连接设备后，就可以通过普通的电话线接入 Internet。目前，使用最多的拨号接入方式有两种技术：一种是常规模拟电话 PSTN + 56 KB/s Modem 接入；另一种是数字电话 + ISDN 接入。

2. 专线接入

在企业级用户中，主要采用的是专线接入方式。常用的专线接入方式是 ADSL、DDN 等方式。专线接入的速率比拨号接入的速率要大得多，一般为 64 KB/s ~ 10 MB/s。

3. 局域网接入

在局域网接入 Internet 时有两种接入方案，即代理服务器或网关方案和无服务器方案。

单元二 TCP/IP 协议和域名

一、TCP/IP 网络协议

TCP/IP（Transmission Control Protocol/Internet Protocol）协议又叫传输控制协议/网际协议，或者网络通信协议。这个协议是 Internet 国际互联网的基础，简单地说，就是由网络层的 IP 协议和传输层的 TCP 协议组成的。TCP 传输控制协议，规定一种可靠的数据信息传递服务。IP 网际协议，又称互联网协议，提供网间网连接的完善功能，包括 IP 数据包，规定互联网络范围内的地址格式。TCP/IP 是为美国 ARPANET 设计的，目的是使不同厂家生产的计算机能在共同的网络环境下运行。

1. TCP/IP 工作原理

TCP/IP 协议的基本传输单位是数据包（Datagram）。TCP 协议负责把数据分成若干个数据包，并给每个数据包加上包头（相当于给信加上信封），包头上有相应的编号，以保证在数据端能将数据还原为原来的格式；IP 协议在每个数据包上加上接收端主机的地址，这样数据可以找到自己要去的地方（在信封上加地址）；如果在传输过程中出现数据丢失、数据失真等情况，TCP 协议会自动要求数据重新传输，并重新组包。总之，TCP 协议保证数据传输的质量，IP 协议保证数据的传输。

2. TCP/IP 整体构架

TCP/IP 通信协议采用 4 层层级结构，每一层都呼叫它的下一层所提供的网络来完成自己的需求。TCP/IP 协议数据的传输基于 TCP/IP 协议的 4 层结构，分别是：应用层、传输层、网间网层、网络接口层，数据在传输时每通过一层就要在数据上加个包头，其中的数据供接收端在同一层协议使用，而在接收端，每经过一层要把用过的包头去掉，这样保证传输数据格式完全一致。

3. 常用 TCP/IP 协议

TCP/IP 协议是 Internet 上所使用的基本通信协议，是事实上的工业标准，TCP/IP 协议是一组协议族,而不单单指 TCP 协议和 IP 协议,它包括上百个各种功能的协议。TCP 协议和 IP 协议是保证数据完整传输的两个基本的重要协议。TCP/IP 常用协议有以下几种。

(1) Telnet(Remote Login),远程登录功能。

(2) FTP(File Transfer Protocol),文件传输协议。

(3) SMTP(Simple Mail Transfer Protocol),简单邮政传输协议,可用于传输电子邮件。

(4) NFS(Network File Server),网络文件服务器,可使多台计算机透明地访问彼此目录。

(5) UDP(User Datagram Protocol),用户数据包协议。

二、IP 地址及其分类

在 Internet 上连接的所有计算机,从大型机到微型计算机都是以独立的身份出现的,称它们为主机。为了实现各主机间的通信,每台主机都必须有一个唯一的网络地址,就好像每一个住宅都有唯一的门牌一样,才不至于在传输资料时出现混乱。

IP 协议要求所有连入 Internet 的网络节点要有一个统一规定格式的地址,简称 IP 地址,即用 Internet 协议语言表示的地址。IP 地址和国际化域名是 Internet 使用的网络地址。符合 TCP/IP 通信协议规定的地址方案。在 Internet 信息服务中,IP 地址具有以下的功能和意义。

(1) 唯一的 Internet 网上通信地址。在 Internet 上,每个网络和每一台计算机都被分配一个 IP 地址,这个 IP 地址在整个 Internet 网络中是唯一的。

(2) 全球认可的通信地址格式。IP 地址是供全球识别的通信地址,在 Internet 上通信必须采用这种 32 位的通用地址格式。

(3) 微机、服务器和路由器的端口地址。在 Internet 上,任何一台服务器和路由器的每一个端口都必须有一个 IP 协议。

(4) 运行 TCP/IP 协议的唯一标识符。在 TCP/IP 网络中,每一台主机都必须有一个 IP 地址,以确定主机的位置,这个 IP 地址在整个网络中必须是唯一的。

IP 地址由网络号与主机号两部分组成,网络号标识一个逻辑网络,主机号标识网络中一台主机。在 IPv4 中,IP 地址可表达为二进制和十进制格式。在 Internet 里,二进制的 IP 地址是 4 个字节共 32 位,为了便于记忆,将它们分为 4 组,每组 8 位,用小数点分开。十进制表示是为了使用户和网管人员便于使用和掌握。每 8 位二进制数用一个十进数表示,并以小数点分隔。如 135.111.5.27,如表 2 – 1 所示。

表 2 – 1 二进制与十进制对照表

二进制	10000111	01101111	00000101	00011011
十进制	135	111	5	27

IP 地址可确认网络中的任何一个网络和计算机,而要识别其他网络或其中的计算机,则是根据这些 IP 地址的分类来确定的。一般将 IP 地址按节点计算机所在网络规模的大小分为 A、B、C 三类。

(1) A 类地址。A 类地址十进制的一组数值范围为 1~126,IP 地址范围为 1.x.y.z~126.x.y.z。A 类地址用前一个 8 位表示网络号,后面 3 个 8 位表示主机号。用于超大型的网络,它能容纳 1 600 多万台主机。例如 IBM 公司的网络。

（2）B 类地址。B 类 IP 地址前两个 8 位代表网络号，后两个 8 位代表主机号。十进制的一组数值范围为 128～191，IP 地址范围为 128.x.y.z～191.x.y.z。B 类地址用于中等规模的网络，可容纳 6 万多台主机。

（3）C 类地址。前 3 个 8 位代表网络号，后一个 8 位代表主机号。十进制的一组数值范围为 192～223，IP 地址范围为 192.x.y.z～223.x.y.z。C 类地址一般用于规模比较小的本地网络，如校园网等，仅能容纳 256 台主机。

三、IP 地址的获取方法

IP 地址由国际组织按级别统一分配，机构用户在申请入网时，可以获取相应的 IP 地址。

A 类 IP 地址：由国际网络信息中心 NIC（Network Information Center）分配。NIC 是授权分配 A 类 IP 地址的组织，并有权刷新 IP 地址。

B 类 IP 地址：亚太地区由日本东京大学的 APNIC 分配；ENIC 负责欧洲地区 IP 地址分配；InterNIC 负责北美地区 IP 地址分配。我国的 Internet 地址由 APNIC 分配（B 类地址）。由信息产业部数据通信局或相应网管机构向 APNIC 提出申请。

C 类 IP 地址：由地区网络中心向国家级网管中心 ChinaNet 的 NIC 分配。

四、域名

IP 地址是一个 32 位的二进制数，对于一般用户来说，要记住 IP 地址比较困难。为了向一般用户提供一种直观明了的主机识别符（主机名），TCP/IP 协议专门设计了一种字符型的主机命名机制，给每一台主机一个由字符串组成的名字，这种主机名相对于 IP 地址来说是一种更为高级的地址形式——域名。

1. 域名的概念

域名（Domain）是企业在国际互联网上的名称与标识，是企业的无形资产，具有增值性。任何利用互联网的单位、组织、团体、个人，利用互联网的第一步是必须申请注册自己的域名。如中央电视台的域名是 www.cctv.com，即人们常说的网址。域名是用来指示 Internet 上网站的地址的，具有全球唯一性，是一个企业的标志。用户通过域名所指示的地址寻找企业，企业则通过域名所指示的地址发布自己的形象产品和企业需要向客户介绍的一切。Internet 上每个主机都必须有一个地址，而且不允许重复。

2. 域名的形式

数字形式的地址很难记忆，而且不直观。因此，人们用代表一定意思的字符串来表示主机地址，这就是域名。域名是互联网上的一个服务器或一个网络系统的名字，域名的形式是以若干英文字母和数字组成，采用分级结构，中间用"."分隔成几个层次，从右到左依次为顶级（一级）域名、二级域名、三级域名等。一级域名代表国家代码或最大行业机构，由于互联网起源于美国，所以美国不用国家域名。凡是没有国家代码的域名就表示是在美国注册的国际域名。二级域名是一级域名的进一步划分，如 cn 下又可分为 edu、com、gov、net 等。三级域名是二级域名的进一步划分，如 www.coca-cola.com.cn 中，cn 为顶级域名，com 为二级域名，coca-cola 为三级域名。

域名的格式一般为：

主机名.单位名.（三级域名）.行业性质代码（二级域名）.顶级域名

3. 域名的分类

域名分为国际域名和国内域名两类。国际域名（机构性域名）的顶级域名表示主机所在的机构或组织的类型，常用的有：com 为金融商业，gov 为政府，edu 为教育，net 为网络，org 为非营利性组织，mil 为军事。一般来说，大型的、有国际业务的公司或机构使用国际域名，国际域名由国际互联网络信息中心（InterNIC）统一管理。国内域名（地理域名）的顶级域名为表示主机所在区域的国家代码，如中国的地理域名代码为 cn。在中国境内的主机可以注册顶级域名为 cn 的域名。中国的二级域名又可分为类别域名和行政域名两类。

（1）类别域名：ac——适用于科研机构，com——适用于工、商、金融等企业，edu——适用于教育机构，gov——适用于政府组织，net——适用于互联网络接入网络的信息中心，org——适用于各种非营利性组织，如表 2-2 所示。

表 2-2　表示机构类别的一级域名

域名	类别	域名	类别
com	工、商、金融等企业	biz	工商企业
edu	教育机构	int	国际组织
gov	政府组织	org	各种非营利性组织
mil	军事部门	info	提供信息服务的企业
net	网络相关机构	name	个人网站

（2）行政域名：共 34 个，分别适用于我国的各省、自治区、直辖市，如 gd。为了区别，可以选择带有国家标识的域名，即后面加上 cn（中国）、jp（日本）等，称之为国内域名，如表 2-3 所示。

表 2-3　表示域名的部分国家或地区代码

地区代码	国家或地区	地区代码	国家或地区
au	澳大利亚	jp	日本
br	巴西	kr	韩国
ca	加拿大	mo	中国澳门
cn	中国	ru	俄罗斯
fr	法国	sg	新加坡
de	德国	tw	中国台湾
hk	中国香港	uk	英国
id	印度尼西亚	il	以色列
ie	爱尔兰	it	意大利

4. 新顶级域名

近年来，域名作为数字资产在互联网中大放异彩，刺激了域名市场规模的增长，新顶级域名强势崛起。据最新数据显示，新顶级域名全球注册量超 2 700 万，其中 .xyz 域名独占鳌头，注册量高达665.7万；国产新顶级.top位居第二，477.6万的注册量；第三的.win域名，注册量也有125.3万。新顶级域名高速发展，令整个市场为之震惊，这也再次证明新顶级域名的重要性与价值所在。新顶级域名主要有以下几种，如表2-4及图2-4、图2-5所示。

表2-4 新顶级域名

域名	类别	域名	类别
ac	科研机构	pro	医生、律师、会计师等专业人员
coop	商业合作社	cc	商业公司
nt	国际组织	aero	航空运输业
tv	视听、电影、电视等	travel	旅游域名
idv	用于个人	arpa	互联网内部功能
asia	亚洲地区	tel	电话方面

.mobi：专属的移动网络品牌，丰富的全新域名选择，不容错过的注册开始啦！

.name：个人域名的标志，企业域名的新资源，优惠的市场价格。

.biz："企业的网上新形象"，.biz是流行的.com的有利竞争者，同时也是.com的天然替代者，取意来自英文单词business。

.info："信息代表未来"，.info作为信息时代最明确标志，它将成为网络信息服务的首选域名。

图2-4 新顶级域名

5. 域名的申请与注册

域名具有统一性，一个企业只有通过注册域名，才能在互联网上确立自己的一席之地。国际域名在全世界是统一注册的，在全世界范围内如果一个域名已经注册，其他任何机构都无权再注册相同的域名。互联网在我国发展滞后，许多企业对域名的认识不足，很多著名企业的品牌或名字被恶意抢注，对企业形象、信誉和经济效益造成很大损失。因而企业即使没有自己的网站，也应该及时注册与自己企业名称、商标、品牌等相关的域名。

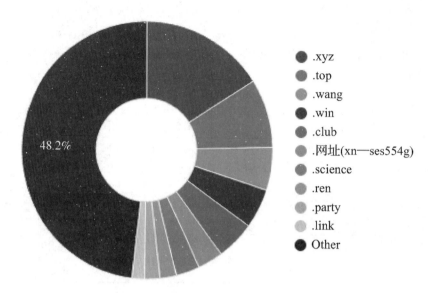

图 2-5 2015 年 12 月新顶级域名注册情况

6. 域名注册应注意的问题

（1）符合规范。国内的商用域名一般以 com.cn 结尾，也可以注册 .com 或 .cn 结尾的域名。大部分 ISP 可免费帮助用户注册域名。一般在申请域名时应注意申请符合规范的域名。例如 www.nice.cn.com 就不是一个好的域名，比较合适的域名应该是 www.nice.com，www.nice.cn 或 www.nice.com.cn。我国部分企业的域名遭到了其他境外机构的抢注，其抢注的一般是 .com 国际顶级域名，目的是索要巨额转让费。

（2）短小精悍。利用一些单词的缩写，或者在缩写字母后加上一个有意义的简单单词，组成比较短小的域名。域名不能超过 20 个字符。2002 年中国顶级域名 .cn 的开通，为我国企业申请短小精悍的域名提供了极好的机会。

（3）容易记忆。一般来说，通用的词汇容易记忆，如 business.com。某些有特殊效果或特殊读音的域名也容易记忆，如 dangdang.com，163.com 等。

（4）不与其他域名混淆。造成域名混淆的原因可能有这些情况：一是上面所说的组成一个域名的两部分使用连字符；二是后缀 .com 或者 .net 的域名分属不同所有人所有，例如，网易下的 "163.com" 与 163 电子邮局的 "163.net" 两个域名就很容易造成混乱，许多人都分不清两者的关系；三是国际域名和国内域名之间的混乱，例如：85818.com.cn 是一个网上购物网站的域名，而 85818.com 则属于另外一个网站。

（5）与公司名称、商标或核心业务相关。看到 ibm.com，就会联想到这是 IBM 公司的域名，看到 travel.com 域名就会想到是在线旅游网站，这无疑是一笔巨大的财富，一些企业的著名商标被别人作为域名注册之后，要花很大代价来解决。

（6）注意拼写和拼音技巧。巧用字母、数字的谐音来构造一些具有特色的域名。如前程无忧人才招聘网站的域名为 www.51job.com。

（7）尽量避免文化冲突。一个正规的公司如果用 "希特勒"（Hitler.com）作为域名显然不合适。在选择域名时应该尽量避免符合可能引起的文化冲突。2000 年中期，最大的中文网站新浪网的域名 "sina.com.cn" 也受到质疑，甚至被要求改名，其原因在于 "SINA"

在日语中和"支那"的发音相同，而"支那"是日本右翼对中国的蔑称，因此，新浪网的域名引起了一些在日本的华人的不满，被吵得沸沸扬扬。虽然新浪网最终没有因此改名，但是，应该引以为戒，在选择域名时应该尽量避免可能引起的文化冲突。

国内域名注册申请人必须是依法登记并且能够独立承担民事责任的组织。注册时出示营业执照复印件，然后按照程序填写申请。涉及国家政府机构、行业机构、行政区划等单位域名注册时，需要经过国家有关部门正式批准和相关县级以上（含县级）人民政府正式批准，并取得相关机构出具的书面批文。国际域名注册没有任何限制，单位和个人都可以申请。

7. 域名寻址方式

在 Internet 上域名与 IP 地址之间是一一对应的，域名虽然便于人们记忆，但机器之间只能互相认识 IP 地址，主机域名不能直接用于 TCP/IP 协议的路由选择之中。当用户使用主机域名进行通信时，必须首先将其映射成 IP 地址。因为 Internet 通信软件在发送和接收数据时都必须使用 IP 地址。

将主机域名映射为 IP 地址的过程叫作域名解析 DNS（Domain Name Server）。域名解析包括正向解析（从域名到 IP 地址）及反向解析（从 IP 地址到域名）。Internet 的域名系统 DNS 能够透明地完成此项工作。申请了 DNS 后，客户可以自己为域名作解析，或增设子域名。客户申请 DNS 时，建议客户一次性申请两个。

图 2-6 主机寻址方式

例如，一个国外客户寻找中国主机 host.edu.cn，主机寻址方式如图 2-6 所示。

（1）若用户呼叫 host.edu.cn，本地域名服务器受理并分析该域名。

（2）由于本地域名服务器中没有中国域名资料，必须向上一级查询，则指向本地最高域名服务器问询。

（3）本地最高域名服务器检索自己的数据库，查到 cn 为中国，则指向中国最高的域名服务器。

（4）中国最高的域名服务器分析号码，当看到第二级域名为 edu 时，就指向 edu 服务器。

（5）经 edu 服务器分析，当看到第三级域名是 host 时，就指向 host 主机。

域名服务器分析域名地址的过程就是找到与域名地址相对应的 IP 地址的过程，找到 IP 地址后，由路由器再通过端口在电路上构成连接，这一系列动作就是寻址过程中提到的"指向"。

五、ISP 服务提供商选择

ISP 即 Internet 服务提供商，是指专门从事互联网接入服务和相关技术支持及咨询服务的公司，是众多企业和个人进入互联网的桥梁。ISP 服务商通过自己的服务器和专门线路 24 小时不间断地与互联网连接。ISP 为家庭和商业用户提供因特网连接服务，有本地、区域、全国和全球 4 种 ISP。

（1）ISP 的作用：

一是为用户提供 Internet 接入服务，如图 2-7 所示；

二是为用户提供各类信息服务。

图 2-7　ISP 服务器的作用

（2）用户要想使本地计算机能够接入 Internet 网络，应该做好以下的准备工作：

一是要准备相应的硬件，如网卡、声卡、摄像头、Modem 等；

二是要准备相应的软件，如 Realplayer、QQ、Winzip、Netmeeting、360 杀毒软件、个人防火墙等；

三是要上 Internet 网，还要有个人账号。

（3）企业选择 ISP 服务商时除了结合企业实际情况外，还应考虑下列因素：

①提供的服务（包括售前、售中、售后的系统化服务）和收费标准（入网费、月租费）。

②提供的宽带、网络基础设施、技术实力。包括：

入网方式：拨号上网、ISDN、ADSL；

出口速率：指 ISP 直接接入 Internet 骨干网的专线速率。

③能否提供网站的全套解决方案，包括网站建设、宣传推广、后期维护等。

（4）如果用户已经选定 ISP，并向 ISP 申请入网，那么 ISP 应该向用户提供以下信息：

①ISP 入网服务电话号码（Modem 接入时呼叫的电话号码）。

②用户账号（用户名，ID）。

③密码。

④ISP 服务器的域名。

⑤所使用的域名服务器的 IP 地址。

⑥ISP 的 NNTP 服务器地址（新闻服务器的 IP 地址）。

⑦ISP 的 SMTP 服务器地址（邮件服务器的 IP 地址）。

单元三　电子商务网站运行平台

建设电子商务网站之前，首先要搭建好网站运行的环境，包括网站域名申请、ISP 选择、网站运行平台搭建（包括网络接入设备、服务器、Web 服务器软件、数据库管理系统的选型和配置）。企业建立网站，必须要与互联网连接起来才能发挥其效能。与互联网连接一般包括申请域名注册、选择 Internet 服务提供商（ISP）、选择网站接入方式等。企业可以根据自己的实际情况选择自建网站，也可以选择网站建设外包服务。

一、电子商务网站运行平台的要求

1. 电子商务网站运行环境

电子商务网站运行环境的要求包括以下几个方面。

（1）良好的可扩展性。电子商务网站的建设不可能一步到位，一方面随着电子信息技术的深入和发展，企业新的业务将不断在网上开通；另一方面，企业与供应商、企业与销售商等的合作也不会一成不变。此外，网上业务的增加，网站浏览量的不断增长，网站规模随时需要扩充，技术也随之更新，因而网站运行应具有良好的可扩展性。

（2）强大的管理工具。通常具有一定规模的网站都是分布式的，必须集中管理。维护一个网站的正常运行不是一件容易的事，一方面要及时更新网站的内容；另一方面要保证网站不出错，及时发现问题及时进行纠正，这就要求有一个信息发布及管理系统和一个功能强大的可控制管理平台。

（3）高效的开发处理能力。要适应网络的快速发展，网站必须有高效的开发处理能力。它不仅可以处理每日百万次的访问量，还可以处理每日千万次的访问量及大量的开发请求。选择网站服务器时应特别注意服务器对并发请求的处理能力，具有良好的排队机制，防止大量访问量时出现故障。

（4）7×24 小时不间断服务。企业开展电子商务必须实时与合作伙伴、供应商和客户保持联系和沟通，网站必须可靠地提供全天候的 24 小时不间断服务，确保全天候 24 小时服务的能力。

（5）良好的容错性能。电子商务网站要能保证交易的完整性，网站的运行平台要能适应情况的范围大小，并具有可恢复性，一旦出现错误或意外的事故，能及时恢复有用的数据。

（6）安全的运行环境。网站必须具有强大的抗攻击能力。通过使用加密、认证、防火墙、入侵检测系统等技术加强网站的安全性能。

（7）支持多种客户端。电子商务网站不仅能被 WWW 浏览器访问，同时还应能被手机、PDA 等多种客户端所访问。

2. 电子商务网站系统的构建技术问题

（1）数据库技术。电子商务网站与其他网站的构架有非常大的区别。普通网站主要显示预先编写好的 HTML 网页，数据量比较小；电子商务网站以数据为主，所以数据库的运行效率决定了整个系统的效率。

（2）电子商务网站构架的核心。电子商务网站构架的核心是运行效率和数据安全这两个技术问题。电子商务网站的系统资源主要集中于数据处理，其次是服务教育管理，最后是文本浏览，网站建设时应该将设备、开发、软件投入的 50% 以上用于提高系统运行效率。电子商务网站的数据中有超过 70% 是来自用户的，因此，数据安全极其重要。一般来说，通过防火墙、数据库安全机制、数据备份机制等可以有效地保证数据安全。

（3）开发效率和资金投入。开发效率和定期的资金投入是电子商务网站发展的必要条件。电子商务网站是新生事物，其需求来源、功能设置、管理模块、维护程序可能长期处于调整和修改状态，需要及时调整才能适应不断增长、快速变化的形势，所以开发团队的效率决定了系统调整的速度。同时，电子商务网站的技术平台需要不断扩充与强化，资金的投入要永远领先于访问量、数据量的增长。一般当访问负荷在高峰期超过 50% 时应考虑扩容或调整结构，超过 80% 时必须马上实施。

3. 电子商务网站运行平台构造技术的选择原则

企业选择网站系统构建技术和产品的基本依据是：首先要考察这些产品和技术是否能满足需要；其次，还有一些因素也是必须要考虑的，包括以下几个方面：

(1) 符合各种主流的技术标准。
(2) 符合企业信息化的整体技术战略。
(3) 符合未来技术的发展方向。
(4) 满足开放性、可扩充性的要求。
(5) 与现有的应用系统具有良好的兼容性。
(6) 具有成功的应用先例。

二、电子商务网站运行平台的构成

任何一个电子商务网站的运行平台都必须在一定的计算机、网络设备硬件和应用软件的基础上。一个电子商务网站要能够正常运行，必须包括计算机、网络接入设备、防火墙、Web 服务器、应用服务器、操作系统、数据存储系统等，这是构成网站的最小配置。此外，还可以根据应用的目的、层次和深度，适当地包括局域网、大型存储设备系统、数据库存储及检索系统、E-mail 服务器、FTP 服务器、应用服务器及应用程序、控制系统、群集系统、安全系统、备份系统、维护系统等各类可扩充组件，如图 2-8 所示。

图 2-8 网站运行平台

三、服务器类型

1. 独立服务器

独立服务器是指用户的服务器从 Internet 接入到维护管理完全由自己操作。企业自己建立服务器主要考虑的内容是硬件、系统平台、接入方式、防火墙、数据库和人员配备。其中硬件包括路由器、交换机、服务器、客户机、不间断的电源、空调、除湿机等。目前系统平台产品主要有 Windows NT、UNIX、Netware、Linux 等。

中型规模网站自备主机的数据量为 30~100 MB，日访问量在 20 000 人以上，需要独立的 DNS、E-mail、Web 和数据库服务器，其中 Web 和数据库服务器可以根据情况扩充并担任不同的任务。大型电子商务网站自备主机的构造相对复杂，除 DNS、E-mail、Web 和数据库服务器以外，还需要配置防火墙设备、负载均衡设备、数据库交换服务器等，并使用较好的网络设备，采用网络管理软件对网站运行情况进行实时监控。独立服务器的构成如图 2-9 所示。

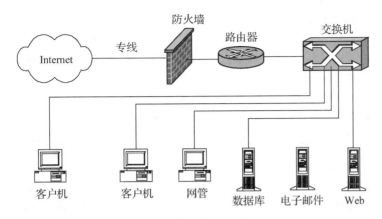

图 2-9 独立服务器的构成

2. 服务器托管

服务器托管是指用户购买或租用主机后，将主机寄放在 Internet 服务提供商的机房，日常系统维护由 Internet 服务提供商进行，可为企业节约大量的维护资金。服务器可以自己购买，也可以由 Internet 服务提供商代购。采用服务器托管用户不需花费巨资租用线路，节省用户更新系统设备的人力与物力。

相对于虚拟主机，服务器托管具有以下特点。

（1）灵活。当企业的站点需要灵活地进行组织变化的时候，虚拟主机将不再满足企业的需要。虚拟主机不仅仅被共享环境下的系统资源所限，而且也被主机提供商允许在虚拟主机上运行的软件和服务所限；用户希望连接互动化、内容动态化和个性化的要求也很难实现，而这些要求需要依靠托管独立主机才能得到较好的解决。

（2）稳定。在共享服务器的环境下，每个用户对服务器都有各自不同的权限，某些超出自己权限范围的行为，很可能影响整个服务器的正常运行。如果有的用户执行了非法程序，还可能造成整个共享服务器的瘫痪。而在独立主机的环境下，用户可以对自己的行为和程序严密把关、精密测试，保持服务器的高度稳定性。

（3）安全。服务器被用作虚拟主机的时候是非常容易被黑客和病毒袭击的。例如，乱发电子邮件可能会受到来自外界的报复；如果服务商没有处理好虚拟主机的安全隔离问题，某些用户可能会利用程序对其他用户网站进行非法浏览、删除、修改等操作，而服务器托管极少会出现这样的问题。

（4）快捷。虚拟主机是共享资源，因此服务器响应速度和连接速度都比独立主机慢得多。目前，10%~30%的访问者因为服务器响应速度过慢而取消了他们的请求，这就意味着可能会丢掉其中的一些潜在用户，而托管独立主机将彻底改变这种状况。

3. 虚拟主机

虚拟主机是使用特殊的软硬件技术，把一台完整的真实主机的硬盘空间分成若干份，每一个被分割的硬盘称为一台虚拟主机。虚拟主机都具有独立的域名和 IP 地址，但共享真实主机的 CPU、RAM、操作系统、应用软件等。虚拟主机之间完全独立，在外界看来，一台虚拟主机和一台独立的主机完全一样，用户可以利用它来建立完全属于自己的 WWW、FTP 和 E-mail 服务器。虚拟主机可以租给不同的用户。

虚拟主机有以下特点：

（1）虚拟主机之间完全独立，在外界看来，一台虚拟主机和一台真实的主机完全一样。

（2）由于多台虚拟主机共享一台真实主机的资源，每个用户承受的硬件费用、网络维护费用、通信线路的费用均大幅降低。

（3）这项业务主要是针对中小企业用户和没有资金、技术的用户。满足他们对连接互联网并发布信息的需求。

（4）虚拟主机到因特网的连接一般采用高速宽带网，用户到虚拟主机的连接可采用公共电话网 PSTN、一线通 ISDN、ADSL 等。

（5）采用虚拟主机技术的用户只需对自己的信息进行远程维护，而无须对硬件、操作系统及通信线路进行维护。因此虚拟主机技术可以为广大中小型企业或初次建立网站的企业节省大量人力物力及一系列烦琐的工作，是企业发布信息较好的方式。

（6）采用虚拟主机方式建立电子商务网站具有投资小、建立速度快、安全可靠、无须软硬件配置及投资、无须拥有技术支持等特点。

（7）虚拟主机由多个不同的站点共享一台服务器的所有资源，是入门级的站点解决方案。如果虚拟主机所在的服务器上运行了过多的虚拟主机，则系统容易过载，性能下降，从而直接影响网站浏览的效果。

虚拟服务器和托管服务器都是将服务器放在 Internet 服务提供商的机房中，由 Internet 服务提供商负责因特网的接入及部分维护工作。当企业对服务器要求比较高，或企业需要独立服务器运用时，虚拟服务器方案不能满足企业的要求，企业必须拥有独立的服务器。但是独立的服务器需要专用的机房、空调、电源等硬件设施，以及操作系统、防火墙、电子邮件、Web Server 等软件。这些硬件、软件需要专职维护人员及管理人员，这对企业来说是一笔巨大的开支。而服务器托管具有独立服务器的功能，且日常软件、硬件维护由 Internet 服务提供商提供。

从另一个角度来说，当系统是托管服务器独立主机时，企业就可以获得一个很高的控制权限，能够决定服务质量和其他一些重要的问题，如可以随时监视系统资源的使用情况；在系统资源紧张、出现瓶颈的时候，马上根据具体情况对服务器进行升级。服务器托管不仅能够解决足够多的访问量和数据查询，还能够为企业节约数目可观的维护费。

四、服务器选型原则

服务器部分是电子商务网站建设的主要设备，在选择服务器时须谨慎，选择适合本企业的服务器。下面介绍几个服务器选型原则。

（1）可靠性原则。为了保持竞争力，企业服务器必须每时每刻都处于在线状态，这就意味着主机服务设施要具备排除任何可能发生故障的能力，从简单的断电到地震这样的重大事件。如果一个设施遇到问题，其功能可以由另一个设施来承担。比如配备双重供电系统，主机服务设施通过两个途径连接到互联网上。

（2）安全性原则。当一个企业将有价值的数据和服务置于企业大门之外，安全就会变成一个首要的问题。一个良好的主机服务设施可以提供一个安全基础设施，这个基础设施可以确保一个没有黑客入侵、没有故障和病毒的安全环境。所选择的托管主机设施既要不断地监控硬件设施，也要不断地监控进入硬件设施中的数据和软件。身份证明和一些其他访问控制可以对进入指挥中心的数据和软件进行严格的控制。

(3) 可扩展性原则。访问网站的人数有时寥寥无几，有时却可能门庭若市。一个新产品的推出可能因大量订单涌入而给服务器带来较大的负担。托管主机设施应具备提供潜在的功能，特别是具有较高的带宽。同时，所有这些服务器都有实时的监控功能。指挥中心能够及时发现问题和解决问题，为客户提供高质量的服务。

(4) 4A 网络连接原则。企业中心服务器必须支持"无界限无泄露"的网络连接功能。一方面，要求企业中心服务器支持 4A，即任何人、任何地方、任何时间、合法地存取任何信息的网络通信功能，特别是具有很强的 Internet 支持能力，成为开展电子商务、Web、通信协作等基于 Internet 应用的最佳平台；另一方面，企业中心服务器又必须支持网络通信系统的安全保密功能，保证网上信息不被泄露和窃取。

(5) 快速服务支持原则。随着基于 Internet 的各种新颖应用的开展，厂商的服务能力越来越重要，要求厂商能够提供全面解决方案和对服务器"不间断"的服务和支持，提供设备范围，提供在不同环境中进行系统集成的水平和经验。

五、电子商务网站运行的网络设备

建立一个电子商务网站要考虑很多因素。一个网站运行得好坏，硬件起着很重要的作用，硬件是整个电子商务网站正常运行的基础，这个基础的稳定可靠与否，直接关系着网站的访问率以及网站的扩展、维护和更新等问题。电子商务网站的硬件构成主要有两大部分：网络设备和服务器。

网络设备主要用于网站局域网建设、网站与 Internet 连接。网站访问速度的快慢，很大程度上与网络设备有关。网络设备有以下几种。

1. 网卡

网卡（Network Interface Card）也称为网络适配器或网板，它负责计算机与网络介质之间的电气连接、数据流的传输和网络地址确认。网卡只传输信号而不进行分析，但是在某些情况下，网卡也可以对传输的数据作基本的解释。网卡的主要技术参数为带宽速度、总线方式以及电气接口方式。

2. 网桥

网桥是一种存储转发设备，主要用于连接类型相似的局域网络。例如，同一个单位多个不同的部门根据自己的需要选用了不同的局域网，而各个部门之间又需要交换信息、共享资源等，这就需要使用网桥将多个局域网连接在一起。通过远程网桥互连的局域网将成为城域网和广域网。如果使用远程网桥，那么远程网桥必须成对出现。本地网桥和远程网桥的功能是一样的，只是所用的网络接口不同而已。由于网桥工作在网络协议模型的数据链路层，不涉及协议的转换，所以网桥的结构简单，可通过软件或软硬件组合来实现。

3. 路由器

路由器是一种连接多个网络或网段的网络设备，是将电子商务网站连入广域网的重要设备。路由器能对不同网络或网段进行路由选择，并对不同网络之间的数据信息进行转换，它还具有在网上传递数据时选择最佳路径的能力。

4. 交换机

交换机是局域网组网的重要设备，多台不同的计算机可以通过交换机组成网络。交换机不但可以在计算机数据通信时，使数据的传输做到同步、放大和整形，而且可以过滤掉短帧、碎片，对通信数据有效地处理，从而保证数据传输的完整性和正确性。交换机在工作的时候,发出请求的端口和目的端口之间相互对应而不影响其他端口,因此交换机就能够隔离冲突域和有效地抑制广播风暴的产生。另外,交换机的每个端口都有一条独占的带宽,交换机不但可以工作在半双工模式下,而且可以工作在全双工模式下。

5. 防火墙

电子商务网站中存放有大量的重要信息,如客户资料、产品信息等,网站开通之后,系统的安全问题除了考虑计算机病毒之外,更重要的是防止非法用户的入侵,目前预防的措施主要靠防火墙技术完成。防火墙是一个由软件、硬件或软硬件结合的系统,是电子商务网站内部网络和外部网络之间的一道屏障,可限制外界未经授权用户访问内部网络,管理内部用户访问外部网络的权限。

6. 网关

网关是一个含义广泛的术语,它可以指这3种中的任何一种:第一种是路由器网关;第二种是应用程序网关;第三种是一种协议向另一种协议传递数据的网关。一般信道网关都是指第三种,因此这里着重讲第三种网关。网关又称协议转换器,它负责将协议进行转换并且保留原有的功能,将数据重新分组,以便在两个协议不同的网络之间进行通信。

任务实施

通过浏览查看成功电子商务案例,小张熟悉电子商务网站的设置和构成,并对电子商务有一个初步的认识,明白电子商务网站对于电子商务的作用。同时老师还要求小张及同学们了解 Internet 接入及运行方式,掌握 IP 地址和域名,熟悉电子商务网站运行平台。

任务一 掌握 TCP/IP 地址

【实训准备】
能访问 Internet 的机房,学生每人一台计算机。
【实训目的】
通过练习 TCP/IP 设置,让学生学会设置 IP 地址。
【实训内容】
训练 TCP/IP 设置。
【实训过程】
(1) TCP/IP 的命令测试。单击"开始"→"运行"命令,在弹出界面中输入"ping 127.0.0.1"(回环地址),然后单击"确定"按钮,检查 TCP/IP 网络协议是否工作正常,如图 2-10 所示。

图 2-10 输入回环地址

（2）如果屏幕上出现图 2-11 所示信息，则表明 TCP/IP 协议工作正常，否则有误，需要重新安装 TCP/IP 协议。

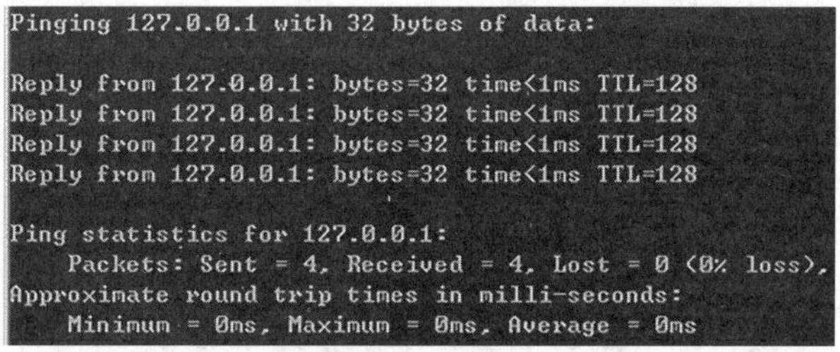

图 2-11　测试界面（1）

（3）测试网卡的安装设置是否正确。通过 ping 本机的 IP 地址，如果屏幕上出现图 2-12 所示的信息，表明网卡设置没有错误。如果出现其他信息，表明网卡的设置有问题，需要重新检查所有的参数，然后需要检查网络是否通畅。

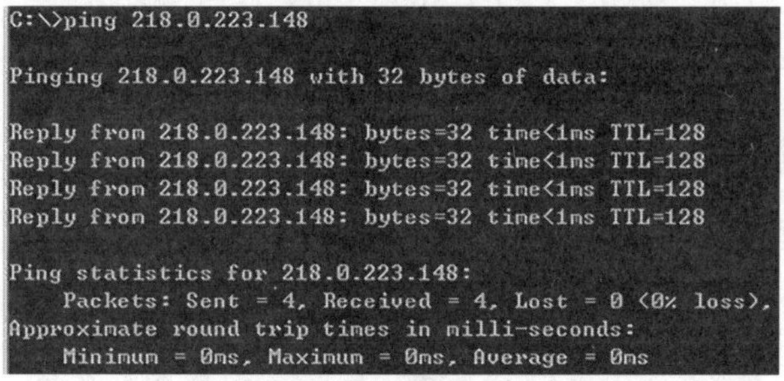

图 2-12　测试界面（2）

（4）单击"开始"→"设置"→"网络连接"→"属性"选项，如图 2-13 所示。

图 2-13　选择"属性"选项

(5) 打开"本地连接 属性"对话框,单击"Internet 协议(TCP/IP)"选项,如图 2-14 所示。

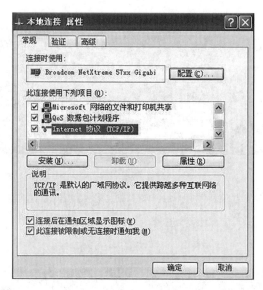

图 2-14 选择"Internet 协议(TCP/IP)"选项

(6) 打开"TCP/IP 协议(TCP/IP)属性"对话框,进行 IP 地址设置,然后单击"确定"按钮,至此 IP 地址设置及 Internet 连接成功,如图 2-15 所示。

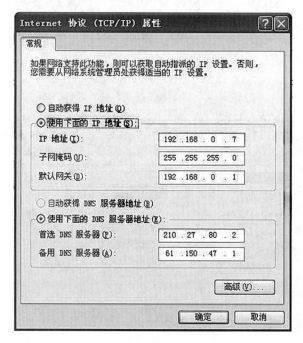

图 2-15 IP 地址设置

(7) 最后检查域名设置是否正确。仍使用"ping"命令,不过 IP 地址改为所在网络的域名服务器(DNS Server)的地址。如果出现错误信息,需要一次检查域名、域名服务器的设置是否正确。

任务二 掌握域名申请

【实训准备】
能访问 Internet 的机房,学生每人一台计算机。

【实训目的】
通过练习域名申请,让学生掌握域名申请方法。

【实训内容】
训练域名申请。

【实训过程】
(1) 选择一家 DNS 代理注册网站。登录 http://www.edong.com/ 网站,如图 2-16 所示。

图 2-16　http://www.edong.com/ 网站

(2) 选择"域名注册"选项,进入下一个页面,如图 2-17 所示。

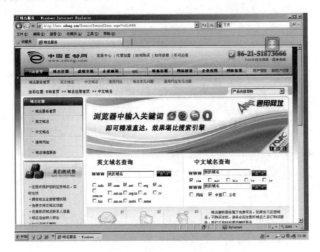

图 2-17　域名注册

（3）查询所选域名是否可以注册。在域名查询文本框内输入想要查询的域名，例如输入 ayaa2000，选择后缀名为 .com，单击"查询"按钮后，会得到图 2-18 所示的结果。

图 2-18 域名查询结果

（4）提交注册用户资料，如图 2-19 所示。

（5）如 www.ayaa2000.com 域名没有被注册，单击"现在订购"按钮，进入下一个页面，结算付款，如图 2-20 所示。

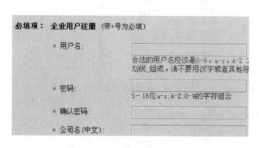

图 2-19 提交注册用户资料

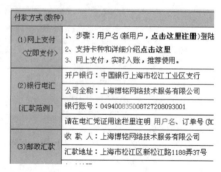

图 2-20 结算付款

（6）订购成功，如图 2-21 所示。

图 2-21 订购成功

任务三 熟悉电子商务网站运行平台

【实训准备】
能访问 Internet 的机房，学生每人一台计算机。

【实训目的】
通过电子商务网站运行平台选择的训练，让学生熟悉电子商务网站建设的程序，掌握电子商务网站平台的选择及应用。

【实训内容】
训练电子商务网站运行平台选择。

【实训过程】
（1）登录http://www.net.cn 注册成为其用户。
（2）选择存放网站的服务商，如图 2-22 所示。

图 2-22　选择存放网站的服务商

（3）选择合适的服务器，如图 2-23 所示。

图 2-23　选择合适的服务器

技能训练

小王今年大学毕业，他的邻居张阿姨家买了一台计算机，准备上网开店销售女装。张阿姨请小王帮忙。如果你是小王，请你为张阿姨建立网络连接，申请网店域名，选择一个虚拟主机服务器方案。

技能训练一　建立网络连接，进行 IP 设置

【训练准备】
能访问 Internet 的机房，学生每人一台计算机。
【训练目的】
通过练习 Internet 接入方式，让学生学会建立网络连接，进行 IP 设置。
【训练内容】
训练 Internet 接入方式，浏览网站。
【训练过程】
(1) 建立网络连接。
(2) 在桌面建立网络连接快捷方式。
(3) 进行 IP 地址设置。

　　　　IP 地址　　　　192.168.2.99
　　　　子网掩码　　　255.255.255.0
　　　　网关　　　　　192.168.2.254
　　　　DNS　　　　　202.103.4.5

(4) 使用诊断工具 ping，查看本机网络是否连接。
(5) 在 IE 浏览器输入 http://www.baidu.com 地址，打开百度网站。
(6) 查看 TCP/IP 相关信息。
(7) 训练结束，写出技能训练报告。

技能训练二　注册域名

【训练准备】
能访问 Internet 的机房，学生每人一台计算机。
【训练目的】
使学生了解注册域名真实过程的步骤。
【训练内容】
训练国内域名和国际域名申请，浏览网站。
【训练过程】
(1) 注册国际域名：一般通过国内的网络公司来注册国际域名（以创联万网为例）。
①查阅申请域名的手续和相关法律文书。
②登录 http://www.net.cn 网站，注册成为其用户。
③单击"进入您的家"，输入注册的用户名和密码，单击"确定"按钮登录。
④按规定格式输入网页名称"WWW.CNNIC.NET"，选择"域名服务"→"注册国际域名"，按系统提示依次操作。
⑤选择付费方式。最后出现付款提交页面，选择支付方式，支付成功后，申请的域名将

在一天内生效。
⑥确认注册成功。
(2) 注册国内域名 http://www.cnnic.net.cn。
(3) 训练结束,写出技能训练报告。

技能训练三　ISP 选择

【训练准备】
能访问 Internet 的机房,学生每人一台计算机。
【训练目的】
通过浏览该站,分析企业选择 ISP 的原则与方法。
【训练内容】
训练根据企业的实际情况选择适合的 ISP。
【训练过程】
(1) 登录 www.net.cn 网站。
(2) 全面、大量收集 ISP 信息。
(3) 认真分析企业对 ISP 的需求。
(4) 进行问题分析。
① ISP 企业众多,无法迅速找到适合的 ISP。
②对于确定 ISP 的原则不清楚。
③对于 ISP 所能提供的服务和收费情况不清楚。
④对于企业的实际需要不清楚。
(5) 了解该 ISP 的主要服务项目与相应的收费情况。
(6) 浏览该 ISP 的主要客户的情况,根据企业需求,在已获得的大量的 ISP 信息的基础上,分析确定自己需要的服务和能够支付的费用,以确定 ISP。
(7) 对自己的选择原则进行修正。
(8) 提出选择与否的建议,并进行说明。
(9) 训练结束,写出技能训练报告。

技能训练四　服务器选择方案

【训练准备】
能访问 Internet 的机房,学生每人一台计算机。
【训练目的】
通过练习服务器选择,让学生熟悉服务器方案的对比分析并选择。
【训练内容】
训练服务器选择,浏览网站。
【训练过程】
(1) 登录 http://www.baidu.com 主页,查看独立主机、虚拟主机及服务器托管的特点。

(2) 登录 http://www.edong.com/ 主页，查看虚拟主机相关信息。

(3) 登录 http://www.net.cn/ 主页，查看虚拟主机相关信息。

(4) 登录 http://www.westdata.cn/ 主页，查看虚拟主机相关信息。

(5) 在表 2-5 所示的表中分别列出各网站虚拟主机服务方案的优缺点。

表 2-5 各网站虚拟主机服务方案的优缺点

主要项目	E 动网	中国万网	西部数码
操作系统			
程序支持			
磁盘空间			
网页空间容量			
数据库空间容量			
数据库数量			
月流量限制			
并发连接数			
机房线路			
邮局空间容量			
数据备份周期			
价格	2 000 元	2 000 元	2 000 元

(6) 对各网站虚拟主机服务方案进行对比分析，为小王选择一个最适合的虚拟主机方案。

(7) 训练结束，写出技能训练报告。

域名的品牌价值

域名注册的流程和演示

空间选购的要素

绑定域名

域名解析

TCP/IP 前世今生

独立服务器、云服务器

项目三

电子商务网站规划

电子商务网站规划

知识目标

- 了解网站规划的内容,了解电子商务网站规划的方法。
- 熟悉网站建设的流程。
- 掌握电子商务网站策划书的撰写方法。
- 熟悉客户需求调查表的内容。

能力目标

- 专业能力目标:能够撰写电子商务网站策划书,熟悉网站建设的流程,胜任电子商务网站客户调查与分析工作,为客户选择电子商务模式,学会起草与签订网站建设合同书。
- 社会能力目标:具有良好的团队合作精神和与人沟通、协调的能力,具有策划能力和执行能力,具有独立思考问题的能力,具有社会责任心和文字表达能力。
- 方法能力目标:自学能力、利用网络和文献获取信息资料的能力。

素质目标

- 通过电子商务网站建设合同签订,使学生熟悉电子商务网站建设合同签订的内容及法律要求,强化同学们社会主义法律及法治意识。
- 结合社会主义核心价值观的要求,通过合同签订、企业资质审核提高学生从事网站建设工作的法律意识和道德素养,引导学生树立正确的价值观。
- 结合网站建设流程,使同学们的诚实守信、工匠精神在网站建设中得以体现。

> 知识准备

单元一 电子商务网站规划

　　电子商务网站是电子商务系统运行的主要承担者和体现者，电子商务网站规划即电子商务网站系统规划，电子商务网站规划贯穿于网站建设的全过程，是网站建设最重要的环节，也是最容易被企业忽视的环节。网站规划的好坏，直接影响着企业电子商务网站实施的成败。

　　电子商务网站一般以企业自身的产品服务等为主要内容，不同企业网站的功能也会不同。网站建立会涉及技术设计、资金投入、人员投入、进度控制、日常工作安排等众多问题。

一、电子商务网站规划的定义

　　电子商务网站规划是指在网站建设前对市场进行分析、确定网站的目的和功能，并根据需要对网站建设中的技术、内容、费用、测试、维护等作出规划。网站规划对网站建设起到计划和指导的作用，对网站的内容和维护起到定位作用。

二、电子商务网站规划的任务

　　（1）电子商务网站的系统规划是对网站功能、结构、内容、外观等方面的总体策划。

　　（2）站点内容和功能的规划设计是网络营销策略的直接体现，网站的内容与功能策划既要符合企业的需求，又要参考当前技术的发展状况和应用水平。

　　（3）企业站点不但要充分运用多媒体技术实现信息发布功能，更重要的是要发挥 Web 的交互特性，实现网站信息检索、在线客户服务、用户反馈信息收集、在线订单、在线购物、在线支付等功能。

三、电子商务网站规划的原则

　　电子商务网站是企业开展电子商务的基础设施和信息平台。当企业建立自己的网站时，网站的规划将贯穿网站建设的整个过程。电子商务网站规划应遵循以下原则。

1. 支持企业的总目标

　　企业的战略目标是规划的出发点。网站规划应从企业目标出发，分析企业管理的信息需求，逐步导出网站的战略目标和总体结构。

2. 主次分明，设计目的明确

　　电子商务网站的设计是展现企业形象、介绍产品和服务、体现企业发展战略的重要途径，因此必须掌握目标市场的情况，受众群体是否喜欢新技术，需求范围，受教育的程度是否较高，是否经常上网等，从而作出切实可行的设计计划。要根据消费者的需求、市场的状况、企业自身的情况等进行综合分析，牢记以"消费者（Customer）"为中心，而不是以"美术"为中心进行设计规划。

3. 主题鲜明突出，要点明确

网站的总体设计方案就是根据客户需求对网站的整体风格和特色作出定位，规划网站的组织结构。客户需求不同，网站风格及特色也不同。大致有以下几种类型。

（1）基本信息型。主要面向用户、业界人士或者普通浏览者，以介绍企业的基本资料，帮助树立企业形象，也可以适当提供行业内的新闻或者知识信息。

（2）电子商务型。主要面向供应商、用户或者企业产品（服务）的消费群体，以提供某种属于企业业务范围的服务或交易为主。这样的网站处于电子商务化的一个中间阶段，由于行业特色和企业投入的深度、广度的不同，其电子商务化程度可能处于从比较初级的服务支持、产品列表到比较高级的网上支付的其中某一阶段。

（3）多媒体广告型。主要面向用户或者企业产品（服务）的消费群体，以宣传企业的核心品牌形象或者主要产品（服务）为主。这种类型无论从目的上还是实际表现手法上相对于普通网站而言更像一个平面广告或者电视广告。

在实际应用中，很多网站往往不能简单地归为某一种类型，无论是建站目的还是表现形式都可能涵盖了两种或两种以上类型。不管属于哪种类型的电子商务网站，都要做到主题鲜明突出，要点明确，以简单明确的语言和画面体现站点的主题。调动一切手段充分表现网站的个性和情趣，办出电子商务网站的特点。

4. 功能实用，切合实际需要

网站提供的功能服务应该是切合浏览者实际需求的且符合企业特点的。网站提供的功能服务必须保证质量，还应注意以下几点。

（1）每个服务必须有定义清晰的流程，每个步骤需要什么条件、产生什么结果、由谁来操作、如何实现等都应该是清晰无误的。

（2）实现功能服务的程序必须是正确的、健壮的（防错的）、能够及时响应的、能够应付预想的同时请求服务数为峰值的。

（3）需要人工操作的功能服务应该设有常备人员和相应责权制度。

（4）用户操作的每一个步骤（无论正确与否）完成后应该被提示当前处于什么状态。

（5）服务成功递交以后的响应时间通常不应超过整个服务周期的10%。

（6）当功能较多的时候应该清楚地定义相互之间的轻重关系，并在界面上和服务响应上加以体现。

四、电子商务网站规划应考虑的主要因素

（1）目标市场情况。针对的顾客消费群体定位在一定范围。

（2）市场环境。综合权衡国际和地区经济环境、政府部门支持以及本地 Internet 基础设施等完备程度。

（3）产品、服务和品牌。

（4）其他促进因素。包括各种传统媒体（如报刊、电视等）宣传企业的网站和电子商务。

（5）价格。对于价格经常浮动的产品和服务，电子商务可以成为理想的报价方式。

（6）送货渠道。考虑国内外客户的实际需要，如何通过发达的送货网络配送满意商品，是客户对服务认可的最终标准。

五、电子商务网站规划的内容

要体现电子商务网站的设计思想，达到网站建设的总体目标，必须对客户（公司）的规模、资源、业务等进行全面分析，给网站一个合理的定位，根据需要制订网站建设方案，并按方案严格执行。下面是一个电子商务网站建设方案的完整内容。

1. 建设网站前的市场分析

在进行网站功能定位之前，首先应该进行深入的市场调研与分析。网站的定位源于与市场的调研和把握。市场调研的内容一般有以下几个方面。

（1）调查开展电子商务活动的经济环境、网络环境和政策环境。

（2）相关行业的市场是怎样的，市场有什么样的特点，是否能够在互联网上开展公司业务。

（3）市场主要竞争者分析，分析竞争对手上网情况及其网站规划、功能作用。分析同类商品或服务的市场容量，分析自己可能在竞争中所占的份额。分析不同地区的销售商机与潜在市场。分析市场规模和发展趋势，以便为企业电子商务网站准确定位。

（4）分析不同人群的销售习惯和潜在市场，了解他们的上网情况，以便提供个性化服务。

（5）公司自身条件分析、公司概况、市场优势，可以利用网站提升哪些竞争力，建设网站的能力（费用、技术、人力等）。

2. 建设网站的目的及功能定位

（1）首先确定建立网站的目的。根据市场调研的结果以及企业经营的需要和发展规划确定网站的类型、具体功能和所要达到的目标。一般来说，商务网站建设的目的都是宣传企业自身、树立企业形象、提高企业知名度、及时发布相关信息、开拓市场和增加业务量，同时为客户提供全天候的产品和服务。如为什么要建立网站，是为了宣传产品，进行电子商务，还是建立行业性网站？是企业的需要还是市场开拓的延伸？

（2）整合公司资源，确定网站功能。网站功能定位可依据以下几点来分析。

①研究营销与服务过程的哪些阶段准备在线经营，根据企业的能力和客户情况而确定。

②确定网站提供的商品和服务主要定位于哪些客户群，以便重点了解这些人群的消费习惯，提供有针对性的产品和服务。

③确定是否提供个性化服务，分析提供个性化服务的优点和缺点。

④考量客户能够接受的访问网站的平均响应时间，准备提供怎样的网络性水平，期望达到多大的访问量。事实上，特殊活动、促销以及季节性活动都将造成客户访问量猛增，并对网站满足需求保持良好的信誉提出挑战。

⑤分析哪些后端商务可以与前端商务过程集成。

⑥对于开展在线交易的网站还须考虑货款结算问题，决定是否提供电子支付功能，应该与哪家银行合作，以及如何解决安全支付与信用问题等。

⑦考量网站功能的可扩展性和可维护性。

⑧考察网站的安全性要求及对策。应该有一个包括商业和技术风险在内的应变计划，该计划需要详细说明具体的解决和实施方案，以及主要负责人的职责、权限和联系方式等。

然后，根据公司的需要和计划，确定网站的功能。电子商务产品的类型有以下4种。

①基本型：具备基本电子商务功能，可实现产品展示、公司宣传与客户服务；适用于初尝电子商务的小型企业，一般搭建在公众服务平台上。

②宣传型：目的是通过网站宣传产品或服务项目，提升公司形象，拓展市场；适用于各类企业。

③客户服务型：目的是宣传公司形象及产品，达到与客户实时沟通及为产品或服务提供服务支持，从而降低成本，提高效率；适用于各类企业。

④电子商务型：目的是通过网站宣传公司整体形象，推广产品与服务，实现网上客户服务与产品的在线销售，为公司直接创造利润，提高竞争能力；适用于各类大、中型企业。

（3）企业内部网（Intranet）的建设情况和网站的可扩展性。

（4）网站功能定位的具体内容：一是企业应当策划短期和长期盈利项目，既寻求电子商务的经济支撑点，又考虑电子商务长远的发展规划；二是提供翔实的电子商务在线定位策划书，分析网络中企业现有的竞争对手，分析取胜的机会，制订相应的策略和正确操作步骤。

3. 网站技术解决方案

（1）硬件平台规划。是采用自建服务器，还是租用虚拟主机。

（2）软件平台规划。软件平台包括运行平台和应用开发平台两部分。运行平台包括网络操作系统和服务器软件。应用开发平台包括网络数据库系统、网站开发工具等。选择操作系统时是用UNIX、Linux还是Windows 2000/NT。从投入成本、功能、开发、稳定性和安全性等方面进行分析。

（3）是采用系统性的解决方案（如IBM、HP等公司提供的企业上网方案，电子商务解决方案）还是自己开发。

（4）网站安全性措施，防黑、防病毒方案。

（5）相关程序开发，如网页程序ASP、JSP、CGI，数据库程序等。

4. 网站内容规划

根据网站的目的和功能规划网站内容。一般企业网站应包括：公司简介、产品介绍、服务内容、价格信息、联系方式、网上订单等基本内容；电子商务类网站要提供会员注册、详细的商品服务信息、信息搜索查询、购物车、订单确认、付款、个人信息保密措施、相关帮助等；综合门户类网站则将不同的内容划分为许多独立的或有关联的频道，有时，一个频道的内容就相当于一个独立网站的功能。如果网站栏目比较多，则考虑采用网站编程专人负责相关内容。注意：网站内容是网站吸引浏览者最重要的因素。可事先对人们希望阅读的信息进行调查，及时调整网站内容。企业网站内容规划如表3-1所示。

表3-1 企业网站内容规划

公司概况	包括公司背景、组织机构、团队介绍、大事记、领导致辞、经营业绩、宏伟蓝图
资质认证	展示荣誉证书、企业图片，增加公司品牌、资信证明等
产品目录	展示企业生产、经营的各类产品图片、文字信息、技术阐述、价格等
在线订单	用户可以通过填写表格在线发送对贵公司的产品订购信息、商务要求和建议反馈
产品价格表	用户浏览网站的部分目的是希望了解产品的价格信息
联系我们	介绍公司的各个组织结构、部门职能、联络方式等

续表

人才招聘	实施发布公司的招聘信息，搜集各类人才资料，求职者可在网站在线提交简历
诚征代理	发布公司产品、业务代理信息
新闻发布	发布公司的最新动态、新闻，可通过网络随时更新、添加
售后服务	有关质量保证条款、售后服务措施，以及各地售后服务的联系方式等
其他栏目	可根据企业要求添加特色栏目及内容
(英文版)	以英文为版本形式的网站内容、方便国际用户及海外客商游览网站
说明	公司网站内容框架（大致设想，可以根据公司具体情况和要求加以更改增删）

（1）公司概况：包括公司背景、发展历史、主要业绩及组织结构等，让访问者对公司的情况有一个概括的了解，这是在网络上推广公司的第一步，也可能是非常重要的一步。

（2）资质认证：作为一些辅助内容，这些资料可以增强用户对公司产品的信心，其中第三者作出的产品评价、权威机构的鉴定，或专家的意见，更有说服力。企业的资质认证必须符合《中华人民共和国认证认可条例》（2020年修订版）规定。

（3）产品目录：提供公司产品和服务的目录，方便顾客在网上查看。并根据需要决定资料的详简程度，或者配以图片、视频和音频资料。但在公布有关技术资料时应注意保密，避免为竞争对手利用，造成不必要的损失。

（4）新闻发布：通过公司动态可以让用户了解公司的发展动向，加深对公司的印象，从而达到展示企业实力和形象的目的。因此，如果有媒体对公司进行了报道，别忘记及时转载到网站上。

（5）在线订单：即使没有像 Dell 那样方便的网上直销功能和配套服务，针对相关产品为用户设计一个简单的网上订购程序仍然是必要的，因为很多用户喜欢提交表单而不是发电子邮件。

（6）产品价格表：用户浏览网站的部分目的是希望了解产品的价格信息，对于一些通用产品及可以定价的产品，应留下产品价格，对于一些不方便报价或对价格波动较大的产品，也应尽可能为用户了解相关信息提供方便，比如设计一个标准格式的询问表单，用户只要填写简单的联系信息，点击"提交"就可以了。

（7）联系我们：网站上应该提供足够详尽的联系信息，除了公司的地址、电话、传真、邮政编码、网管 E-mail 地址等基本信息之外，最好能详细地列出客户或者业务伙伴可能需要联系的具体部门的联系方式。对于有分支机构的企业，同时还应当有各地分支机构的联系方式，在为用户提供方便的同时，也起到了对各地业务的支持作用。

（8）销售网络：实践证明，用户直接在网站订货的并不太多，但网上看货网下购买的现象比较普遍，尤其是价格比较贵重或销售渠道比较少的商品，用户通常喜欢通过网络获取足够信息后在本地的实体商场购买。因此，应充分发挥企业网站这种作用，尽可能详尽地告诉用户在什么地方可以买到他所需要的产品。

（9）售后服务：有关质量保证条款、售后服务措施，以及各地售后服务的联系方式等都是用户比较关心的信息，而且，是否可以在本地获得售后服务往往是影响用户购买决策的重要因素，应该尽可能详细。

（10）产品搜索：如果公司产品比较多，无法在简单的目录中全部列出，那么，为了让用户能够方便地找到所需要的产品，除了设计详细的分级目录之外，增加一个搜索功能不失为有效的措施。

（11）辅助信息：有时由于一个企业产品品种比较少，网页内容显得有些单调，可以通过增加一些辅助信息来弥补这种不足。辅助信息的内容比较广泛，可以是本公司、合作伙伴、经销商或用户的一些相关新闻、趣事，或者产品保养/维修常识，产品发展趋势等。

5. 网站页面设计

网页美工设计应与企业整体形象一致，符合企业形象规范，注意网页色彩、图片的选用及版面规划，保持网页整体一致性。在新技术应用上要考虑主要目标访问群体的分布地域、年龄阶层、网络速度、阅读习惯等。制订网页改版计划，如半年到一年时间进行较大规模改版等，如图 3－1 和图 3－2 所示。

图 3－1　一路可口可乐网站

图 3－2　北京博导前程信息技术股份有限公司网站

网页设计应遵循下列原则。
(1) 正确分析用户的需要。
(2) 网页命名要简洁，便于搜索引擎收集。
(3) 导览性好，具有"返回首页"、网站地图，标识清晰、链接用约定的颜色。
(4) 网页下载时间不宜过长。
(5) 适合不同浏览器，分辨率为 800×600。
(6) 图形设计格式为 GIF、JPG。
(7) 内容搭配和谐美观。
(8) 适当的多媒体。
(9) 相对的超级链接。

6. 网站维护
(1) 服务器及相关软硬件的维护。对可能出现的问题进行评估，规定响应速度。
(2) 数据库维护。有效地利用数据是网站维护的重要内容，因此数据库的维护要受到重视。
(3) 网站内容维护。包括网站内容维护更新、内容变化，以及根据网站发展需要进行功能的变更、调整等。
(4) 网站维护的规范化、制度化。制定相关网站维护的规章制度，将网站维护制度化、规范化。

7. 网站测试
(1) 测试服务器的稳定性、安全性。
(2) 测试网站程序及数据库。
(3) 测试网页兼容性，如浏览器、显示器。
(4) 根据需要的其他测试。

8. 网站发布与推广
(1) 网站发布。网站发布是将通过测试的本地硬盘上的站点通过一定的传输协议传送到远程服务器的过程。大中型企业一般有条件提供网站所需的软件、硬件平台和相应的资源，其网站可直接连接到 Internet 上，小型企业通常采用服务器托管或虚拟主机的方式搭建硬件平台，这样其网站就要通过发布来连接到 Internet 上。
(2) 网站推广。网站推广是让更多的人了解网站，得到网址，提高网站的点击率和知名度。进行网站推广的方法很多，包括传统媒体的宣传、搜索引擎登记、使用电子邮件等。

9. 网站建设日程表
各项规划任务的开始完成时间，以及负责人等。

10. 费用明细
建设网站时需要估算网站的费用，列明各项事宜所需的费用清单。一般网站建设需要以下费用。
(1) 网站前期准备费用。包括市场调查、域名注册、资料素材收集、网络初步设计、硬件购置、软件购置及其他费用等。
(2) 网站开发费用。包括后台数据库开发等技术费用、一级前台页面美工设计费用等。
(3) 网站宣传费用。包括在传统媒体和网络进行宣传的费用。
(4) 网站维护与更新费用。

单元二　电子商务网站客户需求调查分析

随着互联网的发展，越来越多的企业、机构、协会、组织和个人等加入了互联网，对网站建设的信息需求也越来越多。同时，随着技术的不断进步和发展，用户对网站功能的要求也不断提高，越来越多的网站制作都是由专业网站开发制作公司来完成的。专业的网站制作公司在接受客户委托后，必须对客户需求进行调查分析，这是一个和客户交流、正确引导客户能够将自己的实际需求用较为适当的技术语言进行表达以明确网站项目目的的过程。网站是否成功与建站前的客户需求调查分析有重要的关系。

一、客户需求调查分析的含义

在电子商务网站规划过程中，客户需求调查分析是非常关键的一个环节。在企业电子商务网站建设工程中，需求分析总任务是回答"企业电子商务网站必须做什么"，并不需要回答"企业电子商务网站将如何工作"，对电子商务网站来说，确定网站的目标顾客十分重要。客户需求调查分析就是在充分了解本企业客户的业务流程、所处环境、企业规模、行业状况的基础上，分析客户表面的、内在的、具有可塑性的各种需求。有了客户需求分析，企业可以了解潜在客户在需求信息量、信息源、信息内容、信息表达方式、信息反馈等方面的要求；有了客户需求分析，企业网站能够为客户提供最新、最有价值的信息；客户需求分析了解的信息越全面、越准确，网站建设规划就越符合客户的需要，网站建设项目的开展也就越顺利。

二、网络客户需求调查分析的服务方式

网络客户需求调查分析的服务方式主要包括：网站建设前，依据客户要求对潜在客户进行实际调研，并提交需求调查分析报告；网站开通后，依据客户要求对现有客户及潜在客户进行实际调研，并提交需求调查分析报告。

三、网站建设客户类型

网站项目确立是建立在各种各样需求的基础上的，这种需求一般来源于客户的实际要求或是出于公司发展的需要。在洽谈网站项目时，企业会遇到各种不同类型的客户，大体分为两种类型：一种是专业型的，客户对自己网站的设计风格有明确的思路，能够比较准确地表达自己的审美习惯与设计要求，但是他们传达的信息有可能是片面的、不连续的、不成系统性的，这样就要求在详细地记录客户需求的同时能够给予必要的、适当的补充提示，以充分、全面挖掘客户的实际需求；另一种是设盲型（就是在设计上的文盲型）的，客户对于自己的网站的设计没有任何想法，通过对客户进行系统的提问及引导，让客户做选择题而不是问答题，这样客户的思路就会慢慢地清晰明了，若同时结合一些网站的实际案例，给客户一个很直观的认识，那么效果将会更好。

四、网站访问者的类型

企业站点建设还应该从访问者角度来考虑问题，只有访问者经常来访问站点、阅读站点

内容,才说明站点有吸引力。站点的访问者越多,站点越可能成功。对站点访问者的考虑应包括以下内容:年龄范围、兴趣范围、是否精通计算机、受教育程度、民族背景、性别、收入、语言、婚姻状况、国籍、职业、社会信仰等。

对商务网站来说,必须清楚地知道谁是网站的客户,他们需要什么,他们有什么兴趣,站点能够为他们提供什么内容和信息,只有让站点内容和信息吸引目标客户并留住他们,这样站点才可能成功。

五、客户需求调查分析的步骤

1. 设计《电子商务网站客户需求调查表》

网站建设前必须先与客户进行充分的沟通,这是调查需求分析展开的基础。为了更好地了解需求建设网站的企业的需求,可以设计相应的调查表,即《电子商务网站客户需求调查表》(简称《客户需求调查表》)。一般来说,《客户需求调查表》包括以下内容。

(1) 希望通过 Internet 达到的目的。

(2) 当前利用 Internet(或 Intranet)的不足之处。

(3) 对将要新建的网站在开发建设中必须拥有的网络功能。

(4) 在进行网站建设与推广时希望使用的渠道。

2. 调查客户原始需求

在进行客户调查时,一般先让客户填写《客户需求调查表》,然后再会谈。尽量做到让客户畅所欲言,列出所有的需求,通过现有需求分析是否还有潜在的需求,最好利用图表形式将用户的需求表现出来,不要遗漏。尽可能地把客户的需求挖掘出来,因为如果客户的需求做得不完整,客户随时可能会产生一些新的点子,对以后的策划方案或者项目都有着很大的威胁,随时都可能被推翻。这时不应害怕客户提出更多的潜在需求而增加设计开发的工作量,应该直接明白地把客户的问题和要求都一一列出来,把客户最原始、最完整的要求准确地记录下来,如有必要可以进行录音,但应经过客户同意。

3. 整理、分析并预测客户潜在的需求

客户需求分析最好的方式是从客户习惯中挖掘数据、总结整理,然后分析,而不是简单的调查问卷。一般来说,客户对需求的概念往往非常模糊,大多时候客户给出的需求都是笼统的而且尺度难以控制,这就要求业务人员在了解了客户的详细情况后,帮助客户进行分析、归纳和整理,预测客户在开发过程中进行变更及以后应用中进行升级修改的潜在需求。

4. 撰写《客户需求分析报告》并递交相关人员

在对客户需求情况进行调查、分析后,应使用通俗的语言对客户需求进行描述,撰写《客户需求分析报告》,《客户需求分析报告》是对网站建设项目的综合分析,撰写时应注意以下问题。

(1) 可行性。网站在认定的运行环境下是否可以实现客户所提出的每项需求。

(2) 正确性。每条功能的描述必须正确、清楚、具体。

(3) 简明性。功能描述应围绕主题进行,要求简单明了。

(4) 可检测性。网站开发过程中,每条需求都是可以检测的。

5. 记录需求变更日志

在网站开发过程中,客户的需求会发生变化。客户需求的变化或许是由于客户疏漏,或许是在开发过程中被激发出来的，这些变更有时非常频繁和琐碎，以至于往往不能将变更及时反馈到项目的各个角色中，那么做好需求变更日志就显得非常重要。

在客户需求分析后面附上变更日志，并将修改后的需求分析制作成新版本，保留每次变更改过的版本，而不是覆盖，这样就比较容易跟踪需求变更过程中所带来的工作调整。

单元三　电子商务网站建设合同

一、明确网站建设中双方的工作范围

网站建设涉及的工作范围有许多，包括客户需求调研、《网站建设策划书》制作、网站建设素材准备、网站页面设计与制作、网站功能开发与页面融合、数据库输入、网站硬件和软件、域名注册与解析等工作。

在网站建设工作中，应明确哪些工作是承建方的工作，哪些工作是企业自己的工作。对于承建方工作的部分，必须细致地在合同中说明，必要时可以将《网站建设策划书》作为合同的附录，以便更详细地阐明承建方的工作。

二、明确建站流程

1. 申请域名

域名（ICANN \ CNNIC）的命名方法有以下几种可供选择。

（1）中译英。中译英即把网站的中文名称翻译成英文。例如，新浪网的 sina.com、搜狐的 sohu.com。但中译英时，有时要注意英文在不同环境或国度下所代表的含义可能不同，如"龙"在中国是"神物"，但英文"dragon"也指"喷火的怪兽"。

（2）汉语拼音。即网站的中文名字用汉语拼音来表示。例如，飞华网的 feihua.com，找到了网的 zhaodaole.com，时空网的 shikong.com，奇迹网的 qiji.com，阿里巴巴网的 alibaba.com 等。拼音方式比中译英方式在中国更能被用户接受，但因拼音所代表的同音字太多，所以易产生混淆。

（3）数字化。数字化似乎是目前很流行的一种命名方式，也比较有趣。例如，珠穆朗玛的 8848.net，首都在线的 263.net，北京电信的 163.net，此外还有 3721.net、5415.net、163.com 等。数字化网站少时，可能比较容易记住，但数量多了，也容易产生混淆。

（4）缩写。缩写也是很常见的一种命名方法，如电脑报的网站 cpcw.com 就是 Chinese Popular Computer Weekly 的缩写，国中网的 cww.com 则是 China Wide Web 的缩写。一个好的缩写往往让人不由自主地要去推敲一番，所以为企业的网站取一个精练的缩写域名会使人对企业的域名和网站记忆得更加深刻。

2. 建立主机

一种是完全自己建。这要求公司有专业技术人员和专门的设备，同时，公司网络业务量很大。这种方式投资极大，适合像 Yahoo、IBM 等大公司采用。另一种是自己租主机和线路，采用整机托管来建立网站。整机托管是在具有与国际 Internet 实时相连的网络环境的公司放置一台服务器，或向其租用一台服务器，客户可以通过远程控制，将服务器配置成 WWW、E-mail、FTP 服务器。这种方式需要和 ISP 打交道，而且投资比较大，也需要专业技

术人员。还可以采用虚拟主机（Virtual Hosting）技术建立网站。虚拟主机是指将一台 UNIX 或 NT 系统的整机硬盘划细，细分后的每块硬盘空间可以被配置成具有独立域名和 IP 地址的 WWW、E-mail、FTP 服务器。这样的服务器在被人们浏览时，看不出来它是与别人共享一台主机系统资源。在这台机器上租用空间的用户可以通过远程控制技术，如远程登录（Telnet）、文件传输（FTP），全权控制属于自己的那部分空间，如信息的上、下载，应用功能的配置等。采用虚拟主机技术建立网站时应注意以下两点。

（1）通过虚拟主机这种方式也可以使企业拥有一个独立站点。这种方式建立的网站与上面两种方式建立的网站没有本质区别，只是需要和虚拟主机提供商打交道，而其性能价格比远远高于企业自己建设和维护一个服务器。

（2）在国内，虚拟主机一般有国内虚拟主机和国外虚拟主机两种，区别就在于虚拟主机的放置地点不同。虚拟主机放在国内，国内用户访问速度快，但国外用户访问速度慢；虚拟主机放在国外（一般指美国），国外用户访问速度快，国内用户访问速度较慢。如果想让国内、国外的用户访问速度都快，就需要作双镜像，即在国内、国外同时租用虚拟主机，虚拟主机提供商会根据用户访问地点不同作自动解析，当企业主页更新时，只需在本地上传，镜像虚拟主机会自动更新。

3. 设计网页

一个电子商务网站由以下要素构成：网站的域名及地点、网站的页面、商品目录、购物车、付款台、商品配送、计数器、留言板、会员管理、商品库存管理。

根据网站的构成要素进行网站系统设计，一般来说，主要包括以下几个部分。

（1）按模块设计，尽量把密切相关的子问题划归到同一模块；把不相关的子问题划归到系统的不同模块。

（2）根据网站建设的项目特点，详细设计出每个项目阶段的目标、内容和人员安排，以及最终提交的文件材料。

（3）进一步确定网站的要素，包括网站的内容结构（如栏目名称、内容）、网站的功能需求（如交互机制）和网站的表现形式（如色彩搭配、字号选择），还包括网站对象和网站提供哪些服务等内容。

（4）网站设计。进行网站设计大体分 3 个方面：纯网站本身的设计，如文字排版、图片制作、平面设计、三维立体设计、静态无声图文、动态影像等；网站的延伸设计，包括网站的主题特征设计、智能交互、制作策划、形象包装、宣传营销等；网站采用的网络、数据库等技术也是保证网站最终良好运行的关键。

4. 选择企业网站的功能

根据企业经营的需要和发展规划确定网站的类型和具体功能。

三、明确网站建设质量要求

网站建设质量主要指网站页面设计与制作、网站程序的质量。合同需要对这些工作的质量作出详细的、具体的、尽量可度量的要求。

对于页面设计与制作，由于对设计风格的认识差异会导致建设方和承建方对网站质量评判结果不同，这时可以采用变通的方法来弥合双方质量评判的差异。

对网站程序来说，合同中应对网站功能作出详细说明。如果承建方同时提供虚拟空间，那么企业还应对网站访问速度以及带宽等作出规定。

四、明确网站承建费用

网站建设业内一般按制作量来计费。

首先，确定网站建设的计费项目，一般包括以下几个方面。

（1）素材整理阶段文字录入费、图片处理费及翻译费。
（2）《网站建设方案书》制作费。
（3）普通页面制作费。
（4）页面风格制作费。
（5）页面特效制作费。
（6）数据库数据录入费。
（7）功能性开发费用。
（8）空间租用费。
（9）域名注册费。

其次，确定每个收费项目的单位价格。

再次，在合同签订后，网站建设前预付部分价款；在网站建设中支付部分价款；最后在网站建设项目完成后，按实际计算的费用支付剩余款项。

五、起草网站建设合同书

网站建设合同书包括主文件和附件两部分。主文件主要明确双方的权利与义务，对一些原则性问题做出说明。附件主要是合同项目的内容、工作进度与安排、数量、价款、支付和验收方式等的进一步说明。网站建设合同签订以后，合同双方就必须依法履行，完成合同内容及条款所要求的项目。

单元四　电子商务网站制作流程

在网站制作过程中，严格遵守网站制作流程，尤其在签订《网站建设方案》《网站建设合同》《网站验收合格书》以及《网站维护协议》时，双方必须签字盖章，明确双方的权利与义务。在签字之前，应仔细阅读方案、合同以及协议内容，内容要合规合法，尽量不要出现疏漏现象。

一、客户提出建站申请

（1）客户提出建站的基本要求。
（2）客户提供企业相关的文本及图片资料，包括公司介绍、项目描述、网站基本功能要求、基本设计要求等。

二、制订网站建设方案

（1）双方就网站建设内容进行讨论、协商、修改、补充，以达成共识。
（2）由承建方制订《网站建设方案》。

（3）双方确定建设方案的具体细节及价格。

三、签订相关协议，客户支付预付款

（1）双方签订《网站建设合同》。
（2）客户支付预付款。
（3）客户提供网站建设相关内容资料。

四、网站初步设计完成，客户确认

（1）根据《网站建设方案》完成初稿设计（包括首页风格、网站架构等）。
（2）客户审核确认初稿设计。
（3）承建方完成网站整体制作。

五、网站测试、客户上网浏览、验收

（1）网站测试。
（2）客户上网浏览网站，按《网站建设合同》要求进行验收。
（3）验收合格，支付余款。
（4）为客户注册域名、开通网站空间、上传制作文件、设置电子邮箱。

六、网站建设完成

（1）向客户提交《网站维护说明书》。
（2）我方根据《网站建设协议》及《网站维护说明书》相关条款对客户网站进行维护与更新。

七、网站制作流程实例

1. 网站验收合格书

网站验收合格书如图3－3所示。

添翼网网站验收合格书

甲方：

乙方：南京金手笔电子商务有限责任公司

第一条：验收标准

1. 页面效果是否真实还原设定稿。
2. 各链接是否准确有效。
3. 文字内容是否正确（以客户提供的电子文档为准）。
4. 功能模块运行是否正常。

第二条：验收项目

□ _____

□ _____

□ _____

图3－3　网站验收合格书

□ _____
□ _____
□ _____
□ _____

第三条：验收确认

经甲方验收审核，乙方制作的甲方网站（域名：_____）符合甲方要求，特此认可。本合格书甲方代表人签字生效。

甲　方：　　　　　　　　　　　　　　代表人：　　　　　（签字）
　　　　　　　　　　　　　　　　　　　　　　　年　月　日

图 3-3　网站验收合格书（续）

2. 网站维护协议

网站维护协议如图 3-4 所示。

添翼网网站更新维护服务协议

甲方：

乙方：南京金手笔电子商务有限责任公司

甲、乙双方经友好协商，本着平等互利、共同发展的原则，为明确双方的责、权、利特签订以下协议条款：

第一条：协议内容

甲方委托乙方代为管理其互联网站点，域名：_____。乙方负责甲方网站的日常更新及维护。

第二条：甲方的权利和责任

1. 甲方自正式签订本协议之日起需将网站详细资料提供给乙方（包括 FTP 登录用户名及密码）。
2. 甲方需按时将网站更新维护费用交与乙方，甲方不得拖延交费。
3. 甲方提供的更新维护资料、方案需详细、正确、完整。
4. 由于甲方提供的资料不正确、不完整导致乙方更新页面后所造成的损失由甲方自行承担。

第三条：乙方的权利和责任

1. 乙方自本协议生效之日起代管甲方网站。
2. 网站更新维护形式及维护费用规定。
3. 乙方在代管网站期间需即时响应甲方要求，在甲方将更新、维护资料交付乙方后，乙方应严格按甲方意图制作，并于 3 日内上传页面；如甲方更新、维护信息量大，乙方 3 日内无法完成最后上传更新时，需预先通知甲方。
4. 乙方收取更新维护网站费用时间为协议签订后 3 日内，甲方需在上述期限内一次性付清费用。

第四条：协议生效

本协议一式两份，在双方代表人签字并在乙方收到甲方支付的费用后生效，甲、乙双方各执一份，具有同等法律效力。未尽事宜，双方协商解决。

乙方：南京金手笔电子商务有限责任公司　　代表人：　　　（签字）

甲　方：　　　　　　　　　　　　　　　　代表人：　　　（签　字）
　　　　　　　　　　　　　　　　　　　　　　　　年　月　日

图 3-4　网站维护协议

任务实施

小张所在公司接受一家新西兰旅游公司委托，要为其开发电子商务网站，为该公司实现网上销售与订购业务。经理要求小张撰写一份电子商务网站策划书，调查电子商务网站建设的客户需求，帮助该企业分析推荐适合企业的电子商务模式，并设计一份电子商务网站建设合同书。

任务一　撰写电子商务网站规划书

【实训准备】

能访问 Internet 的机房，学生每人一台计算机。

【实训目的】

通过电子商务网站规划书案例学习，让学生学会撰写电子商务网站规划书。

【实训内容】

训练撰写电子商务网站规划书。

【实训过程】

1. 拟定"电子商务网站建设策划书大纲"

电子商务网站建设策划书大纲如图 3-5 所示。

新西兰旅游公司电子商务网站建设策划书

为了拓展本企业的业务范围，适应网络经济发展需要，提升企业形象，更好地宣传推广企业产品，增强企业竞争实力，现策划建设新西兰旅游公司电子商务网站。

一、网站建设前的市场分析

二、网站建设的目的及功能定位

三、网站建设的利益

四、网站的主要目标客户群

五、网站技术解决方案

六、网页设计

七、网站测试、发布、推广与维护

八、网站建设的主要工作流程

九、估算项目网站建设日程表及人力资源

十、估算项目所需的经费

十一、估计网站建设的其他问题

图 3-5　电子商务网站建设策划书大纲

2. 撰写网站建设前的市场分析

（1）企业市场环境分析。分析企业开展电子商务活动的经济环境、网络环境和政策环境。

（2）市场主要竞争者分析。对竞争对手的上网情况及其网站规划、功能作用进行分析。

（3）公司自身条件分析。对公司概况，市场优势及人、才、物进行分析。

3. 撰写网站建设的目的及功能定位

网站建设的总体目标是网站建设最基本的部分，是通过与提出网站建设的企业高层领导进行交流和沟通来确定的，网站建设的总体目标包括以下几个方面。

（1）撰写企业建设电子商务网站的目的。目的是利用网络优势，整合企业，改造传统业务，提高企业管理效率，降低运作成本，增强市场竞争力，提高经济效益，从而促使企业发展并提高市场占有率；还是提升企业形象，开拓国内国际市场，紧跟时代潮流，建立新型的商务管理模式，从而引领企业进入电子商务领域，为企业客户提供更完善的服务，加强企业与社会之间的信息联系，改善内部管理，提高运营效率。

（2）撰写网站的功能定位。网站针对什么阶层的消费者，提供什么类型的商品在网上销售。

（3）撰写网站建设所采用的实施模式。网站建设所采用的实施模式主要包括：电子商务网站建设是一步到位，还是分阶段实现不同的目标；在网站上是先实现部分商品网上销售，还是所有商品一起销售；在网站上是先实现某些商品网上销售的所有功能，还是实现部分功能。

（4）撰写企业建设电子商务网站的预期收益。通过这样的一个企业网站，可以在多长时间内收回成本，可以在多长时间内产生利润。

4. 撰写网站建设的利益分析

网站利益分析就是网站可以带来的利益好处，主要包括以下几方面内容。

（1）有利于提高企业市场竞争能力。
（2）有利于提高企业品牌的知名度。
（3）有利于增加企业的业务量。
（4）有利于提高产品的服务水平。
（5）有利于节约企业资源和业务成本。
（6）有利于简化业务联系。
（7）其他可能带来的利益。

5. 撰写网站的主要目标客户群分析部分

根据产品客户群及网站类别的不同，网站的目标客户群也不一样，一般有以下几种分类方法。

（1）按职业角度划分，可分为工商业者、专业人士、学生等。
（2）按性别划分，可分为女性和男性。
（3）按年龄角度划分，可分为儿童、青少年、中年人、老年人或所有人群等。
（4）按地理范围划分，可分为国内市场、国外市场和全球市场。

6. 撰写网站技术解决方案

（1）分析网站是采用自建服务器，还是租用虚拟主机。
（2）分析网站采用的软网络操作系统和服务器软件。
（3）分析网站安全性措施。

7. 撰写网页设计

（1）撰写网页设计的原则。
（2）撰写网页设计应注意的问题。

8. 撰写网站测试、发布、推广与维护工作

（1）撰写网站开发步骤主要包括网站页面内容的编辑（文字、图片、多媒体素材等）、网站数据库设计（如产品数据库和用户数据库）、网站程序开发（如动态网页功能和支付功能）等。

（2）撰写网站测试和发布步骤。主要包括连接的有效性、网页的可读性、网站的下载速度、网页语言的正确性、网站的便利性和网站的兼容性等。

（3）撰写网站的宣传与推广。包括在线推广和离线推广，在线推广包括友情链接、搜索引擎、广告联盟、标题广告和邮件列表等；离线推广主要采用媒体广告和宣传资料等传统手段，两种方式可以结合使用。

（4）撰写网站管理与维护工作。包括网站日常内容维护、网站外观形式维护、网站安全性管理、网站信息备份、网站数据库的维护与网站功能升级等。

（5）对网站使用状况的评估分析。包括站点访问统计、客户对网站的反应与意见汇总、网站的使用效率等。

9. 撰写网站建设主要工作流程

（1）撰写注册步骤、原则。

（2）确定建立网站的主要方式。

（3）网站的设计。

10. 估算项目所需要的时间和人力资源

撰写网站规划书时，应明确网站建设规划完成的时间，为保证站点能如期实现，应在每个工作阶段设置一个时间节点，同时，每个阶段所需的人力资源及主要负责人应大致有一个规划。采用甘特图输入项目所需要的时间及人力资源估算，如表 3-2 所示。

表 3-2 项目所需要的时间及人力资源估算表

序号	工作内容	第1周	第2周	第3周	第4周	第5周	第6周	第7周	第8周	第9周	第10周	第11周	第12周	所需人员	备注
1	注册域名	1													
2	调查客户需求	2													
3	规划设计	2													
4	内容开发	5													
5	测试评估	2													
6	宣传推广	1													
7	交付使用	0													

11. 估算项目所需要的经费

项目预算是让企业高层对网站建设预算有一个大致了解。它主要包括两部分内容：一是一次性投入的经费——域名注册费、硬件购置费、软件购置费、网站设计开发费、网站推广费和相关合作商交易费等，如表 3-3 ~ 表 3-5 所示；二是日常运行费——域名空间租用年费、日常维护与管理费等，如表 3-6 所示。

表3-3 一次性投入经费估算表

序号	内容	费用/元	备注
1	注册域名	2 000	
2	网站设计	5 000	
3	网站开发	40 000	
4	网站测试与评价	2 000	
5	网站宣传与推广	3 000	
6	硬件购买	100 000	
7	软件购买	80 000	
8	合计	232 000	

表3-4 网站页面制作的详细指标及费用

服务项目	服务价格		服务说明
网站整体策划			
网页设计制作	首页制作		
	Flash 引导页制作		
栏目页面制作	企业页面栏目制作		
内容页面	10 页内		
	超 10 页部分		
	超 30 页部分		
其他语言脚本			

表3-5 网站功能模块报价

服务项目	服务价格		服务说明
新闻系统发布	标准版		
	行业版		
产品系统发布	标准版		
	增强版		
在线购物系统			
会员管理系统			
网站统计系统			
信息检索系统			

表 3-6 日常维护所需经费估算表

序号	内容	每年费用/元	备注
1	域名年费	900	
2	主机托管费	5 000	
3	网站管理与维护费	40 000	
4	网站使用状况评估费	1 000	
5	合计	46 900	

12. 考虑网站建设中其他说明事项部分

（1）可行性分析报告。

（2）分解段实施目标。

（3）与同类网站比较分析：优势与劣势。

任务二 电子商务网站客户需求调查与分析

【实训准备】

能访问 Internet 的机房，学生每人一台计算机。

【实训目的】

通过《客户需求调查表》，进行实际调查，使学生学会设计《客户需求调查表》，并进行信息归纳整理、分析，撰写《客户需求分析报告》。

【实训内容】

训练《客户需求调查表》及《客户需求分析报告》的撰写。

【实训过程】

1. 设计《电子商务网站客户需求调查表》

《电子商务网站客户需求调查表》如图 3-6 所示。

新西兰旅游公司电子商务网站客户需求调查表

一、选择题

1. 对旅游网站外观的重要性，您觉得：网页的版面设置（如色彩）（　　）。
   A. 非常不重要　　B. 不重要　　C. 一般　　D. 重要　　E. 非常重要
2. 对旅游网站外观的重要性，您觉得：提供强大的搜索功能（　　）。
   A. 非常不重要　　B. 不重要　　C. 一般　　D. 重要　　E. 非常重要
3. 对旅游网站外观的重要性，您觉得：进入网站下一步的快捷性（　　）。
   A. 非常不重要　　B. 不重要　　C. 一般　　D. 重要　　E. 非常重要
4. 对旅游网站外观的重要性，您觉得：网站提供行程价格的动态性（　　）。
   A. 非常不重要　　B. 不重要　　C. 一般　　D. 重要　　E. 非常重要
5. 对旅游网站外观的重要性，您觉得：在线预订流程简单（　　）。
   A. 非常不重要　　B. 不重要　　C. 一般　　D. 重要　　E. 非常重要
6. 对旅游网站提供的旅游资讯的丰富程度，您觉得：提供旅游内容的准确、详细性（　　）。
   A. 非常不重要　　B. 不重要　　C. 一般　　D. 重要　　E. 非常重要

图 3-6 电子商务网站客户需求调查表

7. 对旅游网站提供的旅游资讯的丰富程度，您觉得：旅游产品以图片、视频等形式展现（　　）。
   A. 非常不重要　B. 不重要　C. 一般　D. 重要　E. 非常重要
8. 对旅游网站提供的旅游资讯的丰富程度，您觉得：可供选择的多种支付方式（　　）。
   A. 非常不重要　B. 不重要　C. 一般　D. 重要　E. 非常重要
9. 对旅游网站提供的旅游资讯的丰富程度，您觉得：营销人员有专业化的素质（　　）。
   A. 非常不重要　B. 不重要　C. 一般　D. 重要　E. 非常重要
10. 对旅游网站提供的旅游资讯的丰富程度，您觉得：服务人员及时回复顾客需求（　　）。
    A. 非常不重要　B. 不重要　C. 一般　D. 重要　E. 非常重要
二、问答题
1. 旅游网站能否提供客户满意度服务？
2. 怎样的服务才是客户需要的？
备注：此问卷仅用于分析数据，请放心填写。谢谢！

图 3-6　电子商务网站客户需求调查表（续）

2. 调查客户原始需求

（1）和客户代表约定会谈的时间和地点。

（2）携带打印好的《客户需求调查表》数份，必要时携带录音设备。

（3）与客户代表进行会谈，通过调查取得第一手客户需求资料，注意客户需求不要有所疏漏。

（4）请客户填写《客户需求调查表》，如有必要，可以给客户进行适当解释。

3. 整理分析并预测客户潜在的需求

（1）将《客户需求调查表》中的信息进行分类。

（2）将《客户需求调查表》中的分类信息进行整理分析。

（3）根据《客户需求调查表》整理分析结果，预测客户潜在的需求。

4. 撰写《客户需求分析报告》

撰写《客户需求分析报告》，并递交有关人员。

5. 记录需求变更日志

（1）将原来的《客户需求分析报告》保存为"客户需求分析1"。

（2）如果客户需求报告修改了，将修改后的《客户需求分析报告》保存为"客户需求分析2"，依次类推。

（3）递交修改后的《客户需求分析报告》给相关人员签字。

（4）将签过字的《客户需求分析报告》归档保管。

任务三　起草与签订电子商务网站建设合同

【实训准备】

能访问 Internet 的机房，学生每人一台计算机。

【实训目的】

明确客户双方工作责任范围，熟悉《电子商务网站建设合同》的起草及签订程序和内容。

【实训内容】

训练《新西兰旅游公司电子商务网站建设合同》的起草及签订。

【实训过程】

1. 明确网站建设工作范围

（1）与新西兰旅游公司网站建设的客户代表一起讨论网站建设的工作范围。

（2）明确新西兰旅游公司网站建设工作范围中，哪些属于承建方的工作。

（3）明确新西兰旅游公司网站建设工作范围中，哪些属于企业的工作。

（4）明确新西兰旅游公司网站建设工作范围中，哪些属于与企业的合作方或第三方的工作。

2. 明确网站建设工作流程及时间进度

（1）制订网站建设工作流程。

（2）确定各时间段内的工作内容。

（3）说明每个流程环节完成的时间要求。

3. 确定网站建设质量要求

（1）由承建方提供5个备选方案，给客户演示。

（2）由企业选择一个方案，并提出此方案中需要修改的地方。

（3）双方共同确认网站主要页面的质量。

（4）双方共同确认网站的响应速度。

（5）双方共同确认网站的安全性。

4. 明确建设费用及支付方式和标准

（1）由承建方提出建站费用表。

（2）由双方共同确认网站的建站费用项目及收费标准。

（3）由双方共同确认网站费用的支付方式。

5. 起草并签订《新西兰旅游公司电子商务网站建设合同》

（1）起草《电子商务网站建设合同》。

（2）签订《电子商务网站建设合同》。

【案例一】

电子商务网站建设规划书
——关于建立女性用品专卖的网站

一、项目背景和市场分析

（1）背景与需求：当前社会是网络的世界，各种各样的网站多如牛毛，但针对女性的商品和各类奢侈品网站却很少，即使有也很少有做得非常专业的。

（2）性质：本网站属于营利性网站，要涉及与其他有关单位和企业的经济关系，以及要关联相关门户网站和论坛。

（3）定位：针对广大中低层收入的女性消费者，提供各类商品的网上销售。

（4）市场分析：广大女性消费者占有现在商品消费市场的大半，年青一代更是善于使用网络进行购物消费。我们建立专业规范的网站给广大女性消费者提供一个更好的平台。

二、技术可行性分析概述

（1）技术分析：采用后台运行管理模式，运用数据库程序设计。

（2）市场需求简述：是为了给广大女性消费者提供更好的商品消费和购物心得分享的平台。

（3）我们的优势：强烈的对等服务理念，更好地服务于女性消费者，一切以她们的需求为目的。采用租用虚拟主机的方式，有专门的人分工负责管理网站的运行和维护，并定期更新内容。

三、平台功能建设与设计方案

（1）一个好的网站不可能永远是一个页面，也不会永远只有固定的功能，网站的界面和功能是不断扩展的，我们在前台界面和后台管理界面都留有可扩展的空间，以适应不断发展的互联网的需要。网站建设预期分几个月完成基本工作，包括网站的测试工作，并可在互联网上运行。由专人完成，并分工按模块交给相应的人负责。

（2）网站功能概述：本网站分为主打商品信息发布、分类商品排列、客服专版和会员论坛4大板块。主页分为用户登录与注册、论坛建设、流行潮流新闻、商品发布、精彩视频在线展示、最新女性消费动向、其他网站链接等，并提供会员自己的公开信息，以吸引更多的用户和浏览者。

（3）网站的语言和风格：网站现在只有一种语言风格——简体中文版，网站在前几年只能提供一种语言。

（4）网站的总体风格以女性色彩——粉色为主，粉色给人柔美的感觉，让人心动和温暖，有一种良好的视觉效果。页面以动态功能为主，辅助添加各类Flash动画效果和美化效果，以达到视觉和功能的双重目的。

（5）网站采用租用虚拟主机的方式。

四、项目人力资源预算和推广

（1）技术组：技术组1人，主要负责网站的技术实现。

（2）测试组：主要负责网站刚开始创建时的各项功能的测试以及后期升级的测试。

（3）维护组：主要负责网站的日常运行，保证网站的畅通。

（4）客服组：负责日常网站内容的更新以及答复顾客的留言和疑问及解决售后问题。

五、项目推广和维护

（1）由于资金问题，初期只能在维护人员的网上博客、电子邮箱、QQ上建立链接，向朋友们群发网站域名，发送信息时同时将网站的域名一同发过去，以增加网站的访问量。

（2）网站将在建好并正常运行之后由专人负责管理和负责网站内容的更新，并进行安全方面的维护。

（3）具有可行性的测试评估策略：网站将建立在线问卷评估，经常在同类网站论坛中交流心得体会，并反馈到网站上，根据实际情况进行调整，使广大女性消费者更加满意，不断提高客服服务水平。

【案例二】

网站建设客户需求分析调研表

尊敬的客户：

十分感谢您选择信为软件公司作为贵网站建设的服务提供商，为了方便我们高质量、快捷地做好服务，请您协助我们做好以下问题的确认，以便我们的设计和开发人员开始网站的制作，谢谢！

客户名称：　　　　　　　　　　网站名称：

网站域名：　　　　　　　　　　英文全称：

1. 您公司希望通过互联网起到哪些作用？
   □ 提升企业形象
      概况介绍　企业荣誉　组织结构　联系信息
   □ 品牌传播
      品牌阐述　品牌文化　品牌故事　品牌传播活动
   □ 产品宣传
      产品展示　产品介绍　技术参数列表　产品手册下载
   □ 产品在线销售
      产品报价　信息知会　经销商授权　在线反馈　统计报表
   □ 经销商管理
      在线订单　在线支付　在线询盘
   □ 客户服务
      在线报修　在线投诉　客服FAQ　用户体验　在线咨询
   □ 媒体新闻发布
      公司新闻发布　新产品发布　公关宣传　媒体报道
   □ 市场调查
      竞争情况调查　消费市场调查　客户需求调查　产品相关调查
   □ 网络办公自动化
      内网管理平台　即时通信　网络会议　电子公文　集团邮箱
   □ 其他（请在下面填写其他建设目的）

2. 网站标志：
   □有　□重新设计

3. 确定网站的风格，您希望网站有怎样的设计特色？
   □ 严谨、大方，以内容为本，设计专业（适用于办公或行政企业）
   □ 浪漫、温馨，视觉设计新潮（适用于各类服务型网站，如酒店）
   □ 清新、简洁（适用于各类企业单位）
   □ 热情、活泼，大量用图和动画（适用于纯商业网站或产品推广网站）
   □ 视觉冲击力强、独特、新颖
   □ 其他

4. 网站的色调：
   □ 冷色调（蓝、紫、青、灰，有浪漫、清新、简洁等特点）
   □ 暖色调（红、黄、绿，有活泼、大方、视觉冲击力强等特点）
   □ 简洁、雅致
   □ 综合型（按不同类型由设计师设计）
   □ 其他

5. Flash 欢迎页面：
□ 有　□ 没有

6. 是否要求在网站首页放置广告位
　　□ 是　□ 否

7. 是否有完整的网站栏目内容
　　□ 完整（指各栏目图文资料齐全）
　　□ 较完整（1~2个栏目资料暂无）
　　□ 部分（3~5个栏目资料暂无）
　　□ 较少（5个以上栏目资料暂无）
　　□ 很少（只有少部分资料）
　　□ 暂无，需整理

8. 数据库类型：
　　□ Access 数据库
　　□ MS SQL Server 数据库
　　□ Oracle 数据库
　　□ MySQL 数据库

9. 您公司对于新网站的开发建设，认为哪些网络功能是很有必要的？

系统名称	详细功能说明	备注
□ 网站多用户管理系统		
□ 信息发布系统		
□ 产品展示系统		
□ 在线订单管理		
□ 企业论坛系统		
□ 会员管理系统		
□ 留言反馈系统		
□ 网站管理系统		
□ 在线调查系统		
□ 全站搜索系统		
□ 人才招聘系统		
□ 企业内部办公系统		

10. 网站维护培训：
　　□ 是　□ 否
　　□ FTP 软件的使用　□ 数据的更新　□ 静态页面的修改

11. 网站建设完成后的维护：
　　□ 甲方自行维护　□ 委托专业服务来做，自己定期指导

□ 设定要求、目标，完全由别人代劳

客户（签章）：　　　　　调研人：　　　　　提交时间：

【案例三】

添翼网网站建设服务协议

甲方：
乙方：南京金手笔电子商务有限责任公司
甲、乙双方经友好协商，本着平等互利、共同发展的原则，就乙方为甲方设计、制作网站事项，达成以下协议并承诺共同遵守。

第一条：协议内容
甲方委托乙方设计、制作_____网站。建设项目的内容、价款、制作周期、交付方式等有附件说明。

第二条：双方权利与义务
1. 甲方可根据自己的需求向乙方提出网站建设的要求及规定网站的风格和色调。
2. 甲方需在签订本协议当日交纳建站费用总金额的50%作为预付款，并将网站建设所需文字及图片资料交与乙方。文字及图片资料均须为电子文档格式：文字须为文本文档或Word文档格式；图片须为jpg格式。
3. 甲方所提供的资料信息须真实可靠，符合国家有关部门的条例规定，遵守《中华人民共和国计算机信息网络国际联网暂行规定》和国家的有关法律、法令、法规的规定。如有出现用户投诉和由于甲方发布的信息所引起的政治责任、法律责任、经济责任等后果，甲方应负全部责任，乙方对此不承担任何责任。
4. 双方对_____网站建设所提供的网站内容、已有的页面设计及后台程序应拥有自主的知识产权。如涉及知识产权问题，双方对各自所提供的原始素材及程序源代码负责。一方的侵权行为不应对合同的另一方构成伤害，即非侵权方不对侵权一方的行为负有任何法律责任。
5. 乙方在签订本协议并收到甲方预付款后，应根据建设项目的附件内容，为甲方设计、制作网站。
6. 乙方在完成网站建设，并将网站所有内容上传至测试服务器后，应通知甲方上网验收。甲方可在收到通知后3个工作日内上网验收网站内容，在上述期限内，乙方应根据甲方的请求进行修改工作（若验收期内甲方未提出异议，则视为验收合格）。
7. 甲方验收合格后，应签发《网站验收合格书》，并在3个工作日内支付建站费用总金额的余款（若甲方验收合格后，未按协议规定支付建站费用总金额的余款，则视为违约行为）。
8. 乙方在收到建站费用总金额的余款后，应将所有网站文件递交甲方；或应甲方请求，将网站文件直接上传至甲方指定服务器上（甲方需提供指定服务器的FTP登录用户名及密码）。
9. 由乙方为甲方制作的后台程序，如甲方在验收完成后自行对其进行改动，乙方不再承担任何责任。甲方承诺不得将后台程序复制后用于其他盈利目的。

第三条：违约责任
1. 任何一方欲解除本协议，应提前5个工作日通知对方。
2. 甲方无故解除本协议的，无权要求乙方返还预付费用并应承担赔偿对乙方造成的损失；乙方无故解除本协议的，应双倍返还预付款费用并应承担赔偿对甲方造成的损失。
3. 任何一方违约，另一方均有权解除本协议。违约方除赔偿对方损失外，还需向未违约方支付违约金人民币伍仟（¥5 000.00）元。

4. 由于不可抗力造成本协议暂时中止，双方不承担赔偿任何损失。本协议所称不可抗力，是指不能预见、不能克服并不能避免对任何一方造成重大影响的客观事件，包括但不限于自然灾害如洪水、地震、火灾和风暴等以及社会事件如战争、动乱、政府行为等。

第四条：附则

1. 双方应当保守在履行本协议过程中获知的对方商业秘密。

2. 乙方如需将本协议相关建设项目委托给第三方设计、制作的，应保证相关项目内容的质量符合附件内的要求并保证甲方在本协议的利益不会受到不利影响。

3. 甲方如需乙方为其进行网站建设后的日常更新和维护工作，需另外与乙方签订《网站更新维护协议》。

第五条：协议期限

1. 本协议自甲乙双方签字并乙方收到甲方预付款之日起生效，除非双方另有明确规定，本协议传真件有效。

2. 本协议至甲方向乙方支付完建站总费用并且乙方向甲方递交完所有网站文件之日终止。

第六条：争议解决

对本协议未尽事宜或在执行过程中发生的争议，双方应本着友好合作的精神共同协商解决。当事人不愿协商解决或者协商不成，双方决定交由仲裁委员会仲裁的，仲裁费由败诉方承担。争议的解决适用中华人民共和国法律、法规、条例和计算机行业惯例。

本协议一式两份（包含附件），甲乙双方各执一份，具有同等法律效力。

乙方：南京金手笔电子商务有限责任公司

联系地址：南京市江宁区 239 号

邮政编码：　　　　　　联系电话：　　　　　　E-mail：

代表人：　　　　（签字）

甲方：

联系地址：

邮政编码：　　　　　　联系电话：　　　　　　E-mail：

代表人：　　　　（签字）

2009 年 10 月 10 日

技能训练

技能训练一　撰写电子商务网站规划书

【训练准备】

（1）能访问 Internet 的机房。

（2）网店名称：西安雅芳化妆品专卖店。

（3）网店简介：西安雅芳化妆品专卖店是一家面向西安市市区的雅芳化妆品网上专营店，主要代理销售雅芳新活系列、美白系列等 6 大类护肤品。

（4）商品名称、商品编号、商品图片。

（5）网店 Logo。

（6）旗帜广告。

【训练目的】

通过网站规划书实际训练，让学生学会撰写电子商务网站规划书。

【训练内容】

训练撰写电子商务网站规划书。

【训练过程】

（1）学生4人一组进行合作。

（2）撰写西安雅芳化妆品专卖店网站需求分析。

（3）撰写西安雅芳化妆品专卖店网站可行性分析。

（4）撰写西安雅芳化妆品专卖店网站总体规划。

（5）撰写西安雅芳化妆品专卖店网站平台系统设计。

①软件选择分析。

②硬件选择分析。

③网站安全分析。

（6）撰写西安雅芳化妆品专卖店网站应用系统设计。

（7）撰写西安雅芳化妆品专卖店网站推广计划。

（8）制作PPT。

（9）各小组将自己所做工作的特点、创新点进行讲述，讲述8分钟，提问3分钟。

（10）由各小组在一起进行统一评分。

技能训练二　　电子商务网站客户需求调查

【训练准备】

（1）能访问Internet的机房。

（2）网店名称：圣地旅游网店。

（3）网店简介：圣地旅游网店是一家面向全国的红色旅游线路、旅游产品销售、革命故事宣传的网站。

（4）商品名称、商品编号、商品图片。

（5）网店Logo。

（6）旗帜广告。

【训练目的】

通过网站客户需求调查实际训练，面对不同的客户，让学生学会设计不同的《客户需求调查表》，撰写《客户需求分析报告》。

【训练内容】

训练电子商务网站客户需求调查和分析。

【训练过程】

（1）学生4人一组进行合作。

（2）撰写圣地旅游网店《客户需求调查表》。

（3）深入社区、大学进行调查，调查客户原始需求。

（4）将圣地旅游网店客户需求调查信息进行分类整理。

(5) 分析圣地旅游网店客户需求信息，预测客户潜在需求。
(6) 撰写《圣地旅游网店客户需求分析报告》。
(7) 将调查过程及结果制作 PPT。
(8) 各小组将自己所做工作的特点、创新点进行讲述，讲述 8 分钟，提问 3 分钟。
(9) 由各小组在一起进行统一评分。

技能训练三　电子商务网站规划步骤和技巧

【训练准备】
(1) 查看本地计算机是否已与 Internet 连接成功。
(2) 查看本地计算机的浏览器是否是最新版本的，建议最好是 IE6.0 或以上的浏览器。
(3) 建立自己的子目录以备后用，以后可以将 Internet 上搜索到的资料下载到该子目录中去。建议最好将自己的子目录创建在除 C 盘以外的硬盘中，然后，待用完后再将其相应的资料内容复制到自己的软磁盘中或 U 盘中。

【训练目的】
通过小型电子商务网站的规划，使学生掌握网站规划的一般步骤和使用技巧，学会如何进行企业域名的注册。

【训练内容】
训练网站规划步骤和技巧。

【训练过程】
1. 确立网站性质
(1) 公司宣传性质（以介绍公司及产品为主）。
(2) 行业门户站点（以介绍该行业为主，满足特定读者）。
(3) 电子商务站点（能够进行网上交易，传递商情信息，满足信息的查询、检索、添加等）。
(4) 满足公司内部各单位进行信息交流（不同地域内的财务、产品库存等信息的汇总、整理，动态地进行资源的调拨）。
(5) 专题站点（主要提供专题信息，吸引广大的读者参与，提高知名度）。

2. 确立用户群的范围
(1) 用户的工作范围。
(2) 用户年龄范围。
(3) 用户学历范围。
(4) 用户地域范围：以国内为主或兼顾国外用户。

3. 确定网站内容的深度及相关专题、网站内容吸引人的地方
(1) 该网站提供用户何种信息。
(2) 交互性的特点如何。
(3) 网站内容页数。
(4) 是否需要数据库支持。

4. 吸引用户的方式及所预计的用户总数（以一年为准）
(1) 依据地域范围在传统媒体的宣传。

（2）把公司各宣传材料加上网址。
（3）在网站上链接相关网站的图标，增强网站的专业性。
（4）在各公众搜索引擎上加注链接；采用中文简体、中文繁体、英文等。

技能训练四　电子商务网站建设合同签订

【训练准备】
（1）能访问 Internet 的机房。
（2）网店名称：圣地旅游网店。
（3）网店简介：圣地旅游网店是一家面向全国的红色旅游网站。
【训练目的】
起草圣地旅游网店建设合同书，并签订合同。
【训练内容】
训练学生熟悉网站建设合同的内容。
【训练过程】
（1）学生 4 人一组进行合作。
（2）确定网站建设工作范围。
（3）确定网站建设工作流程及时间进度。
（4）确定网站建设质量要求。
（5）确定建设费用及支付方式。
（6）起草并签订《电子商务网站建设合同》。

技能训练五　电子商务网站建设规划

【训练准备】
（1）能访问 Internet 的机房。
（2）鲜花礼品销售网站。
【训练目的】
规划鲜花礼品销售网站的策划书，对鲜花礼品销售网站客户需求进行调研分析，选择鲜花礼品销售网站的模式，设计并签订合同。
【训练内容】
训练学生熟悉规划网站建设的内容。
【训练过程】
（1）学生 4 人一组进行合作。
（2）拟定网站建设策划书。
（3）调查该电子商务网站建设的客户需求。
（4）选择电子商务网站建设模式。
（5）起草网站建设合同书及相关附件。
（6）签订网站建设合同书。

项目三　电子商务网站规划

| | | |

网站内容模块规划　　自主开发流程　　网站建设流程和
　　　　　　　　　　　　　　　　　　　　注意事项

网站建设那些事　　网站建设流程　　常见的网站建设类型

项目四

电子商务网站设计

电子商务网站设计

知识目标

- 了解电子商务网站页面包括的内容。
- 掌握电子商务网站内容设计遵循的原则。
- 熟悉电子商务网站页面可视化设计内容。
- 熟悉电子商务网站常用的栏目。
- 熟悉电子商务网页的常用版式。
- 掌握电子商务网站版面布局的原则。
- 熟悉电子商务网站名称与 Logo 设计。
- 熟悉电子商务网站色彩设计。
- 熟悉电子商务网站文字设计。

能力目标

- **专业能力目标**：了解电子商务网站页面包括的内容，熟悉电子商务网站常用的栏目、版式、页面布局、网站色彩设计及网站文字设计，掌握电子商务网站内容设计及版面布局原则，能够胜任网站命名、网站内容设计、网站色彩、网站文字设计及版面布局工作。
- **社会能力目标**：具有独立思考问题的能力，具有空间想象能力及逻辑思维能力，具有策划能力和执行能力，具有社会责任心和文字表达能力。
- **方法能力目标**：自学能力，文字编排能力，图片处理能力，利用网络和文献获取信息资料的能力。

素质目标

- 通过电子商务网站内容设计，使学生熟知网站内容及命名时应遵守社会主义法律法规，遵守社会公德良俗。
- 结合社会主义核心价值观的要求，在进行网站设计时引导学生树立正确的价值观。

> 知识准备

单元一 电子商务网站首页设计

根据网站系统规划分析所提出的方案，在网站设计阶段，要充分考虑网站组织、网站管理和维护、网站经营的特点及需要，使网站系统投入成本尽可能低，并容易维护，同时网站设计还要充分考虑网站的扩展及延伸，为企业网站最终投入使用提供良好的平台。网站设计过程中，主要包括以下几部分内容。

（1）细化阶段分析目标，按照网站项目管理的方法，将网站规划分析阶段的目标再次细化，分阶段、分步骤予以实施。根据网站建设的项目特点，详细设计出网站项目真正运作的相关要素，包括网站系统每个项目阶段的目标、内容和人员安排，以及最终提交的文件材料。

（2）进一步确定网站的要素，包括网站的内容结构（如栏目名称、内容）、网站功能需求（如交互机制）和网站表现形式（如色彩搭配、字号选择），还包括网站对象和网站提供哪些服务等内容。

（3）网站设计。进行网站设计大体分 3 个方面：纯网站本身的设计，如文字排版、图片制作、平面设计、三维立体设计、静态无声图文、动态影像等；网站的延伸设计，包括网站的主题特征设计、智能交互、制作策划、形象包装、宣传营销等；网站采用的网络、数据库等技术也是保证网站最终良好运行的关键。

一、Web 站点的设计原则

在当前的 Internet 应用中，很多企业纷纷建立自己的网站，要设计一个有吸引力的网站，至少应该遵循下述一些基本原则。

1. 安全快速访问

足够的带宽是快速访问的保证，页面下载速度是网站留住访问者的关键因素之一。很多单位的管理人员喜欢把服务器放到自己的单位，以为这样的做法保险、安全，其实这样所带来的直接后果就是带宽与费用的问题。因为带宽和租费是成正比的，要保证足够的带宽，一般单位都会承受不起。

稳定的、全天 24 小时、全年 365 天都可以连续工作的服务器也是网站正常运行的保证。网站管理员最头痛的就是服务器死机、病毒发作等问题。

2. 及时更新信息

网站信息必须经常更新。很多人认为，要想让网站吸引住浏览者，就一定要把主页的设计尽量做得漂亮。这种看法有极大的片面性。主页设计得好，自然会吸引人们的注意，但这种吸引是暂时的，要想长期吸引住浏览者，最终还是靠网站内容的不断更新。老客户是网站的核心客户。一旦老顾客回来浏览网站，最想看到的是网站有哪些更新。

每次更新的网页内容尽量要在主页中提示给浏览者，一定要在首级主页中显示出最新更新的网页目录，以便于访问者浏览。由于网站内容的结构一般都是树形结构，所有文章都包含在各级版块或栏目里。因此，如果每次更新的网页内容全都被放进了各级版块和栏目中，浏览者并不知道更新了哪些东西，如果让用户到版块或栏目中去查找，不是一个好的方法。

3. 完善检索能力

合理地组织自己要发布的信息内容，让浏览者能够快速、准确地检索到要查寻的信息，这是网站成功的关键。如果当用户进入一个网站后不能迅速地找到自己要找的内容，那么这个网站就很难吸引住浏览者。从实际应用上，一定规模的网站一定要提供全中文的检索能力，以便于用户查找本网站的信息。

4. 网站的信息交互能力

如果一个网站只是为访问者提供浏览，而不能引导浏览者参与到网站内容的部分建设中去，那么它的吸引力是有限的。只有当浏览者能够很方便地和信息发布者相互交流，该网站的魅力才能充分体现出来。

5. 使客户访问和购买方便

（1）要保证客户购买方便。

（2）制造强烈的第一印象，这是企业与用户联系，并试图说服他们开始购买的重点。

（3）减少客户购买过程中的干扰信息，如广告等。可以考虑在主页和整个购买过程中不提供任何广告，记住主页的目的是鼓励购物。

（4）个性化。寻找一种方式与顾客建立一种非常和谐的亲密关系，可以在顾客注册后为顾客提供个性化服务，也可以为顾客提供一个需要密码的私密空间，在那里每个顾客能检查过去的订单、订单状态、需求商品列表和赠品证书等。

（5）避免冗长的说明。如果使用站点和进行购买的相关说明非常烦琐，那么就应该重新设计。用户需要依靠最少的说明甚至不需要说明，就能完成快速的购买。

（6）给位置提供可视化的线索。对于有几个不同部分的商店，通过改变导航条或背景页的颜色，通过使用文本或图形提供不同的标题来创立一种不同位置的感觉。

（7）显示产品。如有可能，为每个商品提供图片，增强视觉效果，可以用极小的、中等的和大的图片。关于商品细节，提供得越多越好。

（8）关注图片。一种使每个网页都亮丽的方式是把所有用于普通文本的图片改变为应用于 HTML。另一种方法是减少单个产品图片文件的大小。电子商务站点的一个小规则是保持每个网页最大容量为 35~50 KB。在不同的页面重复使用相同的图片，以节省额外的下载时间，增加连贯性和美感。

（9）激发购买的欲望，可以用不同方式实现。

（10）在长列表中交替使用背景色。一个使长项目列表可读性更好、更形象的窍门是在每行和项目交替使用明亮的背景色。

（11）提供允许用户收集项目。提供一个购物车，帮助顾客购买前存放产品。

二、Web 网站的设计要点

各种类型的 Web 站点的设计侧重点不同，但总的来说有如下几个设计要点。

1. 目标明确，定位正确

Web 站点的设计是企业或机构发展战略的重要组成部分。想要将因特网这个新媒体作为展示企业形象、企业文化的信息空间，领导一定要给予足够的重视，明确设计站点的目的和用户需求，从而作出切实可行的计划。挑选与锤炼企业的关键信息，并逐步精练这个原型，形成创意。企业或机构应清楚地了解本网站的用户群体的基本情况，如受教育程度、收入水平、需要信息的范围及深度等，从而能够有的放矢。

2. 主题鲜明，富有特色

Web 站点应根据所服务对象（机构或人）不同而具有不同的形式，做到主题鲜明突出，力求简洁，要点明确，以简单明确的语言和画面告诉大家本站点的主题，吸引对本站点有需求的人的视线。Web 站点主页应具备的基本成分包括以下几个。

（1）页头：准确无误地标识站点 Logo 和企业标志。

（2）搜索框：这是一个至关重要的设计，可以帮助顾客快速找到他们想要的东西，不过搜索结果的质量是其中的关键，欲了解更多，可参看"搜索结果模块的设计"。

（3）E-mail 地址：用来接收用户垂询。

（4）联系信息：包括网站联系方式、公司地址、客服电话等。在网站上提供公司地址及客服电话，目的是让客户放心，并能让客户很容易找到在网站的联系方式。

（5）版权信息。

（6）标语：这可以帮助顾客快速地定义你的品牌，欲了解更多，可参看"标语的设计"。

注意：可重复利用已有信息，如客户手册、公共关系文档、技术手册和数据库等，可以将其轻而易举地用到企业的 Web 站点中。

3. 版式编排布局合理

网页设计作为一种视觉语言，当然要讲究编排和布局，虽然主页的设计不等同于平面设计，但它们有许多相近之处，应充分加以利用和借鉴。站点设计简单有序，主次关系分明，将零乱页面的组织过程混杂的内容依整体布局的需要进行分组归纳，经过进行具有内在联系的组织排列，反复推敲文字、图形与空间的关系，使浏览者有一个流畅的视觉体验。

4. 色彩和谐，重点突出

合理利用色彩对人们心理的影响效果。按照色彩的记忆性原则，一般暖色较冷色的记忆性强。色彩还具有联想与象征的特质，如红色象征火、血、太阳，蓝色象征大海、天空和水面等。所以设计出售冷食的虚拟店面，应使用消极而沉静的颜色，使人心理上感觉凉爽一些。

在色彩的运用过程中，还应注意的一个问题是：由于国家和种族的不同，宗教和信仰的不同，生活的地理位置、文化修养的差异，不同的人群对色彩的喜恶程度有着很大差异。如：儿童喜欢对比强烈、个性鲜明的纯颜色；生活在草原上的人喜欢红色；生活在闹市中的人喜欢淡雅的颜色；生活在沙漠中的人喜欢绿色。在设计中要考虑主要读者群的背景和构成。

5. 形式内容和谐统一

形式服务于内容，内容又为目的服务，形式与内容的统一是设计网页的基本原则之一。画面的组织原则中，将丰富的意义和多样的形式组织在一个统一的结构里，形式语言必须符合页面的内容，体现内容的丰富含义。

6. 多媒体功能的利用

最大资源优势在于多媒体功能，因而要尽一切努力挖掘它，吸引浏览者保持注意力。由于网络带宽的限制，在使用多媒体的形式表现网页的内容时应考虑客户端的传输速度，或者说将多媒体的内容控制在用户可接收的下载时间内是十分必要的。

7. 相关站点引导链接

超文本这种结构使全球所有连入因特网的计算机成为超大规模的信息终端，在设计网页的导引组织时，应该给出多个相关网站的链接，使得用户感到想得到的信息就在鼠标马上就可以点击的地方。

8. 网站测试必不可少

精心设计的网站是经得起推敲和测试的。测试实际上就是模拟用户访问网站的过程，以发现问题、改进设计。许多成功的经验表明，让对计算机不是很熟悉的人来参加网站的测试工作效果非常好，这些人会提出许多专业人员没有考虑到的问题或一些好的建议。

9. 合理地运用新技术

一定要合理地运用网页制作的新技术，切忌将网站变为一个制作网页的技术展台，永远记住用户方便快捷地得到所需要的信息是最重要的。对于网站设计者来说，必须学习跟踪掌握网页设计的新技术，如 Java、DHTML、XML 等，根据网站的内容和形式的需要合理地应用到设计中。

要将企业站点作为在 Internet 上展示企业形象、企业文化的信息中介，有明确目标、良好定位的 Web 站点设计是企业或机构发展战略的重要组成部分。主管部门一定要给予足够的重视，明确设计站点的目的和用户需求，从而作出切实可行的计划。

三、网站设计常用技术

Internet 是发展最快的领域，新的网页制作技术几乎每天都会出现，企业站点应当合理地运用网页制作的新技术，不要将网站变为一个单纯制作网页的技术展台，记住用户方便、快捷地得到所需要的信息是最重要的。企业常用网站的设计技术基本上有以下 7 种。

1. 网站设计技术

（1）搭建网站的结构——HTML 与 XHTML。

（2）设计、美化网站布局样式表——CSS。网页设计技术无疑是网站开发的基本功。网站是否美观大方，是否拥有强烈的视觉冲击力，与网页的设计技术密切相关。设计网页的技巧多种多样，各类参考书籍也是数不胜数。

（3）客户端脚本语言——JavaScript。通过目前最流行的脚本语言 JavaScript，可以在客户端实现一些动态的效果，控制浏览器、数据的检测与验证，比如用户的输入验证，漂浮的文字，选项卡效果等。目前最流行的 Ajax 技术，就使用了 JavaScript。

（4）服务器端脚本语言——ASP PHP JSP。通过编程在服务器端实现对内容的分析与操作，比如用户登录系统、购物车系统、数据的查询等。

2. 数据库技术

常用的数据库软件主要有 MySQL、Access、Oracle 等。目前，数据库技术在网站设计上非常流行。事实上，一个网站如果没有数据库技术支持，它的维护成本会相当高昂。采用数据库技术的最大好处有两个方面：一是方便用户的浏览、查询检索以及统计比较等；二是容易进行信息、数据的更新，系统维护成本相对较低。数据库技术可以广泛应用于企业网站，常见的有以下几种。

（1）新闻数据库系统。它可以使企业及时更新资料，并让用户迅速查阅关于企业的各项新闻动态资料。

（2）产品数据库系统。它可以集中进行企业产品的介绍、评价、导购、检索、网上订购和使用问答等。

（3）调查数据库系统。它可以在网上进行服务调查、产品调查、形象调查、宣传调查等，并可以自动进行统计分析。

（4）用户数据库系统。它通过用户网上注册，可以提供良好的售后服务。

3. 表单回收技术

所谓的表单回收技术是指在网上设置一些表格，用户填写之后，可以自动反馈给企业。表单回收技术并不复杂，因而在 Internet 中应用非常广泛。特别是在企业网站的建设中，少了表单回收技术，网站的功能就会大大逊色。企业网站应用的表单回收技术主要包括用户的建议、投诉、人才招聘、招商合作、意见反馈等。

4. 邮件列表技术

邮件列表（Mailing List）技术能够让用户及时订阅企业的最新资料或者网站的更新动态。如果企业希望更多的访问者留下联系信息，建议采用这一技术。

5. 全文检索技术

采用全文检索技术，可以让用户迅速查找到所需要的内容。如果企业网站比较大，应该使用这一技术。

6. 搜索引擎技术

这个技术可以把与企业相关的资料、网站集合在一起，从而使用户迅速查阅与企业产品、服务、权益等相关的各种资料。例如，企业的网站是彩电类的，应用搜索引擎技术，通过网站就可以链接到大量的与彩电知识相关的网站。

7. 电子商务技术

采用电子商务技术，可以实现网上的订购与交易功能，但由于此项技术涉及资金的转移，因而难度很高，目前尚未形成规模。在实际运作中，企业应该根据自己的实际情况和实际能力，量力而行。

四、网站首页设计

网站首页是企业网上的虚拟门面，首页设计是整个网站设计的难点和关键，企业应注意自己门面的设计，决不能敷衍了事。当用户看到那些印有产品目录或广告的精美印刷制品时，或多或少会对有关的产品形成一种好感。而对设计粗糙的宣传品，则会怀疑其内容的真实性，从而对其产品或服务产生怀疑。

（一）网站首页设计应做好的工作

1. 确定首页的功能模块

首页的功能模块是指在首页上需要实现的主要内容和功能。Web 站点首页应具备的基本成分包括：页头，准确无误地标识企业的站点和标志；E-mail 地址，用来接收用户垂询；联系信息，如普通邮件地址或电话、版权信息。注意，可重复利用已有的信息，例如客户手册、公共关系文档、技术手册和数据库等。一般的站点都需要如下模块：网站名称（Logo）、广告条（Banner）、主菜单（Menu）、新闻（What's new）、搜索（Search）、友情链接（Links）、邮件列表（Mail List）、计数器（Count）、版权（Copyright）等。选择哪些模块，实现哪些功能，是否需要添加其他模块，这些都是首页设计首先需要确定的。

2. 设计首页的版面

设计首页的第一步是设计版面布局。就像传统的报纸杂志编辑一样，将网页看作一张报纸、一本杂志来进行排版布局。设计版面的最好方法是：找一张白纸、一支笔，先将理想中的草图勾勒出来，然后再用网页制作软件实现。在设计中，应避免"封面"问题。封面是指没有具体内容，只放一个标徽 Logo 点击进入，或者只有简单的图形菜单的首页。除非是艺术性很强的站点，或者确信内容独特足以吸引浏览者进一步点击进入的站点，否则封面式的首页并不会给企业站点带来什么好处。

3. 处理技术上的细节

处理技术上的细节主要是设计版面布局。版面指的是浏览器看到的完整的一个页面（可以包含框架和层），布局就是以最适合浏览的方式将图片和文字排放在页面的不同位置。因为每个人的显示器分辨率不同，所以同一个页面的大小可能出现 640 像素×480 像素、800 像素×600 像素、1 024 像素×768 像素等不同尺寸。主页如何能在不同分辨率下保持不变形，如何能在 IE 和 NC 下看起来都不至于太丑陋，如何设置字体和链接颜色等都需要周全考虑。

（二）网站首页设计步骤

1. 构思布局

对网站首页设计进行认真构思，结合首页的网站功能模块与主题内容，充分发挥艺术想象力，锐意创新，大胆突破，全盘考虑。构思结果不仅要有独特的创意，还要考虑技术实现的可行性。

2. 绘制网站设计草图

首页设计要事先打草稿。绘制草图就是把大脑中构思的页面布局轮廓具体化的过程，可以在纸上绘出，也可以用 Photoshop 或 Dreamweaver 软件在计算机上绘制。绘制草图属于创造阶段，不讲究细腻工整，也不必考虑细节功能，只要用粗陋的线条勾画出创意的轮廓即可。在绘制时尽可能多画几张，最后选定一个满意的方案作为继续创作的脚本。

3. 方案细化

在草图基础上，按照平面设计的规律将网页页面元素，如站标、导航栏、栏目标题、广告、图片、搜索引擎、计数器等都罗列出来，然后设定网页的外形尺寸、网页色彩、字体大小、图形图像尺寸等，做出页面的基本样式。这个阶段的设计结果仍然是草图，但已经是一个比较完善的设计方案了。除了文字内容之外，其他所有内容均已接近将来网页的实际效果。这个方案可供客户和技术开发人员讨论以完成最后的定稿。

4. 修整定稿

根据客户和技术人员的意见进一步修整方案，直至最后定稿，这样就形成了首页效果图。

单元二 电子商务网站内容设计

网站内容呈现是网站开发的一项重点，它最直接影响到一个网站的受欢迎程度。最起码的要求是，用户必须能有效地使用网站和浏览网站的内容。Internet 最大的资源优势在于它的多媒体功能，因而要尽一切努力开发挖掘，吸引浏览者保持注意力。这里需要注意的问题是，由于网络带宽的限制，在使用多媒体形式表现网页的内容时，应考虑客户端的传输速度。

一、协调页面元素的关系

在页面中,图片、文字之间的前后位置及疏密程度所产生的视觉效果各不相同。在网页上,图片、文字前后叠压所构成的空间层次目前还不多见,常见的是一些设计得比较规范化、简明化的页面,这种叠压排列能产生强节奏的空间层次,视觉效果强烈。例如,页面上、左、右、下、中位置所产生的空间关系,以及疏密的位置关系所产生的空间层次,这两种位置关系使视觉流程生动而清晰,注目程度高,疏密的位置关系变化使空间层次富有弹性,同时也让人产生轻松或紧迫的心理感受。

随着 Web 的普及和计算机技术的迅猛发展,人们已不满足于 HTML 语言编制的二维 Web 页面,三维世界的诱惑开始吸引更多的人。

二、网站内容设计的要点

影响网站设计成功的因素主要有网站结构的合理性、直观性,多媒体信息的实效性。成功网站的最大秘诀在于让用户感到网站对他们非常有用。因此,网站内容开发对于网站建设至关重要。进行网站内容开发的要点包括以下几个。

(1) HTML 文档的效果由其自身的质量和浏览器解释 HTML 的方法决定。由于不同浏览器的解释方法不尽相同,所以在网页设计时要充分考虑到这一点,让所有的浏览器都能够正常浏览。

(2) 网站信息的组织没有任何简单快捷的方法,吸引用户的关键在于总体结构层次分明。应该尽量避免形成复杂的网状结构。网状结构不仅不利于用户查找感兴趣的内容,而且在信息不断增多后还会使维护工作非常困难。

(3) 图像、声音和视频信息能够比普通文本提供更丰富和更直接的信息,产生更大的吸引力,但文本字符可提供较快的浏览速度。因此,图像和多媒体信息的使用要适中,减少文件数量和大小是必要的。

(4) 对于任何网站,每一个网页或主页都是非常重要的,因为它们会给用户留下第一印象,好的第一印象能够吸引用户再次光临这个网站。

(5) 网站内容应是动态的,随时进行修改和更新,以使自己的网站紧跟市场潮流。在主页上,注明更新日期及 URL 对于经常访问的用户非常有用。

(6) 网页中应该提供一些联机帮助功能。比如输入查询关键词就可以提供一些简单的例子,千万不能让用户不知所措。

(7) 网页的文本内容应简明扼要、通俗易懂。所有内容都要针对设计目标而编写,不要节外生枝。文字要正确,不能有语法错误和错别字。

三、网站内容设计的原则

一个网站由一个个网页组成,一般来说,一个好的网站,应该遵循以下 3 个原则。

(一) 包含一定的信息

一个好的网站在网页中应该包含以下几个基本因素。

1. 网站的名称和主题

网站的名称非常重要,一个好的名称,可能一下子就让人记住了。好的网站名可以对网站的形象宣传和推广起到很大的作用。名字即主题，是网站的灵魂。一个好的网站首先要确定好主题，没有吸引人的主题，再好的色彩搭配和特效也留不住来访者。选择主题是制作网站的第一步。名字可以用中文、英文字母和数字组成，站点的名字要有特色，避免与其他网站的同名。选择主题时要考虑以下几个方面。

（1）主题选材一定要"小"。主页内容不能包罗万象，否则会给人以肤浅、蜻蜓点水、没有特色的感觉。

（2）题材的选择最好是自己擅长或感兴趣的内容。这样在制作时才不会觉得无聊或者力不从心。

（3）网站的命名一定要正。要合法、和理、和情，符合社会公德良俗。不能用反动的、色情的、迷信的、危害社会安全的名词语句。特别注意非国家级单位网站名称不能包含"中国""中华""国家""人名""地名"等字样。

（4）网站的名称要易记。根据中文网站浏览者的特点，除非特定需要，网站名称最好用中文名称，不要使用英文或者中英文混合型名称。例如："beyond studio"和"超越工作室"，后者更亲切好记。

（5）网站的名称要有特色。名称如果能体现一定的内涵，给浏览者更多的视觉冲击和空间想象力，则为上品。

2. 网页的标题

确立了网站的主题，下面就应该考虑网页的标题了。网页的标题同样很重要，好的标题能体现网页的主题和风格，让访问者很快记住这个主页。但切记与主题无关的标题不可取，即使它可以吸引访问者。

2018年11月15日，百度推出了名为《百度搜索网页标题规范》的公告内容，主要目的是规范网页标题的书写。百度限制的网页标题一般有：

（1）虚假的网页标题。"虚假"并不单纯指标题是假冒的，它体现在虚假官网、题文不符、用户需求无法满足以及标题联合内容的部分虚假信息。

（2）网页标题的关键词重复、堆砌行为。

因此，企业网站的网页标题设置应符合规范，以免被限制搜索。

3. 网页的内容

网页的内容第一重要，是访问者最感兴趣的地方。网页的内容一定要精、专，这是吸引访问者的首要条件；网页的内容一定要充实，要经常更新，有一定的交互性和可阅读性。

（二）网页的长度要合适

一般来说，网页的长度太短，就无法容纳足够多的内容，也就无法提供足够多的信息；反之，若网页的长度太长，会影响下载速度，对访问者浏览也不方便。根据经验，网页的篇幅一般限制为2~3页。

（三）网站经营内容要明确

电子商务网站经营内容一定要明确，必须有自己明确的经营目标，这是网站盈利的前提。

四、企业站点的内容

(一) 企业电子商务网站的页面内容

站点的内容可以分为静态内容和动态内容两种。静态内容是指一般、常规的信息,包括公司的历史、文化等,修改较少,初期建设时注意规划。动态内容是指与公司产品和服务有关的信息,促销信息,这部分内容需要经常修改,保持网站的吸引力和作用。

企业电子商务网站的页面内容组成主要包括主页、企业信息、新闻、产品服务、帮助、虚拟社区等页面。

(二) 企业的 Web 站点典型内容

1. 企业的基本背景介绍

企业的背景介绍材料,如果有条件,最好能够提供相应的英文版,简介文字最好提供简单和翔实两个版本。专业的电子版企业简介应该具有图文混排的非 HTML 格式,例如可以使用 Acrobat 的 PDF 格式供客户下载,因为 Acrobat 文件能够保持图文排列的整体观感。

2. 详细的产品资料或服务介绍

生产制造类企业应该把自己的主要产品的全貌反映在网站上,让客户能够查询到产品的主要技术规格、照片和其他可公开的信息;服务类企业应该通过各种手段把详尽的服务内容和条款列出。为使企业产品能够在网站上用更形象的手段体现,可以采用 VRML 编辑器构筑一些虚拟现实场景。

3. 技术支持资料

除了产品说明书之外,企业还应该掌握自己产品的更多信息,比如常见故障处理、计算机产品的编程接口等。这些资料如果能够公开,可放入网站,以减轻企业技术支持人员的工作量。

4. 企业营销网络

很多企业在总部以外都有其他分支机构,为此企业应该在网站上列出全球范围内所有可接洽到的办公场所,包括它们的电话、传真、电子邮件,并列出它们各自的职能。

5. 财务报告

对于股份制尤其是上市的企业,应该将重要的财务报告上网公布,让股民能够方便查询到这些信息,包括中报、年报和各种配股计划。

6. 收集客户反馈

在企业网站上应该至少带有一个客户反馈表单,用于收集客户和普通访问者对企业改进产品和服务的意见或建议。网络管理员应该经常检查提交上来的内容,并及时转交给企业决策部门使用。

7. 其他针对企业经营特点的内容

在企业 Web 站点建立后,要不断更新内容,利用这种新媒体宣传本企业的企业文化、企业理念和企业产品。站点信息的不断更新和新产品的不断推出,会让浏览者感受到企业的实力和发展,同时也会使企业更加有信心。

在企业的 Web 站点上,要认真回复用户的电子邮件、传统信件、电话垂询和传真,做到有问必答。最好将用户进行分类,例如把用户分成售前了解类、销售联系类、售后服务类等,由相关部门处理,使网站访问者感受到企业的真实存在,产生信任感。

需要注意的是，不要许诺实现不了的内容，在企业真正有能力处理回复之前，不要恳求用户输入信息或罗列一大堆自己不能及时答复的电话号码。如果要求访问者自愿提供其个人信息，应公布并认真履行个人隐私保护承诺，如不向第三方提供此信息等。

五、网站页面内容优化方法

1. 进行关键词分析

分析用户检索行为，达到有效的搜索引擎营销，包括搜索引擎优化（SEO）和搜索引擎竞价广告（PPC）。基础是选好潜在客户会搜索的关键词和关键词组。

（1）关键字分为4大类：第一类是正规关键词，指广泛之类的词组，如礼品、首饰；第二类是细类别关键词，基于正规关键词的基础上细分，如商务礼品、儿童礼品、情侣礼品；第三类是竞争者关键词，分析研究竞争者关键词；第四类是错误关键词及同义词的选择，做错误关键词有时可以获得意想不到的效果，而且这种词也容易获得好的排名，如访问、China、Chinese。

（2）推荐关键词的常用工具。

Google Suggest：http：//www.google.com/webhp complete＝1。

Google Adwords：http：//www.adwords.google.com/select/keywordToolexternal。

Yahoo：http：//inventory.overture.com/d/searchinventory/suggestion/。

Baidu：百度指数 http：//index.baidu.com。

百度竞价排名：http：//www2.baidu.com/inquire/price.php。

百度相关搜索：http：//d.baidu.com/rs.php。

（3）关键词密度的把握：关键词密度是指在一个网页中所有搜索引擎可以阅读的文字中关键词使用的比例。每个搜索引擎对关键词密度有不同的看法，但是一般来说，以2%～8%为好。简单来说，就是在100个词组中，出现关键词2～8次。

查询中文关键词密度：http：//www.seores.com/search/density.asp。

查询英文关键词密度：http：//www.seochat.com/seo-tools/keyword-density/。

2. 明确网页主题

（1）网页的命名：赋予包含有关键词的网页文件名，也能帮助搜索引擎判断一个网页的主题是什么，同时也清楚地告诉了用户。

（2）网页的标题：网页标题是搜索引擎单页优化中最重要的因素，而且是用它表达的内容来判断一个网页的主题内容。值得注意的是，网页标题的空间很短，所使用的文字有很大的限制。如果只有关键词而没有将它们串联在一起，标题自然就很难顺畅，这样写出来的标题不可能吸引人，甚至有垃圾网站的嫌疑。

3. 内容/页面的相关性

内容的相关性是指在内容中携带有关键词，使关键词在内容中顺畅，应注意关键词的密度。对于页面的相关性，很多网站的页面内容下有相关文章这一栏目，还有文章推荐、热门文章等，这也是提高页面的相关性的方法。

4. 原创性内容

复制别人的网站，去采集一些信息回来，即使被搜索引擎收录，收录价值也不大。要想与众不同，应做到"不是抄袭来的内容，不是转载的内容，也不是垃圾内容。是大量的、高质量的、原创的、相关的内容。"可以这么说，没有内容就没有排名。

单元三　电子商务网站页面可视化设计

电子商务网站页面可视化设计主要包括页面组织效果、页面色调效果、页面版式设计、页面栏目设计、页面美术设计等几个方面。

一、页面组织效果

点、线、面是视觉语言中的基本元素，使用点、线、面的互相穿插、互相衬托、互相补充可以构成最佳的页面效果。

1. 点

点是所有空间形态中最简洁的元素，也可以说是最活跃、最不安分的元素。设计中，一个点就可以包罗万象，体现设计者的无限心思，网页中的图标、单个图片、按钮或一段文字等都可以说是点。点是灵活多变的，可以将一排文字视为一个点，将一个图形视为一个点。在网页设计中的点，由于大小、形态、位置的不同会给人不同的心理感受。

2. 线

线是点移动的轨迹，线在编排设计中有强调、分割、导线和视觉线的作用。线会因方向、形态的不同而产生不同的视觉感受，例如垂直的线给人平稳、挺立的感觉；弧线使人感到流畅、轻盈；曲线使人跳动、不安。在页面中内容较多时，就需进行版面分割，通过线的分割保证页面良好的视觉秩序，页面在直线的分割下，产生和谐统一的美感；通过不同比例的空间分割，有时会产生空间层次韵律感。

3. 面

面的形态除了规则的几何形体外，还有其他一些不规则的形态，可以说表现形式是多种多样的。面在平面设计中是点的扩大、线的重复形成的。面给人以整体美感，使空间层次丰富，使单一的空间多元化，表达较含蓄。

网页设计中点、线、面的运用并不是孤立的，很多时候都需要将它们结合起来，表达完美的设计意境。

二、页面色调效果

色彩是网站的霓裳，页面色彩搭配必须与网站的主题相适应。好的页面搭配可以烘托主题，增强主题的表现力。在色彩搭配上，一般来说，页面的主体文字应尽量使用黑色，而按钮、边框、背景等应尽量使用彩色，这样页面既不显得单调，浏览时也不会感觉眼花缭乱。

色彩的应用最好是根据网站的主题选择一种基调，再根据这个基调来搭配其他颜色。一般来说，绿色搭配金黄、淡白可以产生优雅、舒适的气氛；蓝色搭配白色给人以柔顺、淡雅、浪漫的感觉；红色、黄色和金色搭配能渲染喜庆的气氛；金色和咖啡色搭配则会给人带来暖意。选择一种与主题基调一致的方案，并由此发挥，形成整个网页的色彩。

（一）色彩的基本知识

1. 色彩的形成

（1）颜色是由光的折射而产生的。所有色彩都可以用红、绿、蓝这3种色彩调和而成。HTML语言中的色彩表达即是用这3种颜色的数值表示的。例如：红色的十六进制的表示为

（FF0000），白色为（FFFFFF），"bgColor = #FFFFFF"是指背景色为白色。

（2）颜色分非彩色和彩色两类。非彩色即黑、白、灰色系；彩色是指除了非彩色以外的所有色彩。任何色彩都有饱和度和透明度的属性，属性的变化产生不同的色相，所以能表现出几百万种色彩。色调及黑、白、灰的三色空间关系不论在设计还是在绘画方面都起着重要的作用。在页面上一定得明确、协调、和谐，而其他有色或无色的内容均属黑、白、灰的三色空间关系，从而构成它们的空间层次。

2. 色环

色环就是将彩色光谱中的长条形色彩序列首尾连接在一起，使红色连接到另一端的紫色。色环通常包括12种不同的颜色。

（1）基色：是最基本的颜色。通过按一定比例混合基色可以产生任何其他颜色。现在大多是用红、绿、蓝（RGB模式）作为基色进行颜色显示（加色法）。如果使用彩色喷墨打印机，就有4种颜色墨水：青、品红、黄、黑（CMYK模式）。因为计算机显示器使用加色原理，而打印机使用减色原理。显示器发射彩色光线，而纸张上的墨水则从它反射的光中吸收了某种颜色（减色法）。

（2）次生色：混合色环中任何两种邻近的基色可获得另一种颜色，这些颜色即是次生色，如青、品红和黄。加色法中的次生色就是减色法中的基色，同样可以推断出，减色法中的次生色也就是加色法中的基色。这就是加色模式和减色模式之间的相互关系。

（3）三次色：为了完成色环，再次找到已填入色环的颜色之间的中间色。幸运的是，这些三次色对于加色法和减色法都是相同的。

3. 颜色之间的相互关系

（1）相似色：是给定颜色旁边的颜色。如果以橙色开始想得到它的两个相似色，就选定红色和黄色。使用相似色的配色方案可以提供颜色的协调和交融，比较自然。

（2）互补色：也称为对比色（反差最大）。互补色在色环上相互正对。如果希望更鲜明地突出某些颜色，则选择对比色，如黄色和蓝色。

（3）暖色：由红色调构成，如红色、橙色和黄色。暖色给人以温暖、舒适、有活力的感觉。这些颜色产生的视觉效果使其更贴近观众，并在页面上更显突出。

（4）冷色：来自蓝色调，如蓝色、青色和绿色。这些颜色使配色方案显得稳定和清爽。它们看起来还有远离观众的效果，所以适于做页面背景。

4. 色彩的三要素

（1）明度：是指色彩的明暗程度。

（2）色相：是指色彩的相貌，是一种色彩区别另一种色彩的表面特征。

（3）纯度：即色彩所含的单色相饱和的程度，也称为彩度。

色彩的三要素是互相依存、互相制约的，很难截然分开，其中任何一个属性的改变，都将引起色彩个性的变化。

（二）配色标准与原则

（1）特色鲜明。一个网站的用色必须要有自己独特的风格，要与表现的内容相和谐，还要考虑受众人群的年龄、层次等特点，这样才能显得个性鲜明，主题突出，和谐自然，给浏览者留下深刻的印象。

（2）搭配合理。网页设计虽然属于平面设计的范畴，但它又与其他平面设计不同，它在遵从艺术规律的同时，还考虑人的生理特点，色彩搭配一定要合理，给人一种和谐、愉快的感觉。

（3）讲究艺术性。网站设计也是一种艺术活动，因此它必须遵循艺术规律，在考虑到网站本身特点的同时，按照内容决定形式的原则，大胆进行艺术创新，设计出既符合网站要求，又有一定艺术特色的网站。

（三）注意色彩对心理的影响

黄色具有冷漠、高傲、敏感、扩张和不安宁的视觉印象；红色色感温暖，性格刚烈而外向，是一种对人刺激很强的颜色；红色容易引起人的注意，也容易使人兴奋、激动、紧张、冲动，也容易使人视觉疲劳；绿色是具有黄色和蓝色两种成分的颜色；白色的色感光明，性格朴实、纯洁、快乐；蓝色的色感冷静，性格朴实而内向，是一种有助于人头脑冷静的颜色；紫色的明度在有彩色的色料中是最低的。

利用色彩对人们心理的影响效果，在网页设计中，根据和谐、均衡和重点突出的原则，将不同的色彩进行组合、搭配来构成美丽的页面。按照色彩的记忆性原则，一般暖色较冷色的记忆性强。色彩还具有联想与象征的特质，如：红色象征火、血、太阳；蓝色象征大海、天空和水面等。所以设计出售冷食的虚拟店面，应使用消极而沉静的颜色，使人心理上感觉凉爽一些。

（四）网页配色常用技巧

（1）用一种色彩。先选定一种色彩，然后调整透明度或者饱和度，使色彩变淡或变深，产生新的色彩，用于网页。这样的页面看起来色彩统一，有层次感。

（2）用两种颜色。先选定一种色彩，然后选择它的对比色。

（3）用一个色系。比如淡蓝、淡黄、淡绿，或者土黄、土灰、土蓝。

在色彩搭配时还要注意一些误区：一是不要将所有的颜色都用到，尽量控制在 3 种色彩以内。二是背景和前文的对比要尽量大，绝对不要用花纹繁复的图案作背景，以便突出主要文字的内容。

三、页面版式设计

版面是指从浏览器看到的一个完整页面（包含框架和层次）。布局，就是以最适合浏览的方式将图片和文字排放在页面的不同位置。

1. 网页版面布局的基本概念

（1）页面尺寸。由于页面尺寸和显示器大小及分辨率有关。网页的局限性就在于无法突破显示器的范围，而且因为浏览器也将占去不少空间，留下的页面范围变得越来越小。一般分辨率为 800 像素×600 像素的情况下，页面的显示尺寸为 780 像素×428 像素；分辨率为 640 像素×480 像素的情况下，页面的显示尺寸为 620 像素×311 像素；分辨率为 1 024 像素×768 像素的情况下，页面的显示尺寸为 1 007 像素×600 像素。目前页面的尺寸一般选 800 像素×600 像素的分辨率为约定俗成的浏览模式。所以，分辨率越高页面的尺寸就越大。

（2）整体造型。整体造型是指页面的整体形象。虽然显示器和浏览器都是矩形，但对于页面的造型，可以充分运用自然界中的其他形状以及它们的组合，如矩形、圆形、三角形、菱形等。

对于不同的形状，它们所代表的意义是不同的。例如，矩形代表着正式、规则；圆形则代表着柔和、团结、温暖、安全等；三角形代表着力量、权威、牢固、侵略等；菱形代表着平衡、协调、公平。虽然不同形状代表着不同意义，但目前的网页制作多数是结合多种图形加以设计，在这其中某一种图形的构图比例可能占得多一些。

（3）页头。页头也叫页眉，页眉的作用是定义页面主题。页头是整个页面设计的关键，它牵涉下面的更多设计和整个页面的协调性。例如，站点的名称多数都显示在页眉里。这样，访问者能很快知道这个站点是什么内容。页头常放置站点名字的图片和公司标志以及旗帜广告。

（4）文本。文本在页面中都是以行或者块（段落）的形式出现的，它们的摆放位置决定着整个页面布局的可视性。过去因为页面制作技术的局限，文本放置位置的灵活性非常小，而随着 DHTML 的兴起，文本已经可以按照自己的要求放置到页面的任何位置了。

（5）页脚。页脚和页头相呼应。页头是放置站点主题的地方，而页脚是放置制作者或者公司信息的地方。

（6）图片。图片和文本是网页的两大构成元素，缺一不可。如何处理好图片和文本的位置成了整个页面布局的关键。

（7）多媒体。除了文本和图片，还有声音、动画、视频等其他网页元素。虽然它们不是经常被利用，但随着动态网页的兴起，它们在网页布局上也将变得更重要。

2. 网页版面布局技术

（1）表格布局。

（2）框架布局。

（3）层叠样式表的应用。

3. 网站布局设计步骤

网站布局设计步骤按草稿、初步布局和定稿 3 个步骤进行。

（1）草稿。新建的页面就像一张白纸，没有任何表格、框架和约定俗成的东西，可以尽可能多地发挥想象力，将想到的"景象"画上去。这属于创造阶段，不讲究细腻工整，不必考虑细节功能，只以粗陋的线条勾画出创意的轮廓即可。尽可能多地画几张，最后选定一个满意的作为继续创作的脚本。

（2）初步布局。在草案的基础上，将确定需要放置的功能模块安排到页面上。通常首页设计的内容主要包含网站标志、主菜单、新闻、搜索、友情链接、广告条、邮件列表、计数器、版权信息等。在初步布局时，必须遵循突出重点、平衡协调的原则，将网站标志、主菜单等最重要的模块放在最显眼、最突出的位置，然后再考虑次要模块的排放。

（3）定稿。即在初步布局的基础上，具体化、精细化的过程。

4. 网页版面布局原则

版面布局的设计是一项非常重要的工作，它涉及方方面面的内容，既有文字，又有图片。文字有大有小，还有标题和正文之分；图片也有大小，而且还有横竖之别。图片和文字都需要同时展示给观众，总不能简单地罗列在一个页面上，这样往往会搞得杂乱无章。因此必须根据内容的需要，将这些图片和文字按照一定的次序进行合理的编排和布局，使它们组成一个有机的整体，展现给客户。网页版式设计应遵循以下原则。

（1）主次分明，中心突出。在一个页面上，必然考虑视觉的中心，这个中心一般在屏幕的中央，或者在中间偏上的部位。因此，一些重要的文章和图片一般可以安排在这个部位，在视觉中心以外的地方就可以安排那些稍微次要的内容，这样在页面上就突出了重点，做到了主次有别。

（2）大小搭配，相互呼应。较长的文章或标题不要编排在一起，要有一定的距离，同样，较短的文章也不能编排在一起。对待图片的安排也是这样，要互相错开，造成大小之间有一定的间隔，这样可以使页面错落有致，避免重心的偏离。

（3）图文并茂，相得益彰。文字和图片具有一种相互补充的视觉关系，如果页面上文字太多，会显得沉闷、缺乏生气。如果页面上图片太多、缺少文字，必然会减少页面的信息容量。因此，最理想的效果是文字与图片的密切配合，互为衬托，既能活跃页面，又使首页有丰富的内容。

5. 常用的网页版面布局类型

网页版面布局大致可分为"国"字型、"T"型、对称对比型、"三"型、标题正文型、框架型、封面型、Flash 型等，下面分别介绍。

（1）"国"字型布局，也称为"同"字型布局或"口"字型布局，是一些大型网站所喜欢的类型，即最上面是网站的标题以及横幅广告条，接下来就是网站的主要内容，左右分列两小条内容，有时左面是主菜单，右面放友情链接等；中间是主要部分，与左右一起罗列到底，最下面是网站的一些基本信息、联系方式、版权声明等。这种结构在网上最常见，其优点是能充分利用版面，信息量大，缺点是页面拥挤，不够灵活。如 http：//www.cndw.com 网站就是"国"字型网站，如图 4 – 1 所示。

图 4 – 1　"国"字型布局

（2）"T"型布局，即拐角型结构布局。这种结构类型上面是标题及广告横幅，接下来的左侧是一窄列链接等，右列是很宽的正文。因为菜单条背景较深，整体效果类似英文字母"T"，所以称之为"T"型布局。在这种类型中，一种很常见的类型是最上面是标题及广告，左侧是导航链接，下面也是一些网站的辅助信息。这是网页设计中用得最广泛的一种布局方式。如 http：//www.hao123.com 网站就是拐角型布局，如图 4 – 2 所示。这种布局的优点是页面结构清晰、主次分明，是初学者最容易上手的布局方法。缺点是规矩呆板，如果细节色彩上不注意，很容易让人"看之无味"。

（3）对称对比型布局。顾名思义，对称对比型布局是采取左右或者上下对称的一种布局方法，一半深色，一半浅色，一般用于设计型站点。优点是视觉冲击力强，缺点是将两部分有机的结合比较困难。如 http：//www.younggogetter.com 网站即为对称对比型布局，如图4-3所示。

（4）"三"型布局。"三"型结构多用于国外站点，国内用得不多。特点是页面上横向两条色块将页面整体分割为4部分，色块中大多放广告条。如 http：//www.re-volvemedia.com 网站即是"三"型布局，如图4-4所示。

（5）标题正文型布局。这种结构类型即最上面是标题或类似的一些东西，下面是正文，一些文章页面或注册页面就是这种布局。如 http：//login.sina.com.cn/cgi/register/reg_sso.php 网站的布局，如图4-5所示。

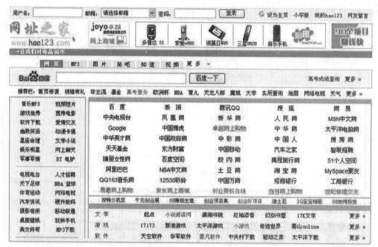

图4-2 "T"型布局

图4-3 对称对比型布局

（6）框架型布局。框架型又可以分为左右框架型、上下框架型、综合框架型。左右框架型是指一种左右分为两页的框架结构，一般左面是导航链接，有时最上面会有一个小的标

图 4-4 "三"型布局

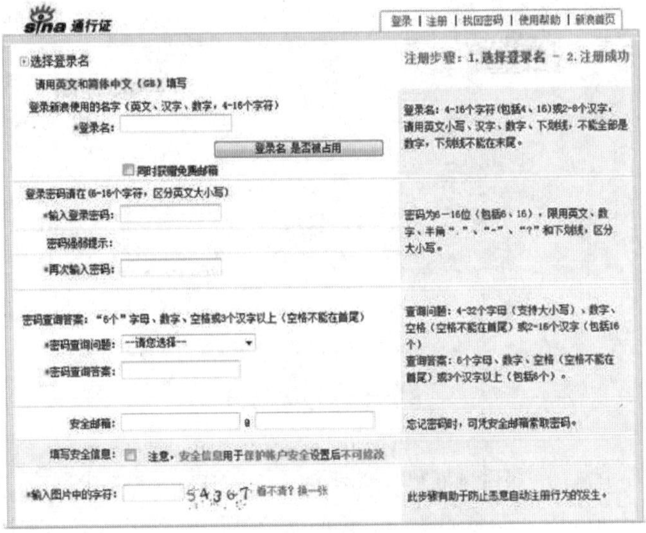

图 4-5 标题正文型布局

题或标志，右面是正文，大部分的大型论坛都采用这种结构，有些企业网站也喜欢采用这种结构。这种类型结构非常清晰，一目了然。图 4-6 所示为左右框架型布局。

上下框架型是一种上下分为两页的框架结构。

综合框架型是左右框架型和上下框架型两种结构的结合，是相对复杂的一种框架结构，较为常见的是类似于"拐角型"结构的，只是采用了框架结构。

（7）POP 布局，也称封面型布局。POP 引自广告术语，就是指页面布局像一张宣传海报，以一张精美图片作为页面的设计中心，常用于时尚类站点，如 ELLE.com。优点是漂亮吸引人，缺点是速度慢。作为版面布局还是值得借鉴的，这种类型大部分出现在企业网站和个人主页，如果处理得好，会给人带来赏心悦目的感觉，如图 4-7 所示。

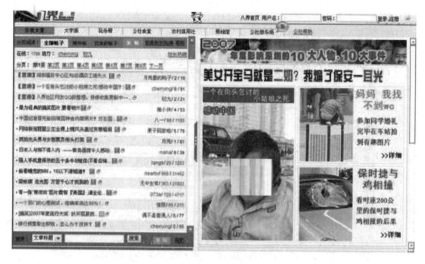

图4-6 左右框架型布局

图4-7 POP布局

(8) Flash 型布局。Flash 型与封面型结构类似,只是 Flash 型采用了目前非常流行的 Flash,与封面型不同的是,由于 Flash 强大的功能,页面所表达的信息更丰富,其视觉效果及听觉效果如果处理得当,绝不差于传统的多媒体,如 http://www.thinkaboutit.com,如图4-8 所示。

以上总结了一些常见的网页版面布局方式,其实还有许许多多别具一格的布局结构,关键在于创意和设计。

四、页面栏目设计

设计网站的中心工作之一,就是设置网站的栏目和板块。

1. 栏目和板块的定义

栏目的实质是网站的大纲索引。在制订栏目的时候,要仔细考虑,合理安排,既要突出重点,又要方便用户。划分栏目需要注意的是:尽可能删除与主题无关的栏目;尽可能将网站最有价值的内容列在栏目上,尽可能方便访问者的浏览和查询。板块比栏目的概念要大一些,每个板块都有自己的栏目。例如,网易的站点分新闻、体育、财经、娱乐、教育等版

图 4-8　Flash 型布局

块，每个版块下面有各自的主栏目。

2. 页面栏目设计

栏目的内容与功能决定了网站的质量以及受欢迎的程度。网站栏目设计时应注意下列 4 个问题。

（1）网站的栏目是否满足了用户的需要？

（2）网站的栏目是否可以让用户很快了解信息并且方便与网站的交流？

（3）从用户的角度如何评价这个网站？

（4）我有足够的能力及时组织网站的信息资料吗？

网站建设是一项长期性的工作，需要分阶段、按步骤进行。这就要根据网站的目标和用户需要，有针对性地设计栏目，分阶段地组织栏目，按步骤地实施计划，这是网站建设的基本原则。许多网站都是依靠创办一两个栏目起家的。比如，新浪网依托的是新闻栏目与网上论坛，搜狐网依托的是搜索引擎。

3. 网站栏目规划的类型

网站栏目规划就是如何让这些内容分布到不同栏目的网页中，并通过链接有机地串联起来。在 Web 站点中，主要的逻辑组织模型分别是线型、层次型、网络型。

（1）线型逻辑组织模型。线型逻辑组织模型的特点是直观、简单，它是人们最熟悉的一种组织形式，因为传统的信息媒介大都采用这种形式。例如，书就是按线型顺序一页一页地合在一起的；帮助向导，就是按用户的要求一步一步地深入下去，直到完成所需的任务为止。线型逻辑组织模型如图 4-9 所示。

图 4-9　线型逻辑组织模型

这种模型形式的好处在于透明度大，因为，设计者确切知道用户下一步要去什么地方访问，去哪个网页访问。线型形式通常用在产品展示、用户注册、购物向导、建立订单等方面。

(2) 层次型逻辑组织模型，也称为树形组织模型。在 Web 站点上，应用最多的是层次型的组织结构，用户要通过树从上到下逐级地进行访问，才可能最终访问到底层的网页，如图 4-10 所示。

该结构的最大好处在于使站点内容划分得十分清晰，用户在访问某一个网页时，很容易就知道自己处于站点的哪个栏目的哪个子页面中。但是这种组织结构会将很多信息隐藏起来，使得用户不仅不容易发现这些信息，且在访问较低层的页面时有些困难。

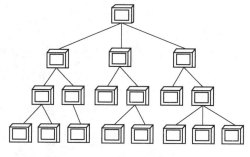

图 4-10　层次型逻辑组织模型

(3) 网络型逻辑组织模型。网络型逻辑组织模型是指多个网页之间都有相互链接的一种结构，在任何一个网页中都可以一次性地到达另外一个网页，所有的网页上都保留其他网页的链接，如图 4-11 所示。

这种模型结构的最大好处在于方便、快捷。但是这种组织结构会带来一个庞大链接的问题。某个页面的改动将会有可能同时需要对所有的页面进行修改，在网站规划中比较少见。

(4) 混合型逻辑组织模型。混合型逻辑组织模型指的是将以上几种模型混合在一起构成了一个新的网站模型，这样的模型可以吸取各单个模型的所有长处，避免其短处。实际上，几乎所有大的网站都是采用混合型结构来进行组织的。

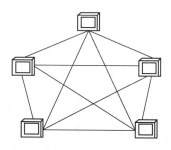

图 4-11　网络型逻辑组织模型

4. 网站栏目规划原则

(1) 内容一定要紧扣主题。将网站主题按一定的方法分类并将它们作为网站的主栏目。主栏目个数在总栏目中要占绝对优势，这样的网站专业化主题突出，容易给人留下深刻的印象。

(2) 主要内容栏目要分得细致。将主题按一定的方法分类并将它们作为网站的主要栏目。

(3) 直观地列出主要内容。网站的主要内容一定要放在首页或一、二级栏目中，如果因信息内容结构问题不得不放在较深的位置上，一定要设法将它在首页安排超级链接，同时在其他网页放置多个超级链接，以便使浏览者很容易地找到它。

(4) 首页设置超级链接和搜索引擎。如果网站的主页内容庞大，层次较多，最好设置搜索引擎。搜索引擎（Search Engines）是一个对互联网上的信息资源进行搜集整理，然后供用户查询的系统，它包括信息搜集、信息整理和用户查询 3 部分。搜索引擎是一个为用户提供信息"检索"服务的网站，它使用某些程序把网站上的所有信息进行归类以帮助人们在茫茫网海中搜寻到所需要的信息，这样，可以帮助访问者快速找到他们想要的内容。

(5) 设立一个最近更新或网站指南栏目。如果网站首页没有安排版面放置最近更新的内容信息，就有必要设立一个"最近更新"的栏目。这样做是为了照顾常来的访问者，让网站主页更具人性化。如果网站主页内容庞大（超过 15 MB）、层次较多，而又没有站内的搜索引擎，建议该网站设置"本站指南"栏目，这样可以帮助初访者快速找到他们想要的内容。

（6）设定一个可以双向交流的栏目。双向交流的栏目是指如论坛、留言本、邮件列表等，浏览者可以留下他们的信息。有调查表明，提供双向交流的站点比简单地留一个电子邮件的站点更具有亲和力。

（7）设置一个下载或常见问题回答栏目。网络的特点是信息共享。如果读者看到一个站点有大量优秀的、有价值的资料，肯定希望能一次性下载，而不是一页一页浏览存盘。因此，如果在网站主页上设置一个资料下载栏目，肯定会得到大家的喜欢。

如果站点经常收到网友关于某方面的问题来信，最好设立一个常见问题回答的栏目，这样既方便了网友，又节约了自己的时间。至于其他的辅助内容，如关于本站、版权信息等可以不放在主栏目里，以免冲淡主题。

5. 版块设置

如果觉得的确有必要设置版块，必须要注意3点：一是各版块要有相对独立性；二是各版块要相互关联；三是版块的内容要围绕站点主题。

五、页面美术设计

专业美术设计人员的帮助对企业站点的成功设计是至关重要的。即便是一个没有一点网页设计经验的专业美术设计人员，也能提供很多关于排版、色彩等方面的建议。实际上，很多传统出版行业的规则和禁忌，也大都适用于网页的设计。网页设计与其他出版设计最大的不同表现在以下3方面。

1. 传播的媒介不同

许多用户是用 MODEM 上网的，考虑到用户的容量程度，图形一般不宜太大；通常每个图形应小于 30 KB，每个页面图形总量应小于 50 KB。

2. 所能采用的文件格式的限制

对通用浏览器来说，能识别的图像格式仅为 JPEG 和 GIF。这两者又各有不同的特点和适用环境。

3. 与美术设计人员要有良好的合作

首先应该能向他们提供前面所说的内容和逻辑结构图。因为他们的责任仅仅是对网页的形式负责，而至于内容，必须由企业业务人员去敲定。其次，应该把站点的美术需求、风格等告诉美术创作人员。如果可能，最好带着他们去见业务人员，直接了解站点形象方面的要求。此外，还应该把企业原有的一些成功的宣传册子、CI 手册等材料尽可能交给美术人员作为参考。

在向美术设计人员提供了上述信息和材料后，就可以让他们设计出形成站点风格的一些关键要素了。从美术和效率的角度出发，应该考虑采用可视化的页面编辑工具。最好能请一些有美感、懂得排版的人从事此项工作。他们可能多半不会使用 HTML 语言，但比程序员制作出来的网页页面好看得多。

此外，工具的选择也很重要。市场上有很多编辑器，有的工具很好，能有效地把高级美术人员、排版人员以及程序员的工作分开。

单元四 电子商务网站风格设计

一、网站的整体风格设计

风格（Style）是抽象的，是指站点的整体形象给浏览者的综合感受。如网易是平易近人的，迪士尼是生动活泼的，IBM 是专业严肃的。这些都是网站给人们留下的不同感受。网站的 CI（Corporate Identity）设计是借用的广告术语，意思是通过视觉来统一企业的形象，它是企业形象的形成，是提高企业形象的一种经营手段，而所谓的企业形象，是指企业的关系者对企业的整体感觉、印象和认识，优秀的 CI 设计，使企业更加容易树立市场形象、展示企业文化、抢占商业先机。如可口可乐公司，全球统一的标志、色彩和产品包装，给人们的印象极为深刻。

网站的 CI 设计，主要是指网站的标志、色彩、字体、标语，是一个网站建立 CI 形象的关键，是网站的表面文章、形象工程，通过对网站的标志、色彩、字体、标语设计，建立起网站整体的形象。

（一）网站标志设计

在网站形象设计中，网站的标志（Logo）及名称都是很重要的。网站的标志就像企业的商标一样，是站点的特色和内涵的集中表现，看见网站的标志就能使访问者联想起这个网站。

1. 网站 Logo 的规格

（1）88 像素×31 像素：是 Internet 上常用的 Logo 规格。

（2）120 像素×60 像素：这种规格用于一般大小的 Logo。

（3）120 像素×90 像素：这种规格用于大型的 Logo。

2. 网站 Logo 的设计

（1）标志可以是中文、英文字母，可以是符号、图案等，如图 4-12 所示。

图 4-12 网站 Logo

(a) 新浪网标志；(b) 网易网标志；(c) 迪士尼网标志（米老鼠）；(d) 迪士尼网标志（唐老鸭）

（2）网站有代表性的人物、动物、花草，可以用它们作为设计的蓝本，加以卡通化和艺术化。图 4-12（a）所示的是新浪用字母 sina + 眼睛作为标志，图 4-12（b）所示的是网易使用中文作为标志。图 4-12（c）和图 4-12（d）所示的是迪士尼的米老鼠、唐老鸭。

（3）有专业性的，可以以本专业的特定标志作为 Logo。

（4）最常用和最简单的方式是用自己网站的英文名称作标志。采用不同的字体、字母的变形、字母的组合可以很容易地制作好自己的标志。

3. 网站 Banner 的设计

通常在网站的主要页面的显著位置（一般在正上方），应该设计一个包含网站标志和网站名称的横幅（Banner）。它可以是静态的图像，但最好能设计成具有动态效果的动画。

在设计时，可以多参考些著名公司的网站名称与标志，并与公司的 CI 设计人员、公共关系部门人员沟通，充分听取他们的意见，这对网站名称与标志设计很有帮助。

（二）网站标准色彩设计

所谓"标准色彩"是指能体现网站形象和延伸内涵的色彩。网站的标准色彩是 CI 设计的一个方面，也是表现网站整体风格的一个重要因素。不同的色彩搭配产生不同的效果，反映出不同网站的文化内涵，不同的标准色彩体现不同企业的风格。例如，IBM 网站的主色调是深蓝色，肯德基网站的主色调是红色条型，网易网站的主色调是淡蓝色，Windows 视窗标志上的红蓝黄绿色块，都使我们觉得很贴切，很和谐。

一般来说，一个网站的标准色彩不超过 3 种，太多则让人眼花缭乱。标准色彩要用于网站的标志、标题、主菜单和主色块，给人以整体统一的感觉。至于其他色彩，也可以使用，但只能作为点缀和衬托，绝不能喧宾夺主。

（三）网站标准字体设计

标准字体是指用于标志、标题、主菜单、主体内容的字体，它是 CI 设计的又一方面。一般网页默认的字体是宋体。标准字体是一整套字体方案，网站所有页面的设计都应该按标准字体方案来设计。标准字体的设计还应考虑中英文及其他可能用到的文字所使用的不同字体。

为了体现站点的"与众不同"和特有风格，可以根据需要选择一些特别字体。例如，为了体现专业可以使用粗仿宋体，体现设计精美可以用广告体，体现亲切随意可以用手写体，体现企业文化内涵可以用美术字等。企业可以根据自己网站所表达的内涵，选择更贴切的字体。目前常见的中文字体有二三十种，常见的英文字体有近百种。此外，网络上还有许多专用英文、中文艺术字体下载，要寻找一款满意的字体并不算困难。

但应注意，只有安装在操作系统中的字体才能被显示出来，而在操作系统中的常用中文字体只有很少的几种，如果网站中使用的是非默认字体，那么，为了让所有的用户都能看到，用图片的形式是一种最好的选择。

（四）网站标语设计

所谓网站的宣传标语指的是网站的精神，网站的目标。可以用一句话甚至一个词来高度概括，类似实际生活中的广告金句。例如，鹊巢的"味道好极了"，麦斯威尔的"好东西和好朋友一起分享"，Intel 的"给你一个奔腾的心"，雅虎中文网站的"雅虎中国"，阿里巴巴网站的"中国商人自己的网站"等。

以上 4 个方面——标志、色彩、字体、标语，是一个网站树立 CI 形象的关键，确切地说是网站的表面文章，设计并完成这几步，网站将脱胎换骨，整体形象有一个提高。（注意：这些只是以平面静态来设计 CI，还没有引入声音、三维立体等因素。）

（五）网站相关页面的布局设计

注意网站主页与其他页面之间的布局协调性。页面设计时给予适当留白，使浏览者有更好的感觉。

（六）三维空间风格设计

网络上的三维空间是一个假想空间，这种空间要借助于动静变化、图像的比例关系等因素表现出来。页面常见的是在页面上、下、左、右、中位置所产生的空间关系，以及疏密的位置关系所产生的空间层次，这两种位置关系使视觉流程生动清晰，视觉注目程度高。

（七）多媒体功能风格设计

Internet 最大的优势在于多媒体功能，由于网络的限制，在使用多媒体形式来表现网页内容时应考虑客户端的传输速度，或者说将多媒体内容控制在浏览者可接受的下载时间内，这就要求画面的内容要有实用性，如产品介绍甚至可以用三维动画来表现。

应当关注一些新的网上商品的展示方法，以便选择最简便的方法在网上展示出更好的效果。目前网上产品展示技术主要有 Java 插件模拟三维展示与现实模拟三维展示。

（八）图像运用风格设计

图像运用时，不必以在页面上填满图像来增加视觉趣味。尽量使用彩色圆点，它们较小并能为列表增加色彩活力。彩色分隔条也能在不扰乱带宽的情况下增强图形感。

对图像的格式应加以选择，在不影响图像效果的前提下，应该选择文件容量更小的图像。对于很多图像要显示的页面，开始应该显示一个小的图像，如果用户想观察高质量的大图像，可以由单击小图像获得。

对用作背景的 GIF 图片要谨慎。它们可以使一个页面看起来很有趣，甚至很专业，但是装饰背景时很容易使文字变得不可辨读。背景要么很暗，文字较亮；背景要么很亮，文字较暗。如果背景含有图像，对比度一定要设置较低，这样才不至于过于分散浏览者的注意力。

二、企业 CI 设计的基本要素

企业在 CI 设计时需要掌握以下几个基本要素。

（1）企业标志的要素，通常指的是企业的标志，企业所生产经营的商品的商标，也包括文字和图形类型的标志。

（2）企业名称标准字要素，通常指的是企业或公司的正式名称，以中文及英文两种文字定名；还可以以全名表示，或者省略"股份有限公司""有限公司"等；或者根据使用场合来决定全称或略称的命名方式。

（3）企业品牌标准字要素，通常指的是代表本企业或公司产品的品牌，有以中文和英文的两种设计。

（4）企业的标准色要素，通常指的是用来象征公司的指定色彩，通常采用 1~3 种色彩为主。也有为了区分企业集团与母公司的不同，或公司各企业部门、各品牌、产品的分类，采用多种颜色的色彩体系，利用企业标准色或补助色频繁出现在广告、包装等各种宣传物上。

（5）企业标语要素，通常指的是对外宣传公司的特长、业务、思想等要点的短句，经常和企业名称标准字、企业品牌标准字等组合运用。

（6）专用字体要素，通常指的是企业或公司主要使用的文字（中文、英文）、数字等专用字体。选定设计的专用字体、规定，作为主要品牌、商品群、公司名称及对内容的宣传、广告所用的文字。

三、风格保持一致

网站风格在网站内容设计中是个难点,网站的整体风格设计并没有固定的程式可以参照或者模仿,整体风格体现在作品内容与形式等各种元素中。风格独特是一个网站区别于其他网站并吸引访问者的重要因素。网站设计者应根据企业的要求与具体情况找出特色,突出特点。比如网易网站,网站定位为个人互联网应用的门户网站,它面向年轻、时尚的人群,这使得B2C企业、消费品供应商、生活资料供应商用网易搜索引擎向最终消费者推广成为首选。一个网站特别是电子商务网站,需要统一的风格,即网站中每一个网页风格必须保持一致,这是进行网页设计过程中须重点考虑的问题。所谓风格一致是指结构一致、色彩一致、导航一致、特别元素一致、背景一致、图像一致等。

1. 结构的一致性

结构的一致性指的是网站布局、文字排版、装饰性元素出现的位置、导航的统一、图片的位置等比较恰当、协调。也就是网站或公司的名称、网站或企业的标志、导航及辅助导航的形式及位置、公司联系信息等比较吻合,这种结构一致性的方式是目前网站普遍采用的结构方式,它一方面可以减少设计和开发的工作量,同时更有利于以后的网站维护与更新。

2. 色彩的一致性

色彩的一致性指的是网站中各网页使用的色彩与主体色彩相一致,可以改变局部的色块。优点是一个独特色彩的网站会给人留下很深刻的印象,因为人的视觉对色彩要比布局更敏感,更容易在大脑中形成记忆符号。在色彩的一致性中,强调的是如果企业有自身的CI形象,最好在互联网中沿袭这个形象,给观众网上网下一致的感觉,更有利于企业形象的树立。一个建议是选取一两种主要色彩,几种辅助色彩。

3. 导航的一致性

导航是网站的一项重要组成部分,一个出色的富有企业特性的导航将会给人留下深刻的印象。例如,将标志的形态寓于导航之中,或将导航设计在整个网站布局之中等。

4. 特别元素的一致性

特别元素的一致性指在网站设计中,个别具有特色的元素,如标志、象征图形、局部设计等重复出现时的一致性。这种一致性会给访问者留下深刻印象。

5. 背景的一致性

背景的一致性指的是各网页中的背景的风格保持一致性。网页中的背景图像在使用上一定要慎之又慎,尤其是一些动画,当网页中充斥着各种可有可无的动画,而这些动画根本与本企业内容无关时,请将它们删掉。通常是将公司的标志、象征性的简单图片作为背景,并将其淡化,使浏览者在阅读网站内容的同时不经意记下公司的标志。

6. 图像的一致性

网页中的图像在使用上一定要慎之又慎,尤其是一些动画,网页中充斥着各种可有可无的动画,而这些动画根本与本企业内容无关。因此,认真检查网页中的动画,将没用的删掉。根据网页内容的不同,配以相应的图像或动画,从而给浏览者形成页面的连续性。

四、几个典型网站的风格

1. 香港迪士尼网站

香港迪士尼网站的地址为"https://www.hongkongdisneyland.com/zh-hk/mydisney/",

进入该网站后会使人很明显地感到这是一个游乐园，生动活泼，有趣可爱，还有冒险刺激。香港迪士尼乐园是全球第五个以迪士尼乐园模式兴建、迪士尼全球的第十一个主题乐园，以及首个根据加州迪士尼（包括睡公主城堡）为蓝本的主题乐园。这是世界上最好的网站之一，该网站的主页如图 4-13 所示。

图 4-13　迪士尼网站

2. 网易网站

该网站的地址为"https：//www.163.com/"，该网站是唯一定位于个人互联网应用的门户网站。这一特点使得 B2C 企业、消费品生产商、生活资料供应商用网易搜索引擎向最终消费者推广成为首选。它在年龄层次上具有年轻、时尚的特点。关键字访问量大大超过同类网站。年轻人也是成熟购买力的最大潜在群体，这是中国最成熟、最活跃的用户群。该网站的主页如图 4-14 所示。

图 4-14　网易网站

3. IBM 网站

该网站的地址为"https：//www.ibm.com/us/"，该网站传递了专业和行业权威的信息。IBM 即国际商业机器公司，是世界上最大的信息工业跨国公司。它以世界一流的最新技术开发新产品，并以最快的生产速度进入市场，是 IBM 的产品发展战略。IBM 拥有先进的全系列产品，在复杂的网络管理、系统管理、密集型事物处理、庞大数据库、强大的可伸缩服务器、系统集成等方面，具有强大的优势。该网站的主页如图 4-15 所示。

图 4-15 IBM 网站

4. 首都之窗网站

该网站的地址为"http：//www.beijing.gov.cn/"，该网站传递的是首都政府的文件、服务、政策、法律、法规等信息，其表现的是政府的、城市服务的印象。在该网站上可以查看到以上这些信息，并且也可以直接在网上与政府联系和沟通，该网站的主页如图 4-16 所示。

图 4-16 首都之窗网站

单元五 电子商务网站目录结构设计

一、网站的目录结构

一个网站有很多内容，要有很多网页、图片、动画、音乐等，这些文件如果杂乱无章地堆放在一起，查看、编辑都不方便，所以每种类型的文件都要安排到相应的目录里去。也就是说在网站上也要建立起目录结构。

网站的目录结构是指建立网站时所创建的目录。它们通常是一个一个的文件夹，在建立目录结构的过程中，应注意下面几个问题：例如，在使用 FrontPage 软件或 Dreamweaver 软件建立网站时都默认建立了根目录和 images 子目录。目录的结构设计是一个很容易忽略的问题，许多网站都未经认真规划，随意创建子目录。目录结构的好坏，对浏览者来说并没有什么太大的感觉，但是对于站点本身的上传维护、内容信息未来的扩充和移植有着极其重要的影响。

1. 合理安排文件的目录

合理安排文件的目录，不要将所有文件都存放在根目录下。

有的网站设计者为了方便，将所有的文件都放在根目录下，这样做将会造成以下两方面的不利影响。

（1）文件管理混乱。常常会因此而搞不清哪些文件需要编辑和更新，哪些无用的文件可以删除，哪些是相关联的文件，从而影响工作效率。

（2）上传速度慢。服务器一般都会为根目录建立一个文件索引，当将所有文件都放在根目录下时，那么即使只上传更新一个文件，服务器也需要将所有文件再检索一遍，建立新的索引文件。很明显，文件量越大，等待的时间也将越长。所以，应尽可能减少根目录下的文件数。

2. 按栏目内容建立子目录

（1）子目录的建立，首先按主菜单栏目建立。企业站点可以按公司简介、产品介绍、价格、在线订单、反馈联系等建立相应目录。一般来说，应该尽量分细些，要为将来可能新增的栏目留有存放的空间。例如，计算机教育类站点可以根据技术类别分别建立相应的目录，如 Flash、HTML、JavaScript、VBScript 等。

（2）其他的次要栏目，如 what's new、友情链接内容较多，需要经常更新的可以建立独立的子目录。

（3）对一些相关性，不需要经常更新的栏目可以合并在一起并放在一个统一的目录下。例如，关于本站、关于站长、站点经历等可以合并放在一个统一目录下。为了便于维护管理，所有需要下载的内容，最好也放在一个目录下，这样可以方便浏览者。例如，CGI 程序放在 cgi-bin 目录中，便于维护管理。所有需要下载的内容也最好放在一个目录下，如图 4-17 所示。

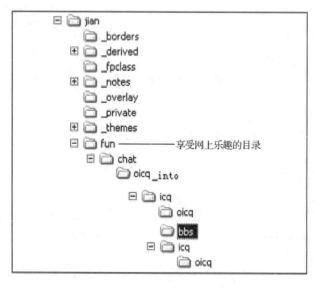

图 4-17 网站子目录建立

3. 在每个一级目录或二级目录下都建立独立的 images 目录

每一个站点根目录下都有一个 images 目录，为每个主栏目建立一个独立的 images 目录是最方便管理的。而根目录下的 images 目录只是用来放首页和一些次要栏目的图片。如果将所有图片都存放在这个目录里，对于网站管理很不方便，尤其是需要将某个主栏目打包供网民下载，或者将某个栏目删除时，图片的管理相当麻烦。在大型网站中，图片数以万计，为一级二级栏目建立一个独立的 images 目录是最为方便管理的，而根目录下的 images 目录只用来存放首页和一些临时性栏目的图片。

4. 网站目录规划应注意的事项

（1）不要使用中文目录。因为，在 Internet 上共有 167 个国家和地区连接着，是全开放的、交互式的且无国界的，所以，使用中文目录可能会对网址的正确显示造成困难。

（2）不要使用过长的目录。尽管服务器支持长文件名，但是太长的目录名不便于记忆和管理，且容易混淆。

（3）目录的层次不要太深。目录的层次一般为 3 层，最多不超过 5 层。原因很简单，维护管理方便。

（4）尽量使用意义明确的目录，即"见名知意"。所谓"见名知意"是指通过目录名就知道目录内容的含义。通常应选择能表示目录内容含义的英文单词（或缩写），也可以使用汉语拼音字头作目录名。

随着网页技术的不断发展，利用数据库或者其他后台程序自动生成网页越来越普遍，网站的目录结构也必将飞跃到一个新的结构层次。

二、网站链接结构设计

网站的链接结构是指页面之间相互链接的拓扑结构。它是建立在目录结构基础之上的，但可以跨越目录。例如，每一个页面都是一个固定点，链接则是在两个固定点之间的连线，一个点可以和一个点连接，也可以和多个点连接，更重要的是，这些点并不是分布在同一个平面上的，而是存在于一个立体的空间中。研究网站链接结构的目的在于，用最少的链接，使得浏览最有效率。建立网站链接结构的基本方式有以下两种。

1. 树状链接结构（一对一）

树状链接结构类似于 DOS 的目录结构，首页链接指向一级页面，一级页面链接指向二级页面。这样的链接结构浏览时，逐级进入，逐级退出。优点是条理清晰，访问者明确知道自己在什么位置，不会"迷路"。缺点是浏览效率低，从一个栏目下的子页面到另一个栏目下的子页面，必须返回首页后再进入。内容较少的站点可以采用这种链接结构。

2. 星状链接结构（一对多）

星状链接结构类似于网络服务器的链接，每个页面相互之间都建立有链接。这种链接结构的优点是浏览方便，随时可以到达自己喜欢的页面。这种链接结构有以下几个缺点：第一，必须专门在网页上留出一块地方安置链接枢纽，占用宝贵的网页面积；第二，链接太多，容易使浏览者迷失方向，搞不清自己在什么位置，看了多少内容；第三，这种链接要求每次翻页都会将页面全屏刷新，在显示速度上会稍微慢一点。

以上两种基本链接结构都只是理想方式，它们很少单一存在，在实际的网站设计中，总是将这两种结构混合起来使用，希望浏览者既可以方便快速地到达自己需要的页面，又可以清晰地知道自己的位置。所以，最好的办法是：首页和一、二级页面之间用星状链接结构，二级和三级、四级页面之后用树状链接结构。图 4-18 所示的是一个新闻站点的目录链接结构。

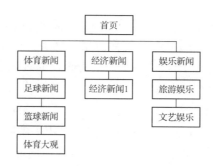

图 4-18　新闻站点的目录链接结构

任务实施

小张所在的 IT 公司在为新西兰旅游公司规划了电子商务网站后，需要进行网站的具体设计。经理布置给小张几项任务，要求小张为新西兰旅游公司网站设计首页、页面栏目、内容、风格等，为以后的设计工作做好准备。

任务一　设计电子商务网站首页

【实训准备】

能访问 Internet 的机房，学生 4 人一组，每人一台计算机。

【实训目的】

通过浏览成功网站首页设计，让学生学会设计网站首页。

【实训内容】

训练电子商务网站首页设计。

【实训过程】

1. 参考成功旅游网站首页

（1）确定成功旅游网站 3~5 个。

（2）查看各旅游网站首页风格、栏目、色彩、内容等。如携程旅行网、中国通用旅游网、中国国旅网。

（3）查看成功旅游网站的首页，进行比较记录，如图 4-19、图 4-20 和图 4-21 所示。

图 4-19　51766 网站

图 4-20　携程旅行网站

图 4-21　中国国旅网站

2. 确定新西兰旅游公司网站首页定位及功能

确定新西兰旅游公司网站首页定位及功能，如景点介绍、在线门票服务、酒店预订、意见反馈等。

3. 确定新西兰旅游公司站点的网址

确定新西兰旅游公司站点的网址，结合公司地址、名称、特点申请域名。

4. 确定新西兰旅游公司主题、首页内容及编排

（1）确定网站的主题。

（2）确定广告视觉焦点的位置。

（3）确定实用的查询功能的位置。

（4）确定企业产品和/或服务最新的信息、有关新闻。

①确定酒店及度假线路。

②确定旅游工具箱、目的地指南、游记、新闻等。

(5) 确定导航及公司的联系方式，如 E-mail、电话、传真等信息，从上往下、从左往右递减。

(6) 确定相关站点的链接。

5. 确定首页的大小

首页大小一般为 70~100 KB 都可以。

任务二　电子商务网站页面可视化设计

【实训准备】

能访问 Internet 的机房，学生 4 人一组，每人一台计算机。

【实训目的】

通过浏览成功网站页面设计，让学生学会网站页面可视化设计。

【实训内容】

训练电子商务网站页面可视化设计。

【实训过程】

1. 参考成功旅游网站页面色调、版式及栏目

(1) 确定成功旅游网站 3~5 个。

(2) 查看各旅游网站页面版式、栏目、色彩、内容等，如昆明青年旅行社、中国通用旅游网、中国国旅网。

(3) 查看成功旅游网站的页面，进行比较记录，如图 4-22 所示。

图 4-22　驴妈妈旅游

2. 确定新西兰旅游公司网站内容

(1) 确定网站主页的主要内容，包括公司产品信息、Logo 标志图案、主要栏目等。

(2) 构思一个突出公司形象和企业风格的主页，并设想主页上可能使用的图像和多媒体动画。

(3) 设计公司简介内容，要能恰如其分地反映公司的情况，包括公司的性质、工作环境、公司员工等内容。并设计可能用到的插图，如公司面貌、工作环境、公司代表性产品、公司奖项、名人合影或题字等。

(4) 设计最新消息内容。

（5）设置客户反馈的方式，如 BBS 留言板、电子邮箱、QQ 等。

（6）设计公司的联系方式，如公司地址、电话或传真、网址、电子邮箱、联系人和公司所在地通信地址等。

3. 确定新西兰旅游公司网站的色调

（1）根据新西兰旅游公司网站的主题选择一种基调，或淡蓝，或淡粉，或淡黄。

（2）根据新西兰旅游公司网站基调来搭配其他颜色。

4. 确定新西兰旅游公司网站的页面版式设计

可选用国字型版式设计或其他设计。

5. 确定新西兰旅游公司网站的页面栏目

（1）参照同类网站共同的栏目，网站的栏目一般包括以下几个方面。

①公司概况：包括公司背景、公司发展历史、主要业绩、经营理念、荣誉证书、组织结构等。

②产品信息：提供公司产品和服务目录，方便客户网上查看，根据需要决定资料的详简程度，配置图片、视频或音频等。

③公司动态。

④网站搜索。

⑤网上购物：包括会员管理、商品浏览、查询和选购、购物流程、购物车、在线支付等。

⑥售后服务：有关质量保证条款、售后服务措施以及售后服务联系方式等。

⑦技术支持：常见故障处理、产品使用说明、产品驱动程序、软件工具版本等。

⑧联系信息：公司电话、地址、传真、邮政编码、E-mail 等。

（2）确定新西兰旅游公司网站必需的栏目。

（3）确定新西兰旅游公司网站重点栏目。在确定了网站需要设置的栏目后，紧接着就要从这些栏目中挑选出最为重要的几个栏目，对它们进行更为详细的规划，这种选择往往取决于网站的目的和功能。

（4）建立新西兰旅游公司网站栏目的层次结构，如图 4-23 所示。

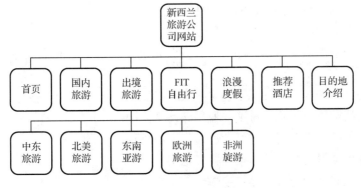

图 4-23 网站栏目的层次结构

（5）设计每一个栏目。设计栏目通常要做以下 3 件事。

①描述这个栏目。描述这个栏目的目的、服务对象、内容、资料来源等，使人们对这个

栏目有整体的把握和准确的认识。

②设计这个栏目的实现方法。即设计这个栏目的网页构成、各个页面之间的逻辑关系、网页的内容、内容的显示方式、数据库结构等各个方面。

③设计这个栏目和其他栏目之间的关系，找出各个栏目之间相关的内容，确定采用什么形式把它们连接起来。

任务三　电子商务网站风格设计

【实训准备】

能访问 Internet 的机房，学生 4 人一组，每人一台计算机。

【实训目的】

通过浏览成功网站风格设计，让学生熟悉网站风格设计。

【实训内容】

训练电子商务网站风格设计。

【实训过程】

1. 参考成功旅游网站风格

（1）确定成功旅游网站 3~5 个。

（2）查看各旅游网站风格，如昆明青年旅行社、携程旅行网、中国国旅网。

2. 确定新西兰旅游公司网站的名字与标志

（1）在前期已经确定网站定位与特色后，召开会议，讨论网站中文名称的设计。中文名称要与网站的特色与实际相符合。

（2）如果需要，或存在国外的客户，则讨论并确定网站的英文名称。

（3）约见美工设计人员，将网站的名称、特色等信息与美工设计人员进行沟通，确定网站标志设计的思路。

（4）确定网站标志的设计尺寸，如 88 像素×31 像素。

（5）确定网站标准中是否含有网站名称。

（6）确定网站标志中是否包含网站网址。

（7）请美工人员设计网站标志的初稿。

（8）将网站标志初稿交由相关部门（开发公司的主管部门与企业的主管部门）审核后定稿。

3. 确定新西兰旅游公司网站标准色彩

（1）根据网站定位与特色，讨论并通过网站主色调。

（2）根据主色调，确定网站的标准色彩，一般 3 种。

（3）将标准色彩提交给配色方案专题讨论组。

4. 确定新西兰旅游公司网站标准字体

（1）根据网站的定位与特色，讨论并确定与网站标志一起使用的网站名称的中、英文字体，如果这种字体在操作系统中没有，最好单独设计成图片。

（2）讨论并确定网站的栏目，标题部分的中、英文字体。

（3）讨论并确定网站正文部分的中、英文字体，一般采用宋体。

5. 确定新西兰旅游公司网站的标语

（1）围绕网站主题，提炼网站关键信息。

（2）讨论并确定网站标语。

（3）讨论并确定网站标语的排放位置。

6. 确定新西兰旅游公司网站相关页面的布局设计

（1）先确定主页的布局，如三栏、左右栏、上下栏等。

（2）确定网站主页必须出现的栏目。

（3）确定主页以外的其他页面布局与内容。

（4）确定主页和通用页面以外的特殊页面的布局和内容。

（5）讨论主要页面在布局中应注意的共同问题，如广告位和留白等。

7. 确定新西兰旅游公司网站三维空间风格设计

（1）讨论并确定网站背景与网页内容的配合。

（2）讨论并确定网站上广告出现的位置、方式。

8. 确定新西兰旅游公司网站多媒体风格设计

（1）讨论并确定网站首页是否需要多媒体表现形式，以及多媒体所需要的标准格式，如 FLASH 格式和 AVI 格式。

（2）如果需要多媒体，需确定多媒体的内容、尺寸与需要提供的交互方式，是否需要移动、翻转、缩放等。

9. 确定新西兰旅游公司网站图像运用风格设计

（1）确定网站主页上主要图像的尺寸与格式，并确定图像的颜色数。

（2）确定其他页面上图像的尺寸与格式。

（3）讨论并确定是否需要动态图像，如需要，应确定其尺寸与格式。

任务四　设计电子商务网站的目录结构

【实训准备】

能访问 Internet 的机房，学生 4 人一组，每人一台计算机。

【实训目的】

通过浏览成功网站的目录结构，让学生熟悉网站目录结构设计。

【实训内容】

训练电子商务网站目录结构设计。

【实训过程】

1. 网站链接结构选择

（1）确定新西兰旅游公司网站链接结构的类型，如树状结构、星状结构。

（2）根据选定的链接结构，画出新西兰旅游公司网站的栏目图。图 4-24 所示为树状结构示例。

2. 新西兰旅游公司网站目录结构设计

（1）确定网站将来使用的 Web 服务器种类及该 Web 服务器将来使用的文件夹。

（2）打开"资源管理器"或"我的电脑"，或启动 Web 服务器，找到即将要建立网站的相应根目录。

（3）根据前面确定的目录结构，实际创建相应的目录结构，如图 4-25 所示。

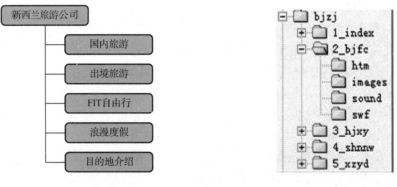

图 4-24　树状结构　　　　　　　　图 4-25　网站目录结构

技能训练

技能训练一　电子商务网站内容规划

【训练准备】

（1）能访问 Internet 的机房。

（2）企业概况：上海新苑公司成立于 2002 年，是以公装业务为主的设计装饰公司。多年来公司本着"和谐发展、合作共赢"的企业理念与一些品牌企业建立了长期合作关系。现公司凭借深厚的公装管理和一线城市成功运作经验，进军国内二线城市家装市场。考虑到客户购房后资金一时比较紧张，公司在分公司所在城市开展"先装修，后付款"活动。

（3）网站建设目的：同行信息交流的平台；客户了解公司及装修知识的窗口；公司品牌文化推广的重要渠道。

【训练目的】

通过网站内容规划的实际训练，让学生学会规划网站内容。

【训练内容】

训练网站内容规划。

【训练过程】

（1）学生 4 人一组进行合作。

（2）确定 3 家同类型网站，分别记录它们的栏目（只要第一级栏目与第二级栏目名称），然后比较共同的栏目，并确认所设计的网站需要采用这些共同栏目中的哪些栏目。

（3）确定所要设计的网站的主要内容、公司简介、产品介绍和客户反馈方式。

（4）设想可能的其他栏目，如技术支持、招聘信息、总裁致辞和专业常识等。

（5）确定所要设计的网站的特色，3 条。

（6）运用网站的特色，丰富网站的内容。

技能训练二　电子商务网站风格设计

【训练准备】
（1）能访问 Internet 的机房。
（2）企业概况：德仁堂是一家中法合资企业，从事中药产品出口，目前网站改版，寻求创意设计。
（3）网站设计要求。
①网站改版风格：古典、大气，体现人与自然和谐，页面简洁。
②网站设计元素：因公司主营中药产品，可采用中国传统符号进行设计。
③所有产品包括药材、保健食品如枸杞、人参等，是只针对国外客户销售的。因此要求网站和 Logo 的设计必须国际化，美感和艺术感要非常强。
④提交内容：首页和二级页面要求风格统一，新颖有创意。
⑤网站功能：希望创意人能把中国传统元素融入其中，使网站符合产品定位，有其独特的视觉效果。

【训练目的】
通过网站内容规划的实际训练，让学生学会规划网站内容。

【训练内容】
德仁堂网站风格设计。

【训练过程】
（1）学生 4 人一组进行合作。
（2）选择如下 5 家国外同行业的网站作参考，参考网站如下。

http：//www.purelyskincare.co.uk/

http：//www.pertwood.co.uk/

http：//www.heavenskitchen.co.uk/

http：//www.grovefresh.co.uk/

http：//www.kinetic4health.co.uk/

（3）确定网站名称，设计网站的标志。
（4）确定网站的主色调、标准色彩及配色方案。
（5）确定网站的标准字体。
（6）确定网站的主页、引导页、产品介绍页面的布局方案。
（7）确定网站的广告种类及设计要求。
（8）使用网站设计规划方面的 5 条创意，突出网站特色。

技能训练三　设计电子商务网站

【训练准备】
（1）能访问 Internet 的机房。
（2）客户情况：中国西部网。

(3) 客户要求：如表 4-1~表 4-4 所示。

表 4-1 客户要求——首页

首页	设计	风格上清新明快（以淡蓝色调为主），符合最新审美观，制作精细，有积极开放的感觉；使用流行的大区块划分概念，突出新闻行业的特色。将显著位置留给重点宣传栏目或更新最多的栏目，结合网站栏目设计在首页导航上突出层次感，有气势，能够体现网站的专业性和权威性（参考：http://www.westnews.cn，http://www.hxzg.net，http://www.cnwest.com/index.htm）
	内容	各大栏目导航，首页、西部焦点、西部人物、西部文化、西部乡镇（包括西部农村、特产）、西部探秘（西部之旅）、本站记者查验（将身份证等相关资料录入页面，可确定该人为本网站特派记者）

表 4-2 客户要求——主栏目

主栏目		说明
西部焦点	内容	关于西部的焦点新闻
	功能	可通过后台对类别、内容进行修改、添加、删除等操作，使管理员能够非常方便地进行管理
西部人物	内容	包括西部百姓、西部人物、西部之星
	功能	展示西部人物的介绍
西部文化	内容	包括西部各县市、西部各省的文化风俗、历史等
	功能	展示西部文化和历史
西部乡镇	内容	包括西部农村、特产
	功能	作品可以随意地添加、删除等，无限生成子页面。由产品展示系统来实现
西部探秘	内容	即西部之旅
	功能	
本站记者查验	内容	将身份证等相关资料录入页面，可确定该人为本网站特派记者。可参考 http://www.westj.com/info/jizhechajian/
	功能	

表 4-3 客户要求——其他栏目

其他栏目	说明
联系我们	在线发布西部新闻网的联系方式
友情链接	同行或名下网站的互连，有助于网站的链式反应推广
广告合作	网站广告刊登的说明和联系方式
新闻投稿	新闻投稿的说明和方式
收藏本站	收藏本网站，方便浏览者下次浏览，也有助于网站的推广以及增加浏览量

续表

其他栏目	说明
在线服务	在线客服,一种先进的基于网站平台的即时沟通软件。用户不需要下载任何插件和软件,就可以和网站客服人员及时交流,为网站的用户沟通搭建一个更加及时畅通的交流平台
关于我们	
招兵买马	人才招聘页面(可参考 http://www.hxzg.net/job.html)

表 4-4 客户要求——底部及顶部

底部	网站底部包括:版权所有,技术支持,法律顾问。可参考 http://www.westnews.cn/底部
网站顶部	网站顶部做一个祝贺党的生日的横幅
和百脑汇的合作	在网站首页底端开辟一个类似于 http://www.westnews.cn/中的今日广告横幅的版块,由客户添加相关内容

【训练目的】

通过网站内容设计、版式规划、栏目设计及网站风格设计、目录结构设计的实际训练,让学生学会设计电子网站。

【训练内容】

设计古董收藏网站。

【训练过程】

(1)学生 4 人一组进行合作。

(2)选择 4 家网站进行参考,参考网站如下。

和谐中国:http://www.hxzg.net/

西部新闻网:http://www.westnews.cn/

陕西新闻网:http://www.cnwest.com/index.htm

西部经济网:http://www.westj.com/

(3)设计该网站首页的内容。

(4)设计该网站的版式。

(5)设计该网站的主要栏目及内容。

(6)设计该网站的其他栏目及内容。

(7)设计该网站的风格。

(8)设计该网站的目录结构。

(9)要求全班在一起进行交流,评选出设计得最有特色的网站。

网站定位

网站首页制作技巧

点线面在网页中的应用

网站内容设计应注意的问题

网站名称基本要求及建议

项目五

电子商务网站运作方式设计

电子商务网站运作方式设计

知识目标

- 了解网站运作方式设计包含的内容。
- 熟悉网页设计时需要准备哪些素材,掌握素材的搜集及准备方式。
- 熟悉网站商品的展示方式,并学会设计。
- 熟悉网站的支付方式,选择并设计网站的支付方式。
- 熟悉网站配送方式,并学会选择网站的配送方式。

能力目标

- 专业能力目标:能够准备网站所需要的素材,熟悉网站商品的展示方式,掌握网站支付方式的设计,选择网站的支付方式及配送方式。
- 社会能力目标:具有严谨的工作态度和良好的工作作风,具有良好的团队合作精神和与人沟通、协调的能力,具有策划能力和执行能力,以符合社会期待。
- 方法能力目标:能够独立思考问题、解决问题,能够将所学习的网站建设知识运用于网站建设实践。

素质目标

- 通过互联网快速收集高质量的图片、声音等素材是高效率设计电子商务网站的前提,也是一件非常不容易的事情,需要同学们吃苦耐劳、坚忍不拔、团结协作,才能历练成长。
- 视频展示已成为各大电子商务网站商品展示的重要方式之一,在我们准备的商品展示视频中,必须以客观事实为基础,宣传积极向上的流行时代风尚和生活方式。
- 数字货币的出现,将重新定义我们的支付方式。作为电子商务网站设计者,我们需要时刻关心数字货币的应用,提前为数字货币收付做好准备工作。

> 知识准备

单元一　电子商务网站网页素材

设计一个好的网页，需要很多的素材，既包括文字素材，还包括图像素材、动画素材、音频素材和视频素材等。这些素材如何准备，涉及较多的软件操作问题，但应该知道每类素材准备的基本方法。网页素材的准备工作主要包括网页素材的获取加工与管理。

一、准备文字素材

文字素材是网页设计中最基本的形式。在现实生活中，文本文字是使用最多的一种信息存储和传递方式，它主要用于对产品或服务信息的描述性表示，如产品或服务的情况，显示标题、菜单等内容。图形文字可以制作出图文并茂的美术字，成为图像的一部分，提高多媒体作品的感染力。

（一）文字素材的属性

（1）文字的格式（普通、粗体、斜体、底线、轮廓和阴线等）。

（2）文字的定位（左对齐、右对齐、居中和两端对齐）。

（3）文字字体（Font）的选择。

（4）字体的大小（Size）。

（5）字体的颜色。

（二）准备文字素材的获取方法

1. 线下文字素材收集

根据网站建设的需要，从各种可能的渠道收集要建网站的企业的相关文字资料。

2. 通过搜索引擎查找文字素材

在网络普及的今天，各种文字素材都可能存在于网上的某些网站。通过搜索引擎可以找到这些资料。

1）常用的搜索引擎

（1）百度搜索引擎http：//www.baidu.com；

（2）Google 简体中文搜索引擎http：//www.google.cn；

（3）雅虎搜索引擎http：//www.yahoo.cn/；

（4）中搜搜索引擎http：//www.zhongsou.com/；

（5）搜狗搜索引擎http：//www.sogou.com；

（6）爱问搜索引擎http：//iask.com/；

（7）网易搜索引擎http：//www.youdao.com/；

（8）SOSO 搜索引擎http：//www.soso.com/；

（9）谷姐搜索引擎http：//www.goojje.com。

2）搜索引擎使用技巧

在使用搜索引擎搜索文字素材时，应该注意一些搜索技巧。这些技巧主要是为了提高搜索的效率而采用的一些方法。各个搜索引擎都提供一些方法来帮助用户精确地查询内容，使之符合要求。不同的搜索引擎可能方法不完全相同，但大致功能是类似的。

（1）选择合适的搜索工具。每种搜索引擎都有不同的特点，只有选择合适的搜索工具才能得到最佳的结果。搜索工具分为网页检索（基于蜘蛛程序的机器人检索系统）和分类目录（即目录式搜索引擎）两种。网页检索实际上是网页的完全索引，分类目录则是由人工编辑整理的网站的链接。这两种搜索工具哪种好用呢？一般来说，如果需要查找非常具体或者特殊的问题，用网页检索比较合适；如果希望浏览某方面的信息、专题或者查找某个具体的网站，分类目录会更合适。

（2）使用正确的搜索词。使用搜索引擎要注意不能写错别字，要尽量使用大家比较常用的词语。目前多数搜索引擎不支持容错查询（容错查询就是指即使用户输入了错别字，搜索引擎也能根据某种规则推断出该词的正确写法，给出正确的搜索结果），所以，一定要注意不写错别字。由于互联网的信息是由人来提交的，如果使用了不常用的词语来搜索，就不大容易找到答案。

（3）正确使用布尔检索。布尔检索，就是应用布尔表达式的检索方式，比如"和"（AND）、"或"（OR）、"非"（NOT，AND NOT）及 NEAR（两个单词的靠近程度）。正确地使用布尔检索方式可以减少搜索结果的返回数。在搜索时一方面要注意不同搜索引擎工具的布尔检索的表达方法；另一方面，也要注意自己要搜索的内容逻辑关系是否合理。

（4）简单信息查找。简单信息查找是最常用的方法，当用户输入一个关键词时，搜索引擎就把包括关键词的网址和与关键词意义相近的网址一起反馈给用户。例如，查找"学习"一词时，模糊查找就会把"学习网""学习计划""学习吧"等内容的网址一起反馈回来。

（5）使用双引号进行精确查找。简单信息查找往往会反馈回大量不需要的信息，如果查找的是一个词组或多个汉字，最好的办法就是将它们用双引号括起来（即在英文输入状态下的双引号），这样得到的结果最少、最精确。例如在搜索引擎的 Search（查询）文本框中输入""计算机技术""，就等于告诉搜索引擎只反馈回网页中有"计算机技术"这几个关键字的网址，这会比输入"计算机技术"得到更少、更好的结果。

（6）使用加减号限定查找。很多搜索引擎都支持在搜索词前冠以加号（+）限定搜索结果中必须包含的词汇，用减号（-）限定搜索结果不能包含的词汇。例如：要查找的内容必须同时包括"盐城、信息、网络"3个关键词时，就可用"盐城+信息+网络"来表示；再例如：要查找"计算机"，但必须没有"技术"字样，就可以用"计算机-技术"来表示。

3. 从其他文档中复制文字素材

如果需要的文字素材在其他文档中，可以通过剪贴板操作（复制+粘贴），将这些文字复制到存储文字素材的文件中。有时有些文件需要专门的阅读器才能打开，如 PDF 文件需要用 Adobe Acrobat、Adobe Reader、福昕打开。如果要打开复制的 PDF 文件，所用的计算机就必须安装 Adobe Acrobat 等软件。通过阅读器打开文件后，再进行相关的复制操作。但还应注意，有时有些阅读器可能只能阅读，不能选中并复制到剪贴板上，这就需要专门版本的 Adobe Acrobat Professional。

有时，有些经过处理或加密处理的文件，可能还需要解密或专门的处理才能打开复制功能。

4. 通过扫描仪的文字识别功能获取文字素材

借助扫描仪将文字内容以图片形式扫描存入计算机后，然后可利用 OCR 文字识别软件将图形中的文字直接识别为文字文档。一般扫描仪驱动盘中都附送了文字识别软件，目前市场上较常见的文字识别软件中有尚书、汉王、紫光、丹青等。支持 JPG、PNG、GIF、BMP、DOC 等图片格式。

5. 通过微信抓取图片中的文字素材

很多办公软件都支持文字提取功能，我们经常使用的微信也支持此功能，操作方法为：首先打开"微信"客户端，然后进入一个好友聊天页面，找到要提取文字的图片，单击该图片进入浏览页面，接着长按该图片，再单击"提取文字"图标，等待提取完成，最后选择要提取的文字，然后单击"复制"或"转发"命令即可。

6. 通过文本文件过渡获取其他类型文件中的文字素材

有些文字素材存在于某些文件中，不能直接通过选取、复制到粘贴板的方法获取文字，这时一种比较通用的方法是看在该软件中是否能将文件另存为文本文件（.TXT 文件），文本文件不仅处理起来简单，而且可以被大多数软件所识别。

（三）常用的字处理软件

（1）Microsoft 公司（微软公司）。

①Microsoft Windows 自带的"记事本"程序（Notepad.exe），处理的文件默认格式为 txt，纯文本格式。

②Microsoft Windows 自带的"写字板"程序（Wordpad.exe），处理的文件默认格式为 rtf，富文本格式。

③Microsoft Office（微软办公套件），包括 Word、Excel、PowerPoint、FrontPage、Access 等，处理的文件默认格式为 doc、xls、ppt、htm、mdb。

（2）金山公司（Kingsoft 公司）的 WPS Office（金山办公组合），包括金山文字、金山表格、金山演示等，处理文件默认格式为 wps、et、dps。

金山公司的产品还有金山影霸、金山词霸、金山快译、金山打字通、金山画王、金山毒霸等。

（3）Adobe 公司的 PageMake，是一款专业的排版软件，用于文字处理、排版。

（4）Corel 公司的 WordPerfect Office 是一款非常稳定的办公软件，包括 WordPerfect 字处理软件、Quattro Pro 电子表格、Presentations 演示文档制作工具。

常用的字处理软件如图 5-1 所示。

应用字处理软件可以编排出美观的版面，设计出自己感兴趣的作品，以满足网页设计对文本信息加工的需要。

二、准备图像素材

1. 通过搜索引擎查找图像素材

可以通过搜索引擎查找图像素材。有些专门的图像资源网站有很多的图像素材，可以充分利用它们，既可以保存一般的图像，也可以保存网页背景图像。

2. 从其他文档中复制图像素材

如果需要的图像素材在其他文档中，可以通过剪贴板操作（复制+粘贴），将这些图像复制到存储图像素材的文件中。

	记事本 写字板	Windows操作系统附带的简单文字处理软件
	Word	Microsoft Office套装软件之一，功能强大，国际通用性强
	WPS	我国金山公司开发的，更符合中文用户的使用习惯，具有民族特色
	PowerPoint	文稿演示工具，适用于方便演讲者表达信息的现场演示文稿
	Dreamweaver FrontPage	网页制作工具，适用于制作在网络上流通的网页文件

图 5-1 常用的字处理软件

如果需要的图像是整个屏幕，可以通过屏幕截图 PrintScreen 键将屏幕整个图像复制到剪贴板。

如果所需要的图像是活动窗口，可以通过"Alt"+"PrintScreen"键将活动窗口复制到剪贴板。

如果所需要的图像是屏幕上的某个区域，则可以先通过 PrintScreen 键将屏幕整个图像复制到剪贴板上，然后，再打开 Windows "附件"中的"画图"命令进行截取。然后复制，再粘贴到所需要的地方，这种方法有些麻烦。

有时为了方便，可以使用专门的图像抓取软件截取图像进行处理，如中华神捕软件或微信、QQ、MSN 等中的截图功能。

3. 通过扫描仪将图片输入计算机

如果用户手中有一些照片或报纸杂志上的图片，可以将它们用到网页上。用扫描仪将这些照片或图片扫描到计算机里，并保存为电子形式的图片文件。

4. 通过图像处理软件绘制处理图像素材

为了设计出吸引人的页面，漂亮的图像是一种常用的方法。赏心悦目的图片能使网站在提供功能的同时，给客户以良好的购物感觉。有些赏心悦目的图片有时无法通过扫描或其他方法得到，这就需要使用具有创建及处理图像功能的软件。

有些图像浏览软件兼有部分图像处理功能，如 ACDSee。有些软件既可以绘制图像，也可以进行图像效果处理，如 Photoshop、Fireworks 和 nEO iMAGING。

如果所需的图形经常要放大或缩小，为保证缩放时的质量，可以使用矢量图像处理软件 Illustrator 和 CorelDraw 等。有时需要一些工程图纸，可以用 AutoCAD 配合制作一些图形。如果需要立体效果的图像，可以用 3ds Max 绘制并渲染，然后输出三维图形文件。

5. 图像文件格式的转换

不同的环境，可能需要不同格式的图像文件，常见的图像文件的格式如下。

（1）BMP 格式。BMP（Bitmap，位图）是 Windows 操作系统中的标准图像文件格式。其结构简单，未经过压缩，存储为 BMP 格式的图形不会失真，一般图像文件会比较大，因而不受网络的欢迎。

（2）JPG 格式。JPG 格式是目前网络上最流行的图形格式，它可以把文件容量压缩到最小的格式。JPG 支持不同程度的压缩比，可以视情况调整压缩倍率，压缩比越大，品质就越低；相反地，压缩比越小，品质就越好。不过应当注意的是，这种压缩法属于失真型压缩，文件的压缩会使得图形品质下降。

（3）GIF 格式。GIF 与 JPG 一样是目前网络上最常见的图形格式，它的缺点是只支持 256 色且文件容量比 JPG 大得多。但它可以使用透明色，而且可以把好几张图联合起来做成动画文件。GIF 格式在做网页时会用到。

（4）TIF 格式。TIF 格式是平面设计上最常使用到的一种图形格式，TIF 格式属于跨平台的格式，支持 CMYK 色，经常被用于印刷输出的场合。同时还支持 LZW 压缩，属于不失真压缩，也就是说不管怎么压缩，图像的品质都还能保持原来的水准。

（5）PNG 格式。PNG（Portable Network Graphics，可移植的网络图形格式）是一种新兴的网络图形格式，结合了 GIF 和 JPEG 的优点，具有存储形式丰富的特点。PNG 最大色深为 48 bit，采用无损压缩方案存储，是一种位图文件。著名的 Macromedia 公司的 Fireworks 的默认格式就是 PNG。

（6）SWF 格式。利用 Macromedia 公司的 Flash 可以制作出一种后缀名为 SWF（Shock Wave Format）的动画，这种格式的动画图像能够用比较小的体积来表现丰富的多媒体形式。在图像的传输方面，不必等到文件全部下载才能观看，而是可以边下载边看，因此特别适合网络传输，特别是在传输速率不佳的情况下，也能取得较好的效果。

（7）SVG 格式。SVG 是目前最火热的图像文件格式，它的英文全称为 Scalable Vector Graphics，意思为可缩放的矢量图形。SVG 文件比 JPEG 和 GIF 格式的文件要小很多，因而下载也很快。可以相信，SVG 的开发将会为 Web 提供新的图像标准。

三、准备动画素材

1. 动画素材的种类

现在计算机动画已经得到比较广泛的应用，由于应用领域不同，动画对应的文件存在着不同类型的存储格式。目前应用最广泛的格式有以下几种。

（1）GIF 动画格式。GIF 图像由于采用了无损数据压缩方法中压缩率较高的 LZW 算法，文件尺寸较小，因此被广泛采用。GIF 动画可以同时存储若干幅静止图像并进而形成连续的动画。目前网络上大量采用的彩色动画文件多为 GIF 格式。

（2）SWF 格式。SWF 动画如今已被大量应用于 Web 网页进行多媒体演示与交互性设计。此外，SWF 动画是基于矢量技术制作的，因此不管将画面放大多少倍，画面不会因此而有任何损害。SWF 是二维动画软件 Flash 中的矢量动画格式，主要用于 Web 页面上的动画发布。它是一种流媒体格式文件。

2. 动画素材获取方法

（1）通过搜索引擎查找动画素材。

可以通过搜索引擎查找动画素材，有些专门的图像资源网站有很多的动画素材。

（2）通过动画处理软件制作动画素材。

常用的动画制作软件是 Flash 软件。

（3）通过动画制作 APP 制作动画素材。

（4）制作三维立体动画。

通过 3ds Max 等软件制作三维动画，三维立体动画主要用于机械设计、影视制作和广告设计等方面。

3. 常见的图像浏览、图像加工、动画加工、多媒体加工软件

1）Microsoft 公司的产品

（1）Microsoft Windows 自带的"画图"程序（MSPaint.exe），处理的文件默认格式为 bmp，标准位图格式。

（2）Windows Media Player（媒体播放器），音频、视频播放工具。

2）Adobe 公司的产品

（1）Photoshop，专业的图像处理工具，其功能强大，效果卓著，适用于处理位图图像，文件默认格式为 PSD。

（2）Illustrator，专业的图像处理工具，其功能强大，效果卓著，适用于处理矢量图、位图，文件默认格式为 AI。

（3）Premiere，是一个创新的非线性视频编辑应用程序，也是一个功能强大的实时视频和音频编辑工具，可以精确控制产品的每个方面。利用它可以进行复杂的视频效果处理，如果再配合上其他的视频处理软件，就可以很容易地完成视频剪辑、音效合成等工作。通过综合运用文字、图片、动画和视频编辑的效果，可以制作出各种不同用途的多媒体影片来。

（4）Streamline，位图转矢量图工具（Adobe 公司的，不是 AutoDesk 公司的）。

3）Ulead 公司（友立公司）的产品

（1）Video Studio（绘声绘影），视频编辑工具。

（2）Photo Express（我形我速），图像处理、浏览工具，特别适合处理相片等。

（3）Photo Explorer，图形浏览、处理工具。

（4）GIF Animator，制作 GIF 小动画的工具，适用于动画图形制作，文件默认格式为 GIF。

（5）Cool 3D，立体字、动画字、美术字的 GIF 小动画制作工具。

4）Corel 公司的产品

CorelPainter：绘图工具。

5）ACD System 公司的产品

（1）ACDSee，看图工具，适用于浏览、简单处理图像。

（2）Photo Editor，图像编辑工具。

6）AutoDesk 公司的产品

（1）AutoCAD，功能强大的计算机辅助设计软件，被广泛应用于机械、建筑以及工业等领域，文件默认格式为 DXF。

（2）3ds Max，三维动画制作工具，是应用最广泛的三维建模、动画、渲染软件，完全满足制作高质量动画、最新游戏、设计效果等领域的需要，文件默认格式为 MAX。

7）Macromedia 公司的产品

（1）Flash，"网页三剑客"之一，是一种创作工具，设计人员和开发人员可使用它来创建演示文稿、应用程序和其他允许用户交互的内容。Flash 可以包含简单的动画、视频内容、复杂演示文稿和应用程序以及介于它们之间的任何内容。通常，使用 Flash 创作的各个内容单元称为应用程序，即使它们可能只是很简单的动画。可以通过添加图片、声音、视频和特殊效果，构建包含丰富媒体的 Flash 应用程序。Flash 动画制作的基本原理：基于时间轴的组件属性变化，如位置、颜色、透明度等，就构成了动画的基础，文件默认格式为 SWF。

（2）Fireworks，"网页三剑客"之一，图像处理工具。它以处理网页图片为特长，并可以轻松创作 GIF 动画。使用 Fireworks 可以在一个专业化的环境中创建和编辑网页图形，对其进行动画处理，添加高级交互功能以及优化图像。使用 Fireworks 可以在单个应用程序中创建和编辑位图和矢量两种图形，并且所有元素都可以随时被编辑，文件默认格式为 PNG。

（3）Dreamweaver，"网页三剑客"之一，一个"所见即所得"的可视化网站开发工具，是一款专业的 HTML 编辑器，用于对 Web 站点、Web 页和 Web 应用程序进行设计、编码和开发。Dreamweaver 会为用户提供帮助良多的工具，丰富用户的 Web 创作体验。

四、准备音频素材

1. 音频文件的种类

（1）MP3 格式。简单地说，MP3（Moving Picture Experts Group Audio Layer Ⅲ）就是一种音频压缩技术，由于这种压缩方式的全称叫 MPEG Audio Layer3，所以人们把它简称为 MP3。MP3 能够在音质丢失很小的情况下把文件压缩到更小的程度。而且非常好地保持了原来的音质。正是因为 MP3 体积小、音质高的特点，使 MP3 格式几乎成为网上音乐的代名词。

（2）RM 格式。RM 格式文件的最大特点就是体积小，一首 RM 的容量仅有同样一首 MP3 的 1/5～1/3。它的传输速度也极快，在网上有取代 MP3 之势。建议使用 RealPlayer 软件播放。

（3）SWF 格式。它使用户在欣赏美妙音乐的同时，还能欣赏到闪客们制作的美妙动画，是网上风靡的一种新的影音格式，需要网络浏览器安装 Flash 插件，才能播放。

（4）WMA 格式。WMA（Windows Media Audio）是微软力推的一种音频格式。WMA 格式是以减少数据流量但保持音质的方法来达到更高的压缩率目的的，生成的文件大小只有相应 MP3 文件的一半。使用的播放软件为 Windows Media Player。

（5）WAV 格式。WAV 格式是微软公司开发的一种声音文件格式，也叫波形声音文件，是最早的数字音频格式，被 Windows 平台及其应用程序广泛支持。WAV 的音质与 CD 相差无几，但 WAV 格式对存储空间需求太大，不便于交流和传播。

（6）MIDI 格式。MIDI（Musical Instrument Digital Interface）采用数字方式对乐器所奏出来的声音进行记录（每个音符记录为一个数字），然后，播放时再对这些记录通过 FM 或波表合成。FM 合成是通过多个频率的声音混合来模拟乐器的声音；波表合成是将乐器的声音样本存储在声卡波形表中，播放时从波形表中取出产生声音。

2. 音频素材获取方法

（1）通过搜索引擎查找音频素材。可以通过搜索引擎查找音频素材。网上有许多专门提供素材的资源库，可以充分利用它们，下载或复制保存到相关的声音文件夹内即可。

（2）通过"录音机"程序录制声音素材。使用 Windows 中的"录音机"录制、混合、播放、编辑声音，也可以将声音链接插入另一个文档中。

（3）从音乐视频剪辑中抽取背景音乐。

（4）从抖音、快手、B 站等短视频中寻找音频素材。

五、准备视频素材

1. 视频格式种类

（1）AVI 格式。AVI（Audio Video Interleaved）即音频视频交错格式，是将语音和影像同步组合在一起的文件格式。它对视频文件采用了一种有损压缩方式，但压缩比较高，因此尽管画面质量不是太好，但其应用范围仍然非常广泛。AVI 支持 256 色和 RLE 压缩。AVI 信息主要应用在多媒体光盘上，用来保存电视、电影等各种影像信息。

（2）MOV 格式。即 QuickTime 影片格式，它是 Apple 公司开发的音频、视频文件格式，用于存储常用数字媒体类型，如音频和视频。当选择 QuickTime（.mov）作为"保存类型"时，动画将保存为 mov 文件。

（3）MPEG 格式。MPEG（Moving Picture Expert Group）即运动图像专家组格式，家里常看的 VCD、SVCD、DVD 就是这种格式。MPEG 文件格式是运动图像压缩算法的国际标准，它采用了有损压缩方法减少运动图像中的冗余信息，说得更加明白一点就是 MPEG 的压缩方法依据是相邻两幅画面绝大多数是相同的，把后续图像中和前面图像有冗余的部分去除，从而达到压缩的目的（其最大压缩比可达到 200：1）。目前 MPEG 格式有 3 个压缩标准，分别是 MPEG 1、MPEG 2 和 MPEG 4，另外，MPEG 7 与 MPEG 21 仍处在研发阶段。

2. 视频素材的获取方法

可以用手机、数码相机或数码摄像机拍摄视频后，通过相应的连接方式连接到计算机上，再把拍摄的视频传送到计算机上，然后采用相关的软件进行处理。

同时还应注意，选用何种格式的文件要考虑到文件的大小。文件过大，会影响网页打开的速度，影响浏览者对该网页的访问效果。

在互联网充斥我们生活的时代，如何正确使用互联网为我们的工作和生活服务，这是一项非常重要的技能。在本项目的学习中，我们不仅需要亲手制作、拍摄或录制一些一级素材信息，还需要借助互联网寻找并收集大量的文字、图片等二级素材信息。能够从海量信息中快速找到满意的、高质量的素材，是我们高效率工作的前提，练就这一技能需要将大量的专业知识储备在实践中应用、锻炼、发挥、提升，从而凝练为自己的工作技能。在这个艰难迷茫、不知所措、不断试错的过程中，需要同学们吃苦耐劳、坚忍不拔、团结协作，才能历练成长。

单元二　电子商务网站商品展示方式

电子商务是利用 Internet 进行商品交易的商业活动，商品展示和陈列是电子商务网站的一个重要特征。

一、影响在线商品展示的因素

影响在线商品展示的因素有商品名称、关键词、图片、富媒体、描述、编码（ISBN、SKU）、目录分类、品牌、制造商、价格、SEO 相关、评价、重量、体积、运费会员价、促销、折扣、库存情况、交叉销售、向上销售等。

1. B2B 在线商品展示考虑的重点

B2B 平台由于是第三方，受限制较多，在外贸 B2B 平台上最重要的关键词是优化，在产品标题和描述中，特别是描述开始的第一段中要带有关键词，这可以保证产品在搜索中排序优先。其次是产品图片，图片要简洁明晰，有吸引力。

2. B2C 在线商品展示考虑的重点

（1）利用 B2C 平台的推荐功能。国外的 Amazon 是典型代表，它具备产品推荐功能，以增加交叉销售（Cross-selling）和向上销售（Up-selling），即访客浏览或购买一商品后，网页自动生成相关产品进行推荐，如"浏览了此商品的人还关注了×××"。B2C 平台利用一种名为"簇"（Clustering）的技术，实现了同类产品的高度。作为希望增强在线商品展示的企业，要做好的就是尽量完善产品和企业信息，设计好关键词，以获得更高的推荐率。

（2）折扣促销信息。将热门商品在首页推荐，对产品的价格作一定的折扣调整，组织网站促销活动，这些都是能够极大调动客户积极性的手段，在作在线商品展示时可以积极使用。

3. C2C 在线商品展示考虑的重点

由于是个人对个人的交易，消费者对产品的品质和售后服务尤为敏感，因此在线商品展示要加强对商品细节图片、商品的评价、付款方式、运输方式、退换货条款等方面的工作。

二、在线商品图像展示方式

目前国内电子商务平台所提供的商品展示方式主要有商品静态图像展示、商品动态图像展示、商品视频展示、商品三维展示等方式。

（一）商品静态图像展示

网站商品静态图像展示就是通常所说的照片展示。在使用商品静态图像展示时应注意以下问题。

（1）图像格式：确定需要静态展示的商品种类与数量，并确定要使用的图像的格式，如 GIF 或 JPEG 等格式。

（2）图像尺寸：确定要使用的静态图像的尺寸，如小图像为 80 像素×60 像素，大图像为 400 像素×300 像素。

（3）多角度：确定要展示的是否需要不同角度的照片。

（4）多背景：选择拍摄场地，准备拍摄环境，根据计划要求具体拍摄照片。

（5）多备份：将拍摄好的照片导入计算机并进行处理，如调整效果、加上网站的标志等。在处理照片时，可能需要根据尺寸要求制作几套不同尺寸的商品照片集，并应注意将制作好的照片备份几套，以防丢失。

（6）最优秀：对于网络上商品的静态图像展示，应考虑不同商品的特性，用最恰当的方式展现商品最优秀的一面。

（二）商品动态图像展示

在互联网上，有时商品的动态图像展示可以起到比静态图像更好的效果。一般这种展示用于某一商品的不同角度、不同大小、不同效果的轮换显示，以使某一商品能达到更丰富的展示效果。

动态图像一般使用 GIF 动画或 Flash 的 SWF 等格式，注意从不同角度、不同大小展示商品。在动态图像展示时还要注意以下问题。

（1）确定动态展示的效果，如水平百叶窗、淡入淡出、旋转出现等。

(2) 需要掌握至少一种动画制作软件的使用,如 GIF 或 Flash 动画制作软件。
(3) 根据商品的特性选择恰当的商品展示方式,把商品最优秀的一面展示出来。

有些商品很难用一张静态图像将商品的不同部位看清楚,此时就需要用动态图像来表现不同部位的细节,而且这些细节的展示,对于动态图像展示只需要一块网页上的空间,而要用静态图像则可能需要好几块空间。

(三) 商品视频展示

在互联网上,有时有些商品可能需要利用视频展示。随着 Internet 带宽的不断增加,利用视频展示的网络商品会越来越多,因为视频展示商品能提供比静态图像和动态图像更多的商品信息。

网络商品视频制作的主要方法与静态图像制作的方法相类似。但视频一般使用 AVI、WMA、MPEG 等格式。应该注意的是:一是视频尺寸一般不宜过大,以免影响将来播放的速度。二是视频展示也需要确定展示效果,如镜头推近、拉远、切换、朦胧等。三是需要掌握至少一种视频处理软件,如超级解霸、金山影霸、会声会影等。四是应考虑不同商品的特性,用最恰当的方式展现商品最优秀的一面。另外,由于视频摄像比一般照片摄影要求更高的拍摄技巧,因而需要不断地积累拍摄经验。

在当前 5G 网络时代,商品展示已经由文字展示、图片展示等二维展示转向包含视频展示在内的三维展示阶段,甚至直播营销越来越成为新的常态化的营销模式。短视频作为一种新的社会热潮已渗透到我们的日常工作和生活学习中,为我们带来新的亮点。当然其负面效应也是显而易见的。在我们准备的商品展示视频中,必须以客观事实为基础,严守职业道德底线和法律红线,不过分修饰、不夸大宣传,宣扬企业品牌文化、企业文化和中华民族传统文化,传播企业和社会正能量,宣传积极向上的流行时代风尚和生活方式。

(四) 商品三维展示

三维全景图是由多角度拍摄数张照片,或使用专业三维平台建立数字模型,然后使用全景工具软件制作而成。三维虚拟商品展示技术可以在网页中将商品以立体方式交互展示,消费者可以全方位观看商品特征,直观地了解商品信息,可任意调整远近,仿佛置身真实的环境之中,获得全新的感受。三维网站在商品展示的效果、真实性、互动性、信息丰富程度、说服力等方面具有无可比拟的优势,也是电子商务技术发展的一个重要方向。为消费者提供完善的网络商品展示服务,是网络营销的一个重要组成部分。

电子商务网站商品常用的几种三维展示方法具有以下几种。

1. 虚拟场景

就是在网页上使用大量的虚拟场景,让消费者在网上能够身临其境,自由挑选,如图 5 - 2 所示。

2. 三维全景虚拟现实

1) 三维全景虚拟现实

三维全景虚拟现实(也称实景虚拟)是基于全景图像的真实场景虚拟现实技术。全景展示(Panorama)是指把相机环 360°拍摄的一组或多组照片拼接成一个全景图像,通过计算机技术实现全方位互动式观看的真实场景还原展示方式。在播放插件(通常为 Java、Quick Time、Active X 或 Flash)的支持下,使用鼠标控制环视的方向,可左可右,可近可远,使消费者感到就好像处在现场环境当中,在一个三维窗口中浏览外面的一切。

图 5-2 虚拟场景

2)三维全景图的应用领域

全景图具有广阔的应用领域,如旅游景点、酒店宾馆、建筑房地产、装修展示等。在建筑设计、房地产或装潢领域,可以通过全景技术来完成。全景图既弥补了效果图角度单一的缺憾,又比三维动画经济实用,可谓设计师的最佳选择。

3)三维全景图的前景

三维全景图是一种比较实用的技术,在网络带宽仍然紧俏的今天,是在互联网上展示准3D图形的好工具,会有好的发展前景。

(1)虚拟商场:在一个虚拟的环境中,可以任意挑选和观看货架上的商品,足不出户就可以逛商场。

(2)虚拟旅游:可以在虚拟的环境下或导游图的指导下,进入想看的景点,观看高质量的球形全景照片,足不出户就可以在网上游览全世界。

(3)球形视频:这是一种全动态、全视角、带音响的全景环境,美国已有公司推出其顶尖产品,效果也不错,只可惜,目前的网络带宽不足。

3. 虚拟现实、增强现实与混合现实(VR、AR and MR)

1)虚拟现实

虚拟现实(Virtual Reality,简称 VR,又译作灵境、幻真)是近年来出现的高新技术,也称灵境技术或人工环境。虚拟现实是利用计算机模拟产生一个三维空间的虚拟世界,提供使用者关于视觉、听觉、触觉等感官的模拟,让使用者如同身历其境一般,可以及时、没有限制地观察三度空间内的事物。虚拟现实是将本来没有的事物和环境,通过各种技术虚拟出来,让你感觉就如真实的一样。用户可借助必要的交互设备用比较自然的方式与虚拟环境中的虚拟对象进行直接交互,从而产生身临其境的感觉,如图 5-3 所示。

虚拟现实的特点常用三个"I"表示,即 Immersion(沉浸)、Interaction(交互)和Imagination(想象),用这三个"I"说明虚拟现实系统的三个基本特征。

(1)沉浸性。指用户作为主角沉浸于计算机生成的虚拟环境中和用户投入计算机生成

图 5-3 VR 虚拟现实

的虚拟场景中的能力，使用户在虚拟场景中有"身临其境"之感。它所看到的、听到的、嗅到的、触摸到的，完全与真实环境中感受的一样，是虚拟现实系统的核心。

（2）交互性。当物体受到力的作用时，物体会沿着力的方向移动等。

（3）想象性。在建设一座大楼之前，传统的方法是要绘制各种图纸，而现在可以采用 VR 系统来进行设计与仿真。制作的 VR 作品反映的就是某个设计者的思想，而它的功能远比那些呆板的图纸生动强大得多。如在客厅漫游。

虚拟现实主要在军事与航天领域、医学领域、娱乐和教育、购物以及工业设计领域使用，如图 5-4 所示。

图 5-4 VR 的应用

2）增强现实

增强现实（Augmented Reality，简称 AR），它通过计算机技术，将虚拟的信息应用到真实世界，真实的环境和虚拟的物体实时地叠加到了同一个画面或空间，同时存在。

3）混合现实

混合现实（Mix Reality，简称 MR），即包括增强现实和增强虚拟，指的是合并现实和虚拟世界而产生的新的可视化环境。在新的可视化环境里物理和数字对象共存，并实时互动。系统通常采用 3 个主要特点：它结合了虚拟和现实；在虚拟的三维（3D）注册；实时运行。

4）虚拟现实的障碍

目前虚拟现实的全面实现还有一些障碍，主要有以下几个方面。

一是没有真正进入虚拟世界的方法。在 Oculus Rift 开发圈有一个著名的笑话，每当有人让使用者站起来走走时，对方通常都不敢轻易走动，因为 Oculus Rift 还依然要通过线缆连接到计算机设备上，而这也大幅限制了使用者的活动范围。

二是看起来还是有点蠢。在 VR 技术下，要进入虚拟现实游戏、购物、旅游体验等，必须头戴一个专用的笨重的眼镜或其他专用设备，这样让人看起来有点笨。

三是容易让人感到疲劳。所有游戏开发商或电影制作公司都应该了解如何在虚拟现实场景中不同地使用摄像机。移动着观看和静坐观看，二者带来的体验是截然不同的。镜头的加速移动，就会带来不同的焦点，而这些如果运用不当，就会给用户带来恶心的感觉。

四是缺乏统一的标准。虚拟现实技术目前仍处于初级阶段，毫无疑问，对于这个平台大家都有着各自的演示方法，无论是粗糙还是漂亮，最关键的也就是最后的几分钟。虽然许多开发者对虚拟现实充满了热情，但是似乎大家都没有一个统一的标准。

五是如何"输入"也是一大困扰。

单元三　电子商务网站支付方式

目前在电子商务支付的实践中主要采用两种基本方式，即传统支付方式和网上支付方式，如图 5-5 所示。

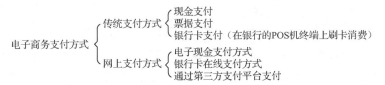

图 5-5　电子商务支付

一、选择第三方支付平台

第三方支付一般的运行模式为：买方选购商品后，使用第三方平台提供的账户进行货款支付；第三方在收到代为保管的货款后，通知卖家货款到账，要求商家发货；买方收到货物、检验商品并确认后，通知第三方；第三方将其款项转划至卖家账户上。这一交易完成过程的实质是一种提供结算信用担保的中介服务方式。

到目前为止，全国有一定规模的第三方支付公司已有 20 余家，其中比较知名的有支付宝、安付通、网银在线与易达信动 QPAY 第三方在线支付平台。

利用网上支付可以有效地处理每日通过 Internet 产生的成千上万个交易流的支付问题。常用的网上支付方式是网上银行支付，简称网银支付。在这种支付方式中，消费用户通过网上银行来对商家进行支付（付款）。

是否拥有网上银行支付（网银支付）收款功能，已成为电子商务网站是否成熟的典型标志。一般情况下，客户选购商品、下订单的过程是在购物网站进行的，当客户开始网上支付时，就已经离开购物网站并进入"网上支付平台"网页，当客户选择了支付的银行并单击以后，就已经进入了该银行的网页。所以客户填写银行卡资料时，实际上是在银行的网站进行的。因此，对于客户的信用卡信息，除银行外的其他人是无法进行收集和查看的。此外，使用网上支付时需安装认证证书，信用卡的信息就会以高位数加密的方式进行传输。因而，相对来说其支付的安全程度是很高的。

二、注册并下载在线支付相关文档

在选择网站的支付方式时,首先需要注册成为网银在线网上商户,注册完成后会获得一个商户号,用商户号可以登录后台管理页面。

登录商户管理后台,会显示资料管理/修改私钥信息,并需要登录商户管理后台,下载支付接口技术文档,包括以下内容:
(1) 用于对订单敏感信息加密的加密函数包含文件。
(2) 接口测试首页。
(3) 接收接口测试首页传递过来的参数的页面。
(4) 支付返回处理页面。
(5) 自动对账页面。

三、添加网银在线支付接口

第三方支付平台多数与网银在线的功能类似,可以添加在线支付功能。在网站中添加在线支付接口的操作也是类似的,但应该根据不同网站的流程进行操作。
(1) 将相关文件复制到网站的相关目录下。
(2) 在支付页面中添加一个网银在线支付的图片,链接到支付发送页面。
(3) 对支付发送页面中几项参数进行简单的修改,接通网银在线支付网关。
(4) 需要在接收支付返回页面中将 key 值修改成自己的私钥值。
(5) 需要和支付平台提供商在线签订服务合同。

四、选择其他的支付方式

除了提供第三方支付功能外,一般来说网站都尽可能在网站中提供其他支付方式,如货到付款、邮局汇款和银行转账等。

(1) 货到付款。这种方式对于一些初级网络购物者比较方便,他们不需要使用信用卡,或者不需要担心网络上可能的支付风险。对于商家而言,在收款时要涉及相关的凭证,如发货联、送货单、收货单等,且应要求客户当面将款额点清,并最好有一定的伪钞识别方法。
(2) 邮局付款。这种方式需要客户提供相应的地址、收款人、邮编、联系电话等信息。
(3) 银行转账。这种方式需要客户提供相应的账号、银行等信息。
(4) 电话付款。这种方式需要客户提供相应的个人身份证、银行账号、联系电话等信息。
(5) 数字货币收款。在网络支付方式的发展历程中,我们由传统的网银支付发展到现在的扫码支付,极大简化了支付流程。数字货币的出现,将重新改变我们的支付方式。数字钱包支付和扫码支付有很大的区别,数字钱包在没有网络的情况下也可以完成支付,还可以实现很多微信、支付宝无法实现的功能。法定数字货币的研发和应用,有利于高效地满足公众在数字经济条件下对法定货币的需求,提高零售支付的便捷性、安全性和防伪水平,助推我国数字经济加快发展,对人民币国际化有着非常大的推动作用,是我国的一项国家战略。截至 2021 年 10 月 8 日,数字人民币试点场景已经超过 350 万个,覆盖生活缴费、餐饮服务、交通出行、购物消费、政务服务等多个领域,关联美团、饿了么、天猫超市、滴滴、携程等多种类型的商户。作为电子商务网站的设计者，我们需要时刻关注数字货币的应用，提前为数字货币收付做好准备工作。

单元四 电子商务网站商品配送方式

为了使网站能正常运作，必须认真设计最适合的网站配送方式。网站的配送方式一般有送货上门、平邮和速递服务等方式。

一、划分覆盖的配送地理范围

划分确定网站覆盖的配送地理范围，应该依据网站规划中的说明，并考虑网站的发展规划与物流配送机构的健全程度，不能盲目地求大求广。如果网站不能实现其承诺的送货范围，自然会引起客户的不满，并可能流失一定量的顾客。

如果覆盖的地理范围在国内，则可采用与中国地理类似的划分方法。如华东地区、华南地区、华中地区、华北地区、西北地区、西南地区、东北地区、港澳台地区等。

如果覆盖范围是全球，则可能分别涉及亚洲、欧洲、非洲、北美洲、南美洲、大洋洲等。

一般来说，本地是主要的配送地理范围，应该考虑尽可能做到本地的全覆盖。

二、选择不同的配送方式

根据网站设计要求及商品的特点，确定网站需要哪些配送方式。在选择配送方式时，应该考虑网站的预算投入，在不同阶段提供不同的配送方式。

（1）普通送货。一般针对本地区送货，配送速度要求不高，外地一周，本地 3 天。

（2）普通邮寄。通过邮局进行邮寄，其时间和费用受邮局运能的限制。

（3）加急送。一般针对送货速度要求很高的情况，如本地一天内，外地 3 天。

（4）快递。通过快递公司进行的较快速度的递送，其速度比邮局快，费用比邮局低。

（5）特快专递。最快速的非本地递送，如 EMS、联邦快递和 DHL 等。

三、制订普通送货上门配送方式细则

根据前期工作中已经确定的配送地理范围，确定不同地理范围的配送时间和配送费用，在确定时应考虑网站的经营成本。

应该设计一张平邮地理范围、时间、费用的细则表，让用户一目了然。

四、制订平邮配送方式细则

根据前期工作中已经确定的配送地理范围，结合平邮配送的实际情况，确定平邮不同地理范围的配送时间和配送费用，在确定时应考虑网站的经营成本。

应该设计一张平邮地理范围、时间、费用的细则表，该表和普通送货上门配送方式细则表基本相同。

五、制订特快专递配送方式细则

根据前期工作中已经确定的配送地理范围，结合特快专递配送的实际情况，确定特快专

递不同地理范围的配送时间和配送费用，在确定时应考虑网站的经营成本。

应该设计一张特快专递地理范围、时间、费用的细则表，该表和普通送货上门配送方式细则表基本相同。

六、制订本地配送方式细则

本地是主要的配送地理范围，可能覆盖了大多数客户群，应考虑尽可能做到本地全覆盖，制订合理的配送时间、配送费用和货物重量限制等。根据距离远近，确定不同的费用标准。

七、参考案例

中国移动商城的配送方式

1. 商品配送方式

移动商城根据商品属性不同提供了不同的商品配送方式，具体情况如下。

（1）送货上门。用户成功支付所生成的商品订单后，商家将凭订单中填写的收货地址、收货人姓名，对订单所含商品进行包装和速递服务（此配送方式适用于移动商城实物类商品）。

（2）条码提货。用户成功支付所生成的商品订单后，系统会以二维码或短信数字码形式给用户下发商品的电子消费凭证，用户可凭此条码在有效期内到指定的商家或登录相关网站进行消费。

2. 收货人信息填写

（1）送货上门。当商品配送为此方式时，请您务必在商品订单中填写真实正确的收货人姓名、所在地区、详细配送地址、邮编和联系电话。既可填写您自己的地址信息，也可填写您朋友的地址信息（填写您朋友的地址信息货品将直接送到您朋友手中，需您朋友签名收货）。

（2）条码提货。当商品的配送方式为"凭条码现场提货"时，成功支付订单后，支付手机将会接收到条码信息，条码信息可以转发给朋友使用。

3. 快递运输

广东移动商城快递运输规则，具体说明如下。

1）商品发货时间

（1）每天11:00前，广东移动商城商户对前一天下午5点至早上10点前所支付成功的订单（指已付款的订单，以付款时间为准）进行物流配送。

（2）每天下午17:00，广东移动商城商户对当天所支付成功的订单（指已付款的订单，以付款时间为准）进行物流配送，17:00后收到的订单，第二天上午进行发送。

2）商品配送范围

广东移动商城提供全国地区配送服务，具体配送范围根据商品详细介绍页面而定。

4. 商品验货签收注意事项

验货与签收是您在移动商城购物的最后一个环节。所有商品在您收到的第一时间都请务必先进行验货。

1）送货上门

当商品配送为此方式时，请您务必注意以下事项。

(1) 请您务必填写详细正确的收货人信息。如果您在验货签字后反映验收情况与填写内容不符时，将按照验收项目单中填写的信息进行确认。

(2) 请您在签收时仔细核对商品及配件（如赠品）、移动商城的发货清单、商品数量等是否齐全。

(3) 请您务必在收到商品时仔细验货，如商品包装破损、商品短缺或错误、商品存在表面质量问题等您可以当场办理退货，若订单中含有赠品，请一并退回。

(4) 如果您在收到邮寄的包裹后，发现出现了外包装破损的情况，请您在配送员在场的情况下直接联系我们，经由客服人员确认，并且配送员和您都需要在发货单和手机商品项目单中签字，最后在您同意的情况下可以直接办理拒收。

2) 条码提货

当商品配送为此方式时，请您务必注意以下事项。

若未能收到系统下发的二维码或短信数字码，可通过致电 10086 或 24 小时客服热线 13826261860 查询，要求工作人员重新下发。

5. 退换货服务条款

(1) 商城商户保证所售商品都是正品行货，并向客户提供发票或保修凭证。凭发票或保修凭证，所有商品都可以享受生产厂家的全国联保服务。商城商户严格按照国家三包政策，针对所售商品履行保修、换货和退货的义务。

(2) 自购买之日起 7 日内（以发票或保修凭证日期为准），出现国家三包所规定的功能性故障时，经由生产厂家指定或特约售后服务中心检测确认故障属实，用户（买家）可以选择退换货（注：如选择重新调换同品牌同型号的产品由商城商户承担往返运费，选择退货时也由商户承担往返运费）、换货或者维修；第 8 日至第 15 日内时，用户（买家）可以选择换货或者维修；超过 15 日且在保修期内，用户（买家）只能在保修期内享受免费维修服务。

(3) 为了缩短故障商品的维修时间，商城商户在征得用户（买家）同意的情况下，可以建议用户（买家）直接联系生产厂家售后服务中心进行处理。商城商户必须提供准确的相关生产厂家售后服务中心的地址、联络方式。商城商户必须确保用户（买家）可以直接在商品的保修卡中查找到该商品对应的生产厂家售后服务中心相关信息。

(4) 退货流程。

①移动商城客服或 10086 在接到用户的退货需求后，初步判定是否予以退货；如同意退货则由移动商城客服或 10086 对商户发起退货退费要求。

②10086 根据接到商户确认退费事宜后，将会主动联系用户进行退费处理。

不具备退换货条件商品说明：以下情况不在退货、换货范围之内。

①任何非商城出售的商品（序列号不符）。

②对于过保商品（超过三包保修期的商品）的保修，商城将不予受理。

③未经授权的维修、误用、碰撞、疏忽、滥用、进液、事故、改动、不正确的安装所造成的商品质量问题，或撕毁、涂改标贴、机器序号、防伪标记，不在退换货服务范围内。

④商品的外包装、附件、说明书不完整，或保修单、发票（如提供）任一缺失或涂改，商城概不提供退换货服务。

⑤非商品本身质量问题，如兼容性问题，对于颜色、外观、形状不满意，误购、多购等

问题，不属于质量问题，不在退换货服务范围内。

⑥商品的正常磨损不在退换货服务范围内。

⑦手机、数码、IT类商品通过软件升级可以排除的故障不属于三包范围内的故障，只要送至当地生产厂家指定或特约售后服务中心升级即可。

如有疑问请拨打换货服务热线10086和13826261860。

6. 移动商城发票开具说明

由于移动商城支持多种支付方式，因此，用户在移动商城购物后需要开具发票。对于用户使用小额话费或商城积分支付，商户不需要向用户提供发票，但在结算时需要在规定的时间内向商城提供发票，此部分商城应开具话费发票；而对于用户使用网银或手机支付，商户需要按照详细的网银消费金额向用户开具发票，此部分发票用户在购物后可向商户索取，如商户未能向用户提供索取发票（网银支付消费部分），用户可以向移动商城客服进行投诉处理。

任务实施

小张所在的IT公司在为新西兰旅游公司设计了网站首页、页面栏目、内容、风格后，需要对新西兰旅游公司网站进行进一步的设计。经理布置给小张几项任务，要求小张为新西兰旅游公司网站准备网页素材，设计网站商品的展示方式，确定网站的支付方式和配送方式，为以后的工作做好准备。

任务一　准备电子商务网站网页素材

【实训准备】

能访问Internet的机房，学生4人一组，每人一台计算机。

【实训目的】

通过浏览Internet上的网页素材网站，熟悉网页素材相关情况，甄选并准备网站建设所需的素材。

【实训内容】

训练电子商务网站素材的甄选及准备。

【实训过程】

1. 准备文字素材

（1）线下收集。根据网站的需要，从各种可能的正规渠道收集、准备建立网站的相关文字资料，如企业简介、相关报道和产品服务介绍等。

（2）在线收集。通过搜索引擎查找网站所需要的相关文字素材。

①打开搜索引擎网站，如图5-6所示的百度网站。

②在中间的文本框中输入想要查找的相关关键字，然后按Enter键，就会出现搜索的结果页面。在其中选择某个网站，打开链接网页。

③找到需要的文字素材，进行复制粘贴，保存到"文字素材"文档。

（3）从其他文档中复制文字素材。打开包含文字素材的其他相关文档，通过复制粘贴操作，将所需要的文字素材保存到"文字素材"文档。

图 5-6　百度网站

（4）通过扫描仪的文字识别功能获取文字素材。

①启动一种文字识别软件 Mini OCR，识别图像文件，Mini OCR 支持的图像格式有 BMP、GIF 和 JPG。

②打开图像文件。单击主窗口左侧的"打开图像文件"按钮，在打开的窗口中选择要进行识别的文件。

③段落切分。在对图像中的文字进行识别之前，需要先对页面进行段落切分，即把页面分割成一个一个的文字段落，擦除图像区域，保留文字块（如果跳过这一步直接进入文字识别，则软件也会自动插入段落切分）。单击"段落切分"按钮即可对页面进行段落切分。在右下方的编辑框中，Mini OCR 可以识别图像中出现的汉字、英文、数字和标点，英汉混排时，汉字可以直接在这个编辑框中进行复制、剪切和粘贴操作，也可以单击"保存结果"按钮将其保存为 TXT 文件。

④文字识别。单击"文字识别"按钮，即开始对图像中文字进行识别，识别后的字符会出现在右下方的编辑框中。

⑤保存结果。最后一步当然就是保存结果了，识别后的文字会出现在右下方的编辑框里，可以保存文件，默认保存的文件名和先前打开的图像文件名相同。

（5）通过文本文件过渡获取其他类型文件中的文字素材。打开相关文件，另存为文本文件。

2. 准备图像素材

（1）通过搜索引擎查找图像素材。

①通过搜索引擎查找好的网站。

②如果要保存一般的图像，可以采用以下两种方法之一。

一是右击图像，在弹出的快捷菜单中选择"复制"命令，再选择存储图像素材的文件，选择"粘贴"命令。二是右击图像,在弹出的快捷菜单中选择"图片另存为"命令,再选择图像存储格式、位置和名称,选择"保存"命令。

③如果要保存网页的背景图片,可以采用以下两种方法之一。

一是右击背景图像,在弹出的快捷菜单中选择"复制背景"命令,再选择存储图像素材的文件,选择"粘贴"命令。二是右击背景图像,在弹出的快捷菜单中选择"背景另存为"命令,再选择图像存储格式、位置、名称,选择"保存"命令。

(2)从其他文档中复制图像素材。

①打开包含图像素材的文档。

②采用以下方法之一,将相关图像复制到剪贴板。

一是如果需要的图像在其他文档中,可以通过剪贴板操作(复制+粘贴),将这些图像复制到存储图像素材的文件中。二是如果所需要的图像是整个屏幕,可以通过PrintScreen键将屏幕整个图像复制到剪贴板。三是如果所需要的图像是活动窗口,可以通过"Alt"+"PrintScreen"组合键将活动窗口复制到剪贴板上。四是如果所需要的图像是屏幕上某个区域,则可以先通过PrintScreen键将屏幕整个图像复制到剪贴板上,通过专门的截图软件截取图像,然后再进行处理,如中华神捕软件,或使用QQ、MSN中的截图功能。

③启动Windows附件中的"画图"软件,使用"粘贴"功能,然后进行相应的处理。

④保存图像。

(3)通过扫描仪将图片输入计算机。可以参考前面提到过的"通过扫描仪的文字识别功能获取文字素材"操作方法中前面的几步。

(4)通过图像处理软件绘制与处理图像素材。如利用Photoshop、ACDSee进行图像处理。

3. 准备动画素材

(1)根据前期网站的规划,明确所需动画素材文件的格式,可以是GIF格式和SWF格式。

(2)通过搜索引擎查找动画素材。可以采用前面提到的搜索引擎来查找动画素材,利用Flash制作SWF动画。

(3)通过动画处理软件制作动画素材,可以利用GIF动画专门软件制作GIF动画。

(4)准备三维动画素材,这一步可以利用3ds Max等软件来完成。

4. 准备音频素材

(1)根据前期网站的规划,明确所需音频素材文件的格式,如WAV格式、MIDI格式。

(2)通过搜索引擎查找音频素材。

(3)通过"录音机"程序录制音频素材。

5. 准备视频素材

(1)利用手机或数码相机、数码摄像机拍摄相关视频。

(2)通过相应的连接方式连接到计算机上,再传送到计算机上,具体的操作应查阅相关的操作手册。

(3)视频传送到计算机后,通过相关的软件进行剪辑,如Windows Movie Maker、超级解霸、金山影霸和会声会影等。

任务二 设计电子商务网站商品的展示方式

【实训准备】
能访问 Internet 的机房,学生 4 人一组,每人一台计算机。

【实训目的】
通过浏览 Internet 上其他成功网站商品展示方式,选择网站商品展示方式。

【实训内容】
训练电子商务网站商品展示方式。

【实训过程】

1. 网站上商品静态图像展示

(1) 确定需要静态展示商品的种类与数量,确定需要使用的图片格式,如 GIF 及 FLASH 格式。

(2) 确定需要静态展示商品图像的尺寸大小,如 80 像素×60 像素。

(3) 确定需要静态展示商品图像的角度。

(4) 选择拍摄场地,拍摄商品图像。

(5) 根据商品特色及展示效果要求,后期处理图像。

2. 网站上商品动态图像展示

(1) 确定需要动态展示商品的种类与数量,确定需要使用的图片格式,如 GIF 及 FLASH 格式。

(2) 确定需要动态展示商品图像的尺寸大小,如 400 像素×300 像素。

(3) 确定需要动态展示商品图像的角度。

(4) 确定需要动态展示商品图像的动态效果,如百叶窗、淡入淡出等。

(5) 选择拍摄场地,拍摄商品图像。

(6) 根据商品特色及动态展示效果要求,后期处理图像。

3. 网站上商品视频图像展示

(1) 确定需要视频展示商品的种类与数量,确定需要使用的图片格式,如 AVI、WMA 及 MPEG 格式。

(2) 确定需要视频展示商品图像的尺寸大小,如 400 像素×300 像素。

(3) 确定需要视频展示商品图像的角度。

(4) 确定需要视频展示商品图像的动态效果,如镜头拉近推远、切换、朦胧等。

(5) 选择拍摄场地,拍摄商品图像。

(6) 根据商品特色及视频展示效果要求,后期处理图像。

4. 网站上商品三维图像展示

(1) 分析网站展示商品的特性,确认是否需要三维商品展示。

(2) 联系专业制作三维图像的公司。

(3) 协助拍摄需要三维展示的商品三维图像。

(4) 上传网页,查看三维图像展示效果。

任务三 选择电子商务网站的支付方式

【实训准备】
能访问 Internet 的机房，学生 4 人一组，每人一台计算机。
【实训目的】
通过浏览 Internet 上第三方支付平台网站，选择网站支付方式。
【实训内容】
训练选择网站支付方式。
【实训过程】
1. 选择第三方平台
（1）访问相关第三方支付平台的网站，了解不同支付平台的特点。
①支付宝（https：//www.alipay.com）。
②安付通（http：//pges.ebay.com.cn/help/community/escrow-buyer.html）。
③网银在线（http：//www.chinabank.com.cn）。
④易达信动 QPAY 第三方在线支付平台（http：//www.1st-pay.net）。
（2）选择一种支付方式。
2. 注册并下载在线支付相关文档
（1）登录网银在线（http：//www.chinabank.com.cn），注册获得一个商户号，获得网银压缩包，用商户号可以登录后台管理页面。
（2）登录商户管理后台，会显示资料管理/修改 MD5 私钥（安装接口时要用到）信息。
（3）登录商户管理后台，下载支付接口技术文档等，包括以下内容。
①ChinaBank.html：接口测试首页，用于填写订单信息。
②MD5.asp：用于对订单敏感信息加密的 MD5 加密函数包含文件。
③Send.asp：接收 ChinaBank.html 传递过来的参数，对敏感信息加密，然后将订单发送至网银支付网关。在此页面，商户需要修改几项参数：v_mid 商户编号，key md5 私钥值和 vurl 支付返回地址（即本示例中 Receive.asp 的网络访问地址）。
④Receive.asp：支付返回处理页面，商户需要将 key 值修改成自己的 MD5 私钥值。根据自己的业务需要，商户可以在支付返回成功或失败后作相应的逻辑处理。
⑤AutoReceive.asp：自动对账，解决掉单问题。商户需要将 key 值修改成自己的 MD5 私钥值。在本页面，商户可以根据自己的业务需要作相应的逻辑处理。
3. 添加网银在线支付链接口
（1）将 MD5.asp、Send.asp 和 Receive.asp 复制到网站的根目录下。
（2）在 Paytype.asp 页面添加一个网银在线支付的图片，链接到 Send.asp 页面。
（3）在 Send.asp 页面简单地修改几个参数即可接通网银在线支付网关。
4. 选择其他的支付方式
可以选择支付宝、银行转账、微信支付等方式。

任务四 选择电子商务网站的配送方式

【实训准备】
能访问 Internet 的机房,学生 4 人一组,每人一台计算机。

【实训目的】
通过浏览 Internet 上其他旅游网站的配送方式,选择网站配送方式。

【实训内容】
训练选择网站配送方式。

【实训过程】

1. 登录 Internet 网络

查看天下游钓网站、悠悠旅游商城网站及优惠游旅行网站的配送方式。

2. 对比分析各个旅游网站配送方式的特点

如图 5-7、图 5-8 和图 5-9 所示。

图 5-7 天下游钓网站

图 5-8 悠悠旅游商城网站

图 5-9 优惠游旅行网站

3. 划分企业网站可覆盖的配送地理范围

（1）依据网站规划书的说明，确定网站可覆盖的配送地理范围。

（2）若覆盖地理范围在国内，则可以采取以下行政规划的方法。中国具体区域划分如下。

①华东地区：中国东部地区的简称，包括山东、江苏、安徽、浙江、福建、上海。

②华南地区：中国南部地区的简称，包括广东、广西、海南。广义上的华南地区还包括福建省中南部，以及台湾、香港、澳门。

③华中地区：中国中部地区的简称，包括湖北、湖南、河南、江西。

④华北地区：包括北京、天津、河北、山西、内蒙古。

华东六省一市包括山东省、江苏省、安徽省、浙江省、江西省、福建省（台湾省）和上海市。

⑤西北地区：中国西北地区是中国西北内陆的一个区域，地理上包括黄土高原西部、渭河平原、河西走廊青藏高原北部、内蒙古高原西部、柴达木盆地和新疆大部的广大区域。通常简称"西北"。西北五省区包括陕西省、甘肃省、青海省、宁夏回族自治区和新疆维吾尔自治区。

⑥西南地区：中国西南地区包括中国西南部的广大腹地，地理上包括青藏高原东南部、四川盆地和云贵高原大部。西南四省（区）一市包括四川省、云南省、贵州省、西藏自治区和重庆市。

⑦东北地区：包括辽宁、吉林、黑龙江。

⑧港澳台地区：包括香港、澳门、台湾。

（3）若覆盖范围是全球，则可能分别涉及亚洲、欧洲、非洲、澳洲、南美洲和北美洲。

（4）确定本地配送的地理范围。

4. 选择不同的配送方式

（1）根据网站设计要求及商品的特点，确定网站需要哪些配送方式。

（2）在选择配送方式时，应该考虑网站的预算投入，在不同阶段提供不同的配送方式。

5. 制订普通送货上门配送方式细则

（1）根据前期工作中已经确定的配送地理范围，确定不同地理范围的普通送货上门配送时间。

（2）根据前期工作中已经确定的配送地理范围，确定不同地理范围的普通送货上门配送费用。

（3）设计一张普通送货上门地理范围、时间、费用的细则表，如图 5-10 所示。

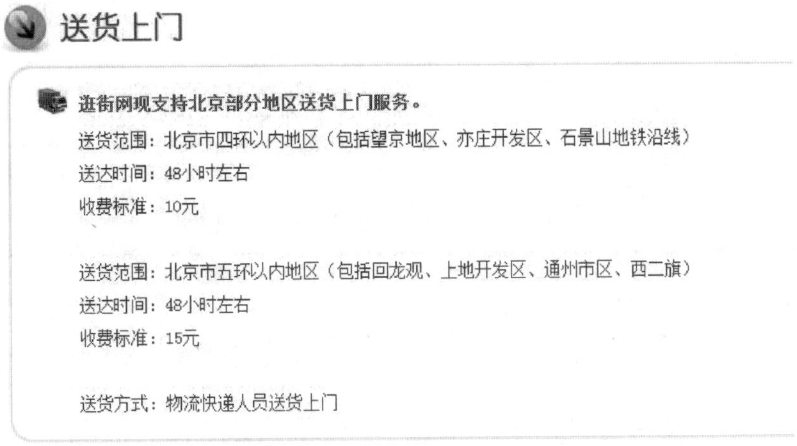

图 5-10 送货上门网站

（4）确认送货上门配送方式的收货。

6. 制订平邮配送方式细则

（1）根据前期工作中已经确定的配送地理范围，确定不同地理范围的平邮配送时间。

（2）根据前期工作中已经确定的配送地理范围，确定不同地理范围的平邮配送费用。

（3）设计一张平邮地理范围、时间、费用的细则表。

（4）确认平邮方式的收货。

7. 制订特快专递配送方式细则

（1）根据前期工作中已经确定的配送地理范围，确定不同地理范围的特快专递配送时间。

（2）根据前期工作中已经确定的配送地理范围，确定不同地理范围的特快专递配送费用。

（3）设计一张特快专递地理范围、时间、费用的细则表。

（4）确认特快专递配送方式的收货。

8. 制订本地配送方式细则

（1）根据前期工作中已经确定的配送地理范围，确定不同地理范围的本地配送时间。

（2）根据前期工作中已经确定的配送地理范围，确定不同地理范围的本地配送费用。

（3）设计一张本地配送地理范围、时间、费用的细则表，如表 5-1 所示。

表 5-1 本地配送方式细则

配送范围	配送时间	购物金额	配送费/元	续重/(元·kg^{-1})
广州市：大学城区	自订单确认后，24 小时以后任意时间段，可享受指定时间段服务	<30 元	5	1
		≥30 元	免费	1
广州市：天河区（龙洞以南，奥体中心以西）、海珠区、越秀区、荔湾区（内环以内及附近）、白云区（三元里附近）	自订单确认后，24 小时以后任意时间段，可享受指定时间段服务	<100 元	8	2
		≥100 元	免费	2
上述各区域您需要加急收货的商品	当天 10：00 前下订单，在当天 13：00—21：00 之间送到；当天 10：00 后下订单，在次日 9：00—15：00 之间送到；均可享受指定时间段服务	<300 元	20	2
		≥300 元	免费	2

技能训练

技能训练一　准备电子商务网站素材

【训练准备】
（1）能访问 Internet 的机房。
（2）为一家出售数码产品电子商务网站准备网站的素材。
【训练目的】
通过网站素材的收集及处理，让学生学会准备网站素材。
【训练内容】
训练网站素材准备。
【训练过程】
（1）学生 4 人一组进行合作。
（2）浏览网页，查看网页素材资料。
①素材世界。
②素材精品屋。
③圆点视线——素材。
④圆点视线——色彩剖析。
⑤网页模板。
⑥最好模板。
（3）由小组负责人（组长）建立"网站制作素材"文件夹，里面再建"图片""文字

稿""音频""视频"等子文件夹。

（4）收集并处理文字素材。准备 5 种数码产品的文字介绍资料，每种数码产品的文字介绍约 50 字，存放在"文字素材"文件夹中。

（5）收集并准备图像素材。准备 3 幅友情链接用的图片素材，尺寸均为 80 像素×32 像素，均存为 JPG 格式，存放在"图像素材"文件夹中。

（6）收集并准备动画素材。为网站准备 3 幅广告用的动画素材，一幅为 GIF 动画格式，另两幅为 Flash 的 SWF 格式，存放在"动画素材"文件夹中。

（7）收集并准备音频素材，存放在"音频素材"文件夹中。

（8）收集并准备视频素材，存放在"视频素材"文件夹中。

（9）组长完全共享"网站制作素材"文件夹，并提供本机 IP 给小组成员。

（10）小组各成员，通过"网上邻居"访问组长共享的"网站制作素材"，并把找到的资料分门别类地存放，并填写表 5 – 2。

表 5 – 2 素材记录表

素材内容	文件类型	文件名称	存放位置

技能训练二 设计电子商务网站商品展示方式

【训练准备】

（1）能访问 Internet 的机房。

（2）为一家出售时尚服饰的电子商务网站选择商品展示方式。

【训练目的】

通过浏览其他服饰类网站商品展示方式，让学生学会设计网站商品展示方式。

【训练内容】

训练设计网站商品展示方式。

【训练过程】

（1）学生 4 人一组进行合作。

（2）浏览成功的服饰类网站，查看其网站商品的展示方式。

（3）确定网站静态商品展示方式。

①确定需要静态展示商品的种类、数量。

②确定需要静态展示商品的图片大小。

③确定需要静态展示商品的角度。

④选择拍摄地点，进行拍摄。

⑤根据商品特性，后期处理展示效果。

(4) 确定网站动态商品展示方式。

①确定需要动态展示商品的种类、数量。

②确定需要动态展示商品的图片大小。

③确定需要动态展示商品的角度。

④选择拍摄地点，进行拍摄。

⑤根据商品特性，后期处理展示效果。

(5) 确定网站视频商品展示方式。

①确定需要视频展示商品的种类、数量。

②确定需要视频展示商品的图片大小。

③确定需要视频展示商品的角度。

④选择拍摄地点，进行拍摄。

⑤根据商品特性，后期处理展示效果。

(6) 确定网站三维商品展示方式。

①确定网站是否需要三维展示。

②选择专业拍摄公司，进行拍摄。

③根据商品特性，后期处理展示效果。

④上网测试商品三维展示效果。

技能训练三　选择电子商务网站支付方式

【训练准备】

(1) 能访问 Internet 的机房。

(2) 为一家出售时尚服饰的电子商务网站选择支付方式。

【训练目的】

通过浏览其他网站支付方式，让学生学会设计网站支付方式。

【训练内容】

训练选择网站支付方式。

【训练过程】

(1) 在百度等搜索引擎上查到当当书店、易趣网、淘宝网、阿里巴巴、国美电器、中国万网的网址。

(2) 登录当当书店、易趣网、淘宝网、阿里巴巴、国美电器、中国万网，查询这 6 个网站的支付方式有哪些（如货到付款、邮局汇款、银行卡支付、直接付费、银行电汇等）。

(3) 通过列表形式比较各网站支付方式的异同，完成表 5-3。

表 5-3 网站支付方式的比较

项目	当当书店	易趣网	淘宝网	阿里巴巴	国美电器	中国万网
银行电汇						
银行卡支付						
邮局汇款						
第三方支付系统						

（4）在百度等搜索引擎上查到招商银行、中国银行、中国工商银行、中国建设银行的网址，登录这些银行的网站。

（5）为时尚服饰网站选择支付方式。

（6）登录网银在线注册，进入后台管理。

（7）安装网银在线支付接口。

（8）选择其他支付方式。

技能训练四 选择电子商务网站配送方式

【训练准备】

（1）能访问 Internet 的机房。

（2）为一家出售数码产品的电子商务网站选择配送方式。

【训练目的】

通过浏览其他网站配送方式，让学生学会选择网站配送方式。

【训练内容】

训练选择网站配送方式。

【训练过程】

（1）在百度等搜索引擎上查到京东网、当当网、淘宝网和卓越网。

（2）登录京东网、当当网、淘宝网和卓越网，查询这4个网站的配送方式等。

（3）通过列表形式比较各网站配送方式的异同。

（4）确定该网站主要配送地理范围。

（5）确定该网站提供的主要配送方式。

（6）制订普通送货上门配送方式细则。针对北京、上海、天津分别设计不同的配送时间和配送费用。

（7）制订平邮配送方式细则。针对北京、上海、天津分别设计不同的配送时间和配送费用。

（8）制订特快专递配送方式细则。针对北京、上海、天津分别设计不同的配送时间和配送费用。

（9）制订本地配送方式细则。针对北京、上海、天津分别设计不同的配送时间和配送费用。

认识数码单反相机

数字货币

"商品秀"之商品展示型

电子商务网站商品配送方式

强大物流体系撑起"快"的京东

素材和设计网站推荐

构建电子商务网站运行环境

构建电子商务网站运行环境

知识目标

- 了解 IIS 基本概念。
- 掌握 IIS 安装方法。
- 学会配置 Web 站点和 FTP 站点。
- 熟练掌握为 Web 站点和 FTP 站点添加虚拟目录的方法。
- 学会利用 IIS 配置和 Dreamweaver 服务器站点设置测试网页。

能力目标

- 专业能力目标：了解与掌握 IIS 安装，建立 Web 站点及 FTP 站点。
- 社会能力目标：掌握专业技能知识，具有独立思考的能力及与团队配合的意识，具有搭建网站运行环境的能力。
- 方法能力目标：自主创新，循序渐进，掌握专业技能的同时，不断进步，勇于创新。

素质目标

- 让学生学习域名等知识的相关国家法律法规，做一个守法公民，养成规则意识。
- 通过学生对 IIS 安全性的学习，提高学生的安全意识和法律意识，注意保护个人隐私信息。
- 在网站宣传、推广与运行时，培养学生诚实守信意识，提高学生为他人服务的意识。

> 知识准备

单元一 认识 Web 站点及 IIS

一、什么是 Web 站点

WWW（World Wide Web）简称 3W，中文名称为万维网，也称 Web，是以 HTML（超文本标记语言）与 HTTP（超文本传输协议）为基础，基于 Internet 的信息服务系统。WWW 是目前 Internet 上最方便最受用户欢迎的信息服务类型，它的影响已远远超出了专业技术范畴，并且已经进入广告、新闻、销售、电子商务与信息服务等各个行业。

站点实际上对应的是一个文件夹，开发者设计的网页及相关素材都保存在这个站点（文件夹）中，存储在本地机器中的站点（文件夹）称为本地站点，发布到 Web 服务器上的站点（文件夹）则称为 Web 站点。

二、如何创建 Web 站点

1. 域名申请

域名是由一串用点分割的名字组成的 Internet 上某一台计算机或计算机组的名称，用于在数据传输时标识计算机的地理位置。通过注册域名，可以使企业网站在全球 Internet 上有唯一标识，也是互联网上所有用户浏览该企业网站的搜索和进入标识。

在申请域名时，一定要遵守域名的通用规则，下面有两个常用域名的注册相关规则：

（1）com 域名注册相关规则。

其他国家或者地区名称、外国地名、国际组织名称不得使用；行业名称或者商品的通用名称不得使用；县级以上（含县级）行政区划名称的全称或者缩写需要得到政府的批准才能够使用。

（2）cn 域名注册的相关规则。

用户注册 cn 域名需提交书面申请，申请材料包括加盖公章的域名注册申请表（原件）、企业营业执照或组织机构代码证（复印件）、注册联系人身份证明（复印件）。新注册的 cn 域名需提交实名制材料（注册组织、注册联系人的相关证明）。现在基本上不可以以个人名义注册 cn 域名。

2. 网站运行平台的要求

网站运行环境的要求有：

（1）网站必须有良好的可扩充性。
（2）高效的开发处理能力。
（3）强大的管理工具。
（4）具有良好的容错性能。
（5）能与企业已有的资源整合。
（6）网站必须确保提供 7 天 24 小时的服务。
（7）能支持多种客户终端。

网站运行平台的基本构成组件（见图6-1）按照功能可分为6个部分：网络接入部分，服务器部分，数据存储部分，服务器应用软件部分，服务器安全部分。

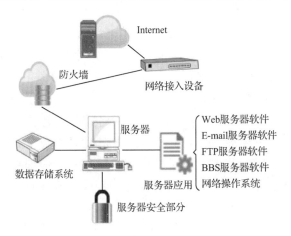

图6-1　网站运行平台的基本构成

3. 网页设计及维护

首先要确定整个网页系统的整体规划，所要介绍的内容范围和目的，之后要搜集所有需要放在网站上的文本资料、图片等，然后在 Dreamweaver CS6 软件中利用 CSS + Div 布局和美化网页，及利用 VBScript 脚本语言实现网页交互动态效果，并在网站运行后定期对网页进行维护和更新。

4. 网站宣传、推广与运行

利用媒体广告、网络广告、搜索引擎登记和友情链接等办法对网站进行宣传与推广，提高企业网站的知名度和访问量，在网站建设逐步完善的基础上，开展网上营销和商务应用等活动。

网站宣传、推广与运行时要坚持以下三大要素：①诚信，只有本身是一个诚信的网站，才会有更多的人加入和使用。②服务，真诚服务客户，耐心介绍网站的产品，网站的用户才会越来越多。③毅力，只有持之以恒，长期宣传和推广才能达到预期的效果。

三、IIS 的基本概念

Web 服务是目前网络用户应用最为广泛的网络服务之一，通过访问 Web 服务器可以浏览信息、查询资料等。通过在局域网内部搭建 Web 服务器，就可以在局域网内部发布 Web 站点，从而创建局域网内部网站。用户可以通过多种方式在局域网中搭建 Web 服务器，其中最常用、最便捷的方式就是使用 Windows 系统自带的 IIS 服务。

Internet Information Services（IIS），中文名称为互联网信息服务，是由微软公司提供的基于运行 Microsoft Windows 的互联网基本服务，它包括 WWW 服务器、FTP 服务器、NNTP 服务器和 SMTP 服务器，分别用于网页浏览、文件传输、新闻服务和邮件发送等方面，为在网络上发布和共享信息提供了便捷的技术支持，是架设个人、企业网站的首选。

有了 IIS 的支持，网站开发人员可以发布网页，并且由 ASP、Java、VBScript 产生页面。除此之外，IIS 还支持 FrontPage、Index Server、Net Show 等组件功能的实现。

四、IIS 的安全性

随着科学技术的创新，尽管增加了服务器的安全性，但仍然无法抵御病毒和黑客的攻击，虽然新版本的 IIS 的安全性已经足够高，但远远不够，我们还应该采取措施来保护 IIS 安全性，保证网站和用户数据的安全。IIS 的安全性核心依赖于 Windows NT Server 内置的安全性，IIS 自身也内置了安全性。包括加密、验证以及 IIS 扩展等。

1. Windows NT Server 的安全性

（1）用户账户安全性。Windows NT 要求用户提供有效账户以及口令才能访问 Windows NT。IIS 安装时创建 Internet Guest 账户，缺省情况下，所有 IIS 用户都使用这个账户登录到服务器，这个账户只允许本地登录，没有其他权利。假如允许远程用户用登录 Internet Guest 的账户登录就不必给远程用户用户名及口令，Windows NT 以 Internet Guest 账户对待。

（2）NTFS 文件安全性。NTFS 提供安全性，可以控制对数据文件的访问，应当将数据文件放在 NTFS 分区。NTFS 可以精确控制哪些用户和组以什么权限访问文件和目录。

2. IIS 的安全性

除了 Windows NT 的安全措施外，IIS 本身也有安全控制能力。通过账户名及口令控制访问权限，要求用户连入服务器之前提供一个合法的用户名及口令。

五、虚拟目录的设置

一般情况下，一个网站的所有文件和文件夹都放在主目录之中。但有时候，需要把网站中的一些文件放在主目录之外，甚至放在其他计算机中，这时就需要建立虚拟目录。从客户的角度看，虚拟目录是网站根目录下的一个文件夹，而实际上它位于其他地方。

创建虚拟目录的方法是：打开 Internet 信息服务窗口，在想要创建虚拟目录的 Web 站点上单击右键，选择"新建"→"虚拟目录"命令。利用虚拟目录创建向导逐步设置相应参数，就可以创建虚拟目录。创建虚拟目录的主要参数有：别名，指映射后的名字，即客户访问时的名字；路径，指服务器上的真实路径名，即虚拟目录的实际位置；访问权限，指客户对该目录的访问权限，通常为只读。

单元二　FTP 站点的创建

一、FTP 的基本概念

FTP 是 File Transfer Protocol 的简称，即文件传输协议，用于在 Internet 上控制文件的双向传输。

FTP 采用客户/服务器模式，文件资源存放在服务器中，用户通过 FTP 客户端软件访问 FTP 服务器中的文件资源。在 FTP 使用过程中，从服务器拷贝文件至客户机上称为下载，从客户机的计算机中拷贝至服务器上称为上传。FTP 工作原理如图 6-2 所示。

1. FTP 的主要用途

1）文件下载服务

图 6-2　FIP 工作原理

网络中有很多 FTP 服务器提供专门的文件下载服务，用户可以使用网际快车等下载工具软件从服务器上下载文件。

2）远程维护

利用 FTP 访问远程计算机上的文件系统，可以维护远程计算机上的文件。网站的高级管理员可以利用这种方式维护 Web 服务器上的文件。

2. FTP 服务器的种类

1）匿名 FTP 服务器

匿名 FTP 服务器是面向公众的，它的用户名一般是 anonymous，密码是任意一个电子邮箱地址。

2）非匿名 FTP 服务器

非匿名 FTP 服务器只面向授权用户，用户需要输入正确的用户名才能访问这种服务器，登录成功后才能下载服务器上的文件。

3. FTP 服务器软件

配置 FTP 服务器需要在服务器上安装 FTP 服务器软件。常用的 FTP 服务器软件有以下几种。

（1）IIS FTP：是 Windows 系统自带的组件，只能用于 Windows 操作系统。

（2）wu-FTPd：是 Linux 系统自带的组件，只能用于 Linux 系统。

（3）Serv-U：第三方软件，可用于 Windows 操作系统。

4. FTP 客户端程序

FTP 服务器向客户端提供的是以树形结构组织的文件系统，用户登录 FTP 服务器后，就可以像访问本机的文件系统一样访问服务器上的文件。客户端访问 FTP 服务器有以下两种方法。

1）字符界面

字符界面主要利用 FTP 命令行来实现，FTP 命令复杂、繁多，不推荐初学者使用。

2）图形界面

图形界面操作简洁明了，常用的图形界面客户端程序有 IE6.0 和 CuteFTP。

（1）IE6.0。

IE 的主要用途是浏览网页，但 IE6.0 以上的版本集成了 FTP 客户端功能，这就使 IE 也成为一个简单实用的 FTP 客户端软件。

用 IE 访问 FTP 服务器的方法如下：

①在地址栏中输入 FTP 服务器的域名或 IP 地址，协议采用 FTP，如：ftp：//10.0.0.7。

②如果是非匿名 FTP 服务器，再输入用户名和密码。

③登录成功后，就可以看到 FTP 服务器上的文件夹和文件了。

④用 IE 打开的 FTP 界面类似于"我的电脑"，操作方法也完全类似。

（2）CuteFTP。

CuteFTP 是一个常用的 FTP 客户端软件，它通过 SSL 或 SSH2 认证机制提供安全的数据传输。它可同时连接多个站点，提供多种协议支持（FTP、SFTP、HTTP、HTTPS），它整合了 HTML 编辑器功能，可以编辑 HTML 网页文件。

另外，许多文件下载软件，如网际快车 FlashGet 等也可以从 FTP 服务器上下载文件，但它们不支持上传，不能对 FTP 服务器中的文件系统进行修改。

二、建立 FTP 站点

1. 安装文件传输协议（FTP）服务

（1）执行"开始"→"设置"→"控制面板"命令，打开"控制面板"窗口，双击"添加或删除程序"命令，打开"添加或删除程序"窗口，在左边的列表中，单击"添加/删除 Windows 组件"。

（2）启动"组件"安装程序，打开"Windows 组件向导"对话框，选中"Internet 信息服务（IIS）"，然后单击"详细信息"按钮，打开"Internet 信息服务（IIS）"对话框，如图 6-3 所示，勾选其中"文件传输协议（FTP）服务"组件。设置完毕后，单击"确定"按钮，在"Windows 组件向导"对话框中单击"下一步"按钮，直到安装完成。

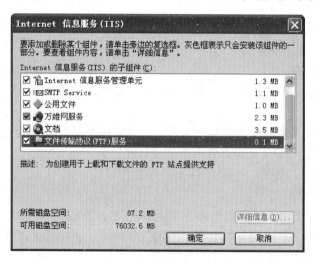

图 6-3　Internet 信息服务（IIS）对话框

2. FTP 站点的管理和维护

当计算机上安装"文件传输协议（FTP）服务"组件后，在"Internet 信息服务"中，可以对默认的 FTP 站点进行设置和维护。

（1）IP 地址：设置要访问的 FTP 服务器的 IP 地址，对于已建立好的 FTP 服务器，在浏览器中访问将使用如"ftp://192.168.0.1"的格式。

（2）端口号：如果要用一个 IP 地址对应多个不同的 FTP 服务器，则只能用使用不同的端口号的方法来实现，而不支持"主机头名"的做法。例如用"ftp://192.168.0.1:21"和"ftp://192.168.0.1:22"将打开不同的 FTP 服务器。

（3）站点主目录：这是客户端访问 FTP 服务器的起点，也就是说，在 FTP 站点中，所有的文件都存放在作为根目录的主目录中。这样不但方便服务器管理文件,也方便客户端查找文件。

(4)创建虚拟目录:FTP 站点中的数据一般都保存在主目录中,这对主目录的存储空间要求就比较大,而且主目录所在的磁盘负荷也较重,为了解决这个问题,提出了 FTP 虚拟目录。FTP 虚拟目录可以作为 FTP 站点主目录下的子目录来使用,尽管这些虚拟目录并不是主目录真正意义上的子目录。虚拟目录是在 FTP 站点的根目录下创建一个子目录,然后将这个子目录指向本地磁盘中的任意目录或网络中的共享文件夹。

(5)安全账户:FTP 站点可以匿名访问,除了匿名访问用户(Anonymous)外,IIS 中的 FTP 将使用 Windows 自带的用户库(可通过执行"开始"→"设置"→"控制面板"→"用户账户"命令来进行用户库的管理)来验证访问权限。

3. FTP 站点的创建

如果要在服务器上创建多个不同的 FTP 站点,则执行"开始"→"设置"→"控制面板"命令,打开"控制面板"窗口,双击"管理工具",在"管理工具"窗口,双击"Internet 信息服务",打开"Internet 信息服务"窗口。

在"Internet 信息服务"窗口中,在左侧的树形目录下,依次单击"本地计算机""FTP 站点",然后在"FTP 站点"上单击右键,在弹出的快捷菜单中选择"新建 FTP 站点",最后对新建的 FTP 站点进行属性设置。

任务实施

小张已经完成了新西兰旅游公司网站的规划和设计工作,并且为网站开发收集了文字、图片等素材,下面开始对新西兰旅游公司网站运行环境进行搭建,主要完成 IIS 的安装和设置,FTP 站点的创建、维护与管理,以及测试服务器网站等工作。

任务一 安装 IIS

【实训准备】
(1)计算机实验室,学生每人一台计算机。
(2)Windows 安装光盘或者 IIS 安装文件。

【实训目的】
通过练习,让学生学会安装 IIS。

【实训内容】
练习 IIS 安装。

【实训过程】
(1)执行"开始"→"设置"→"控制面板"命令,打开"控制面板"窗口,双击"添加或删除程序"命令,打开"添加或删除程序"窗口,如图 6-4 所示,在左边的列表中,单击"添加/删除 Windows 组件"。

(2)启动"组件"安装程序,打开"Windows 组件向导"对话框,如图 6-5 所示,勾选"Internet 信息服务(IIS)",然后单击"详细信息"按钮,打开"Internet 信息服务(IIS)"对话框,如图 6-6 所示,勾选其中所有组件。设置完毕后,单击"确定"按钮,在"Windows 组件向导"对话框中单击"下一步"按钮。

图 6-4　添加或删除程序　窗口

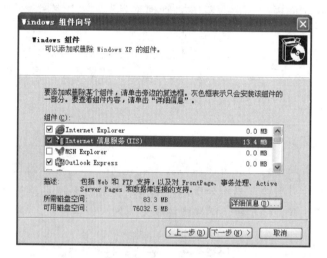

图 6-5　Windows 组件向导　对话框

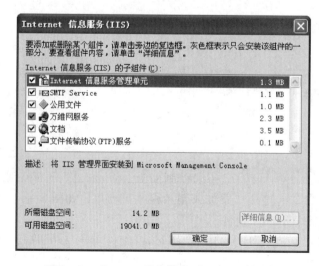

图 6-6　Internet 信息服务（IIS）　对话框

(3) 将 Windows 安装光盘放在光驱中，会自动出现 "Windows 组件向导" 对话框，如图 6-7 所示。

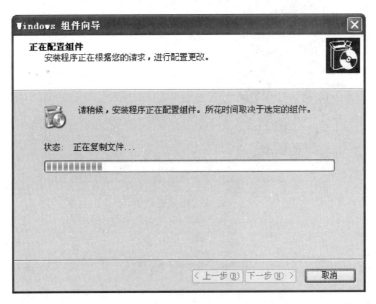

图 6-7 "Windows 组件向导" 对话框

(4) 如果弹出 "所需文件" 对话框，如图 6-8 所示，说明 Windows 没有找到安装文件，则需要将 IIS 文件安装包所在的路径复制到 "文件复制来源" 输入框中，如再遇到需要 "插入光盘" 之类的提示，继续粘贴该 IIS 路径即可，直到完成安装。

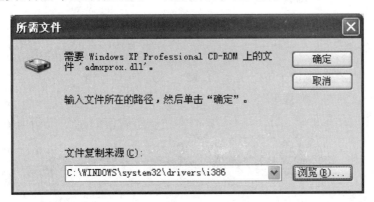

图 6-8 "所需文件" 对话框

注意：IIS 安装过程中，如果出现某些文件无法复制，则可能是该 IIS 不适合计算机系统软件，需要换一个对应于系统的 IIS。系统和 IIS 版本的对应版本如下：Windows XP_SP1、XP_SP2、XP_SP3 系统适用 IIS5.1 版本；Windows 2000 系统适用 IIS5.0 版本；Windows Server 2003 系统适用 IIS6.0 版本；Windows Server 2008、Vista 系统适用 IIS7.0 版本。

(5) "Windows 组件向导" 对话框中如果显示 "完成 'Windows 组件向导'"，如图 6-9 所示，则 IIS 安装成功。

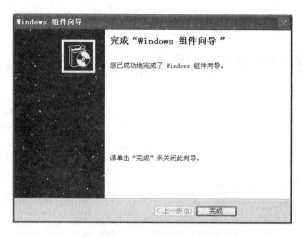

图 6-9　IIS 安装成功提示

任务二　设置 IIS

【实训准备】

(1) 计算机实验室，学生每人一台计算机。

(2) 计算机上已安装好 IIS 服务。

【实训目的】

通过练习，学会 IIS 的配置和管理，了解 IIS 服务中对默认网站属性修改各选项的作用。

【实训内容】

设置 IIS，配置网站并在浏览器中查看网页。

【实训过程】

(1) 设置本机的 IP 地址为 192.168.31.128，将新西兰旅游公司网页放在 "D:\电商网站" 目录下，网页的首页文件名为 "index.html"。

(2) 执行 "开始" → "设置" → "控制面板" 命令，打开 "控制面板" 窗口，双击 "管理工具"，打开 "管理工具" 窗口，如图 6-10 所示。

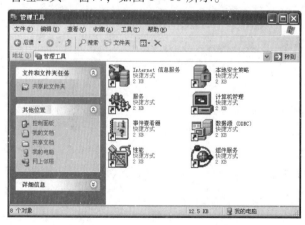

图 6-10　"管理工具" 窗口

(3) 在"管理工具"窗口,双击"Internet 信息服务",打开"Internet 信息服务"窗口,如图 6-11 所示。

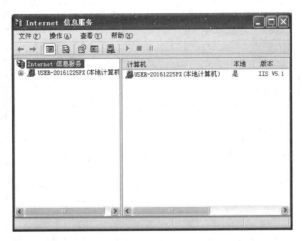

图 6-11 "Internet 信息服务"窗口

(4) 在"Internet 信息服务"窗口中,在左侧的树形目录下,依次单击"本地计算机"→"网站"→"默认网站",然后在"默认网站"上单击右键,在弹出的快捷菜单中选择"属性"命令,如图 6-12 所示,打开"默认网站 属性"对话框,如图 6-13 所示。

图 6-12 打开"默认网站"快捷菜单

(5) 在"默认网站 属性"对话框的"网站"选项卡中,可以修改绑定的 IP 地址:在"IP 地址"的下拉列表中选择所需用到的本机 IP 地址"192.168.31.128",在"描述"的文本框中可以输入网站的名称,如图 6-14 所示。

注意:80 端口是指派给 HTTP 的标准端口,主要用于 Web 站点的发布。如果所创建的 Web 站点是一个公共站点,那么只需采用默认的 80 端口即可。这样用户在浏览器中输入网址或 IP 地址时,客户端浏览器会自动尝试在 80 端口上连接 Web 站点。如果该 Web 站点有特殊用途,需要增强其安全性,那么可以设置特定的端口号。

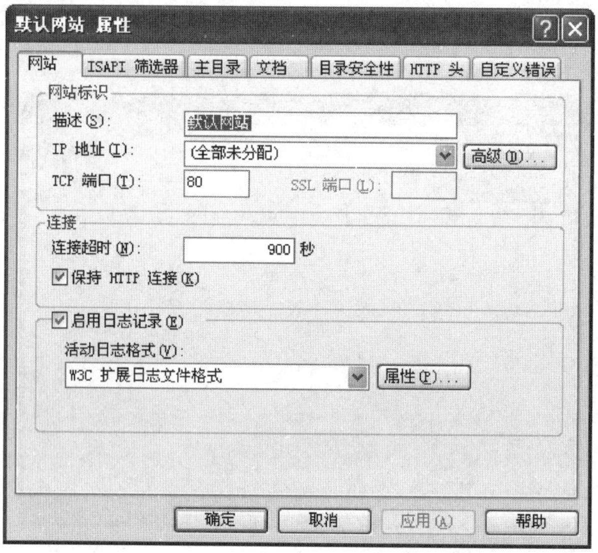

图 6-13 "默认网站 属性"对话框

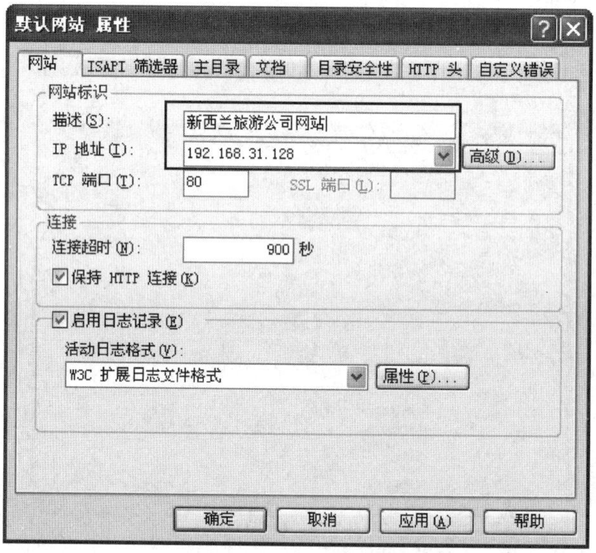

图 6-14 "网站"选项卡

（6）在"默认网站 属性"对话框的"主目录"选项卡中，可以修改主目录：在"本地路径"文本框中输入（或用"浏览"按钮选择）新西兰旅游网页所在的"D:\电商网站"目录，选中"读取""写入""记录访问""索引资源"复选框，如图 6-15 所示。然后单击"配置"按钮，在打开的"应用程序配置"对话框中选择"选项"选项卡，选中"启用父路径"复选框，如图 6-16 所示。在"调试"选项卡中，选中"启用 ASP 服务器脚本调试"和"启用 ASP 客户端脚本调试"复选框，如图 6-17 所示，这样就可以在配置好的站点中运行 ASP 网页文件了。

（7）在"默认网站 属性"对话框的"文档"选项卡中，可以添加首页文件名：单击

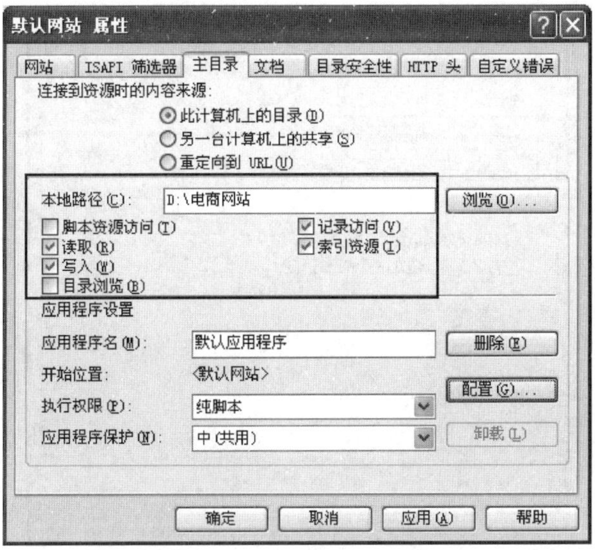

图 6-15 "主目录"选项卡

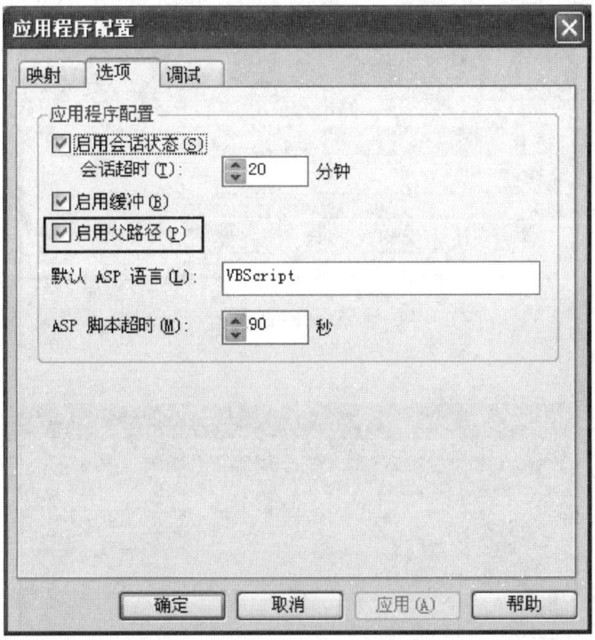

图 6-16 "选项"选项卡

"添加"按钮,在弹出的"添加默认文档"对话框的"默认文档名"下的文本框中输入新西兰旅游公司网站的首页文件名"index.html",如图 6-18 所示,单击"确定"按钮。然后利用按钮将 index.html 移到第一个,如图 6-19 所示。

图 6-17 "调试"选项卡

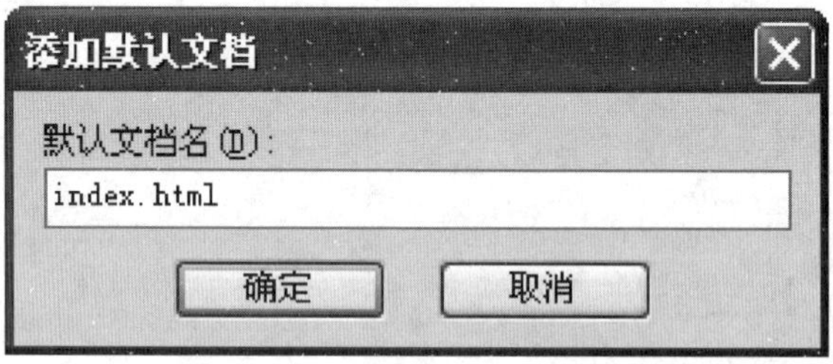

图 6-18 "添加默认文档"对话框

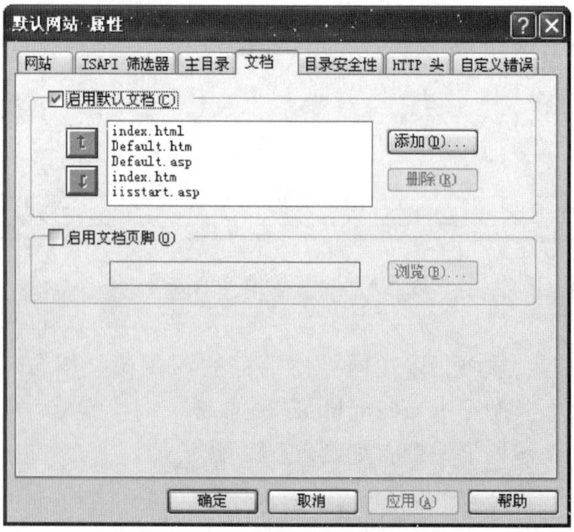

图 6-19 "文档"选项卡

（8）效果的测试：打开 IE 浏览器，在地址栏输入"192.168.31.128"之后再按回车键，能够打开新西兰旅游公司首页，如图 6-20 所示，则说明 IIS 设置成功！

图 6-20　效果测试图

任务三　FTP 站点、Web 站点虚拟目录的创建

【实训准备】
(1) 计算机实验室，学生每人一台计算机。
(2) 计算机上已安装并配置好 IIS 服务。
(3) 计算机上已安装文件传输协议（FTP）服务。

【实训目的】
让学生了解虚拟目录的功能和作用，学会创建虚拟目录，然后利用浏览器打开 FTP 站点的虚拟目录。

【实训内容】
练习 FTP 站点、Web 站点虚拟目录的创建。

【实训过程】
1. 创建 FTP 站点虚拟目录

(1) 执行"开始"→"设置"→"控制面板"命令，打开"控制面板"窗口，双击"管理工具"，打开"管理工具"窗口。

(2) 在"管理工具"窗口，双击"Internet 信息服务"，打开"Internet 信息服务"窗口。

(3) 在"Internet 信息服务"窗口中，在左侧的树形目录下，依次单击"本地计算机"→"FTP 站点"→"默认 FTP 站点"，然后在"默认 FTP 站点"上单击右键，在弹出的快捷菜单中选择"新建"→"虚拟目录"命令，如图 6-21 所示，打开"虚拟目录创建向导"对话框，如图 6-22 所示。

(4) 在"虚拟目录创建向导"对话框中，单击"下一步"按钮，输入虚拟目录的别名"aa"，如图 6-23 所示，然后单击"下一步"按钮。

图 6-21 "创建虚拟目录"快捷菜单

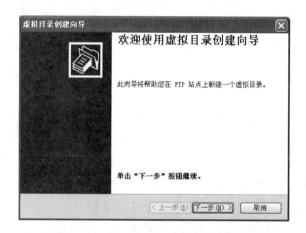

图 6-22 "虚拟目录创建向导"对话框

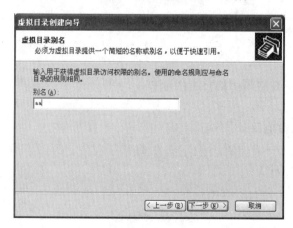

图 6-23 "虚拟目录创建向导"对话框——输入虚拟目录别名

(5) 在"路径"栏单击"浏览"按钮,设置要发布到 FTP 站点的内容的位置,也就是虚拟目录所在的路径,如"E:\jy\第一章\images",如图 6-24 所示,然后单击"下一步"按钮。

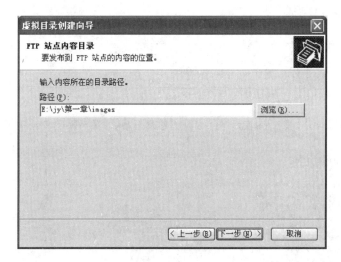

图 6-24 "虚拟目录创建向导"对话框——输入内容所在的路径

(6) 设置用户的访问权限,其中"读取"为只能下载文件,"写入"为可以上传文件,如图 6-25 所示,然后单击"下一步"按钮,完成虚拟目录的创建。

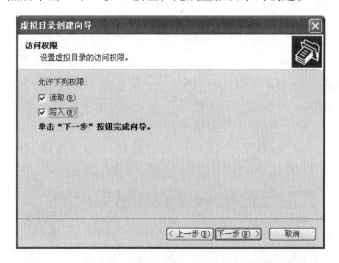

图 6-25 "虚拟目录创建向导"对话框——设置访问权限

(7) 在浏览器中输入"ftp://10.0.60.234/aa/"就可以访问 FTP 服务器中虚拟目录下的文件了,如图 6-26 所示。

其中 10.0.60.234 是 FTP 服务器的 IP 地址。如果输入"ftp://10.0.60.234"则访问的是 FTP 站点服务器默认根目录"c:\inetpub\ftproot"下的文件。输入"ftp://10.0.60.234/aa/"则访问的是 FTP 站点虚拟目录"E:\jy\第一章\images"下的文件,如果在浏览器中单击"转到高层目录"则自动跳转到"c:\inetpub\ftproot"根目录下。所以说 FTP 虚拟目录可以作为 FTP 站点主目录下的子目录来使用,但虚拟目录并不是主目录真正意义上的子目录。

2. 创建 Web 站点虚拟目录

(1) 执行"开始"→"设置"→"控制面板"命令,打开"控制面板"窗口,双击

"管理工具",打开"管理工具"窗口。

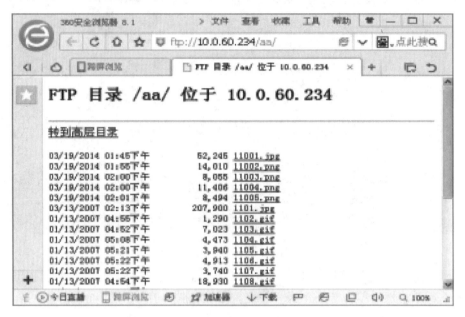

图 6-26 客户端访问 FTP 虚拟目录

（2）在"管理工具"窗口，双击"Internet 信息服务"，打开"Internet 信息服务"窗口。

（3）在"Internet 信息服务"窗口中，在左侧的树形目录下，依次单击"本地计算机"→"网站"→"默认网站"，然后在"默认网站"上单击右键，在弹出的快捷菜单中选择"新建"→"虚拟目录"命令，打开"虚拟目录创建向导"对话框。

（4）在"虚拟目录创建向导"对话框中，单击"下一步"按钮，输入 Web 虚拟目录的别名"bb"，如图 6-27 所示，然后单击"下一步"按钮。

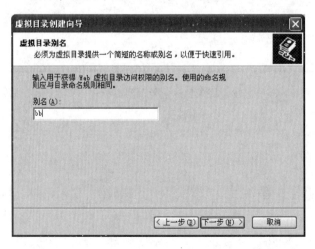

图 6-27 "虚拟目录创建向导"对话框——输入虚拟目录别名

（5）在"目录"栏单击"浏览"按钮，设置要发布到网站上的内容的位置，也就是虚拟目录所在的路径，如"H:\网页制作\学校网站"，如图 6-28 所示，然后单击"下一步"按钮。

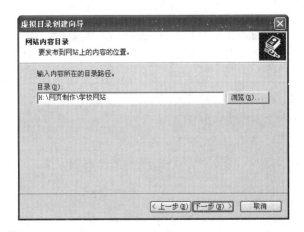

图 6-28 "虚拟目录创建向导"对话框——输入内容所在的路径

（6）设置用户的访问权限，对于 Web 站点的虚拟目录一般访问权限是"读取""运行脚本""执行"和"浏览"，为了网站安全不允许写入，如图 6-29 所示，然后单击"下一步"按钮，完成虚拟目录的创建。

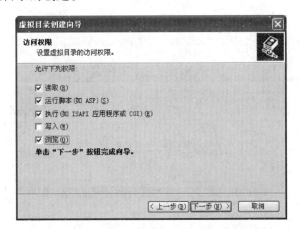

图 6-29 "虚拟目录创建向导"对话框——设置访问权限

（7）在浏览器中输入"http：//10.0.60.234/bb/"就可以访问 Web 站点中虚拟目录下的网页了，如图 6-30 所示。

图 6-30 客户端访问 Web 站点虚拟目录

任务四　FTP 站点的维护和管理

【实训准备】

（1）计算机实验室，学生每人一台计算机。

（2）计算机上已安装并配置好 IIS 服务。

【实训目的】

让学生学会创建 FTP 站点，掌握维护和管理 FTP 站点的方法。

【实训内容】

对默认的 FTP 站点进行属性设置。

【实训过程】

1. 安装"文件传输协议（FTP）服务"子组件

（1）执行"开始"→"设置"→"控制面板"命令，打开"控制面板"窗口，双击"添加或删除程序"，打开"添加或删除程序"窗口，在左边的列表中，单击"添加/删除 Windows 组件"。

（2）启动"组件"安装程序，打开"Windows 组件向导"对话框，选中"Internet 信息服务（IIS）"，然后单击"详细信息"按钮，如图 6-31 所示。

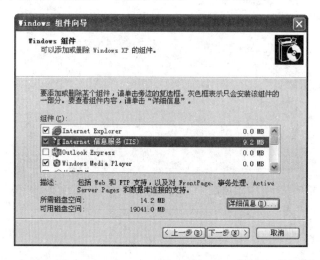

图 6-31　"Windows 组件向导"对话框

（3）打开"Internet 信息服务（IIS）"对话框，如图 6-32 所示，选中"文件传输协议（FTP）服务"复选框。

（4）设置完毕后，单击"确定"按钮，在"Windows 组件向导"对话框中单击"下一步"按钮，直至安装完成。

2. 配置 FTP 服务器

（1）执行"开始"→"管理工具"→"Internet 信息服务"命令，打开"Internet 信息服务"窗口。

（2）在"Internet 信息服务"窗口中，在左侧的树形目录下，依次单击"本地计算机"→

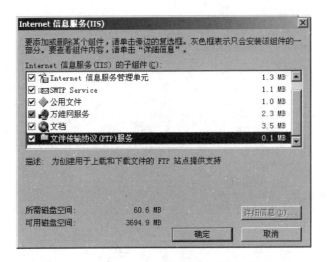

图 6-32 "Internet 信息服务（IIS）"对话框

"FTP 站点"→"默认 FTP 站点"，然后在"默认 FTP 站点"上单击右键，在弹出的快捷菜单中选择"属性"命令，如图 6-33 所示。

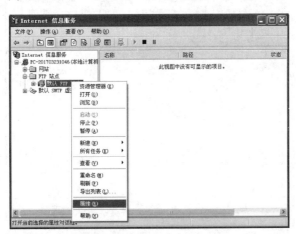

图 6-33 "Internet 信息服务（IIS）"窗口

（3）在打开的"默认 FTP 站点属性"对话框中，设置 FTP 站点属性。

①"FTP 站点"选项卡。设置 FTP 站点描述，配置站点 IP 地址为 FTP 服务器地址，配置 TCP 端口为 FTP 连接所用的端口号 21，如图 6-34 所示。

②"安全账户"选项卡。如果选中"只允许匿名连接"复选框，则允许匿名用户访问 FTP 站点，"用户名"选择"IUSER_ 计算机名"，密码保持计算机系统设定的内容，当用户匿名访问站点时，系统自动认为是用户名为"IUSER_ 计算机名"的用户在访问。同时还要选中"允许 IIS 控制密码"复选框。如图 6-35 所示。

③"消息"选项卡。设置 FTP 站点的标题、向用户发送的欢迎登录、退出登录以及到达最大连接数时的提示消息，这些消息内容只作为提示性文字，由 FTP 服务器管理员进行设置，如图 6-36 所示。

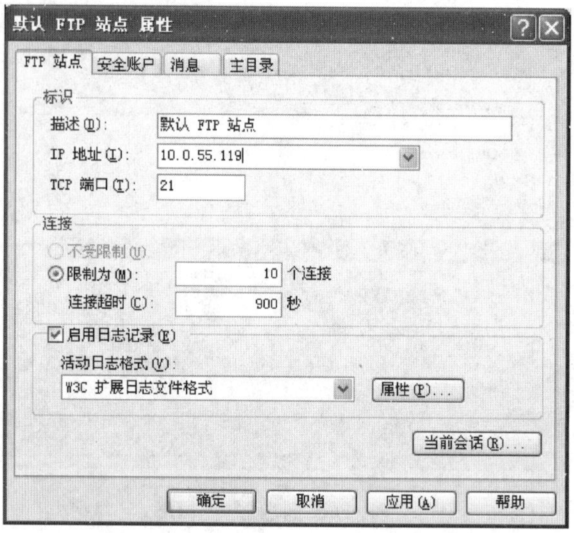

图 6-34 "默认 FTP 站点属性"对话框的"FTP 站点"选项卡

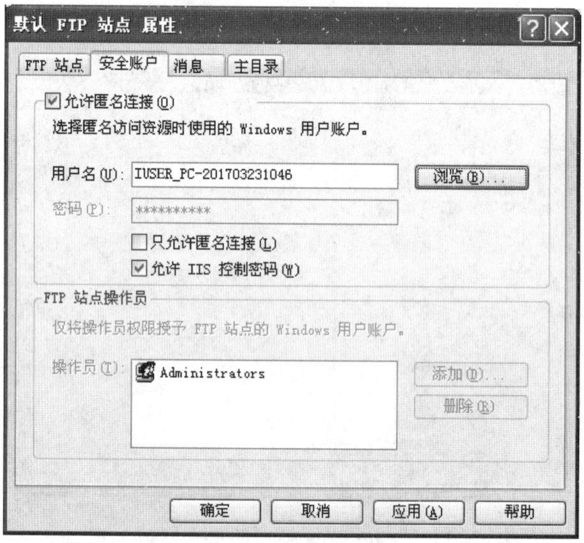

图 6-35 "默认 FTP 站点属性"对话框的"安全账户"选项卡

④ "主目录"选项卡。FTP 站点的主目录和 Web 站点的主目录一样，是该站点的根目录。在"本地路径"中输入要在 FTP 服务器上发布的文件夹的路径，如"D：\ FTP 站点"，然后选中"读取"和"记录访问"复选框，一般不选中"写入"复选框，也就是说用户在访问 FTP 站点时只能下载而不能上传，"目录列表样式"为打开 FTP 站点后文件的排列样式，默认的为 MS-DOS。如图 6-37 所示。

3. 访问 FTP 服务器

在浏览器中输入"ftp：// 10.0.55.119"（10.0.55.119 为 FTP 服务器 IP 地址），就可以在浏览器中访问 FTP 服务器，可以看到 FTP 服务器主目录下的文件，并且可以查看和下载这些文件，如图 6-38 所示。

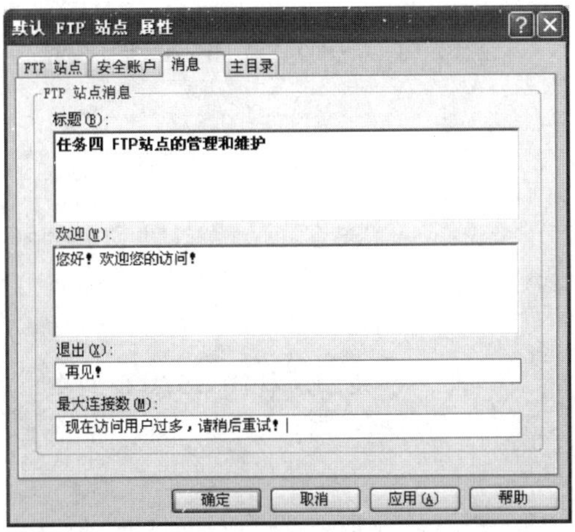

图 6-36 "默认 FTP 站点属性"对话框的"消息"选项卡

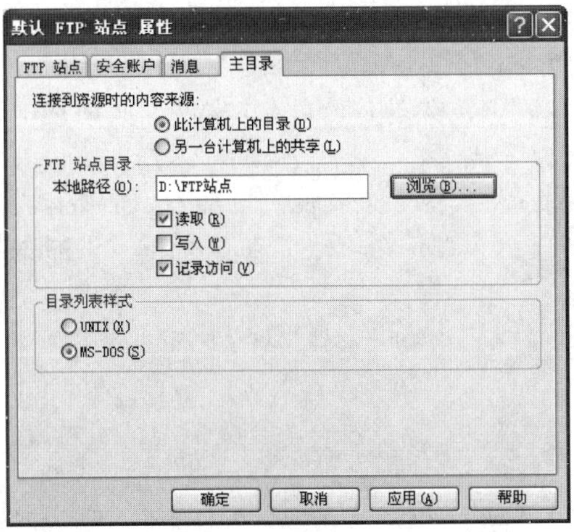

图 6-37 "默认 FTP 站点属性"对话框的"主目录"选项卡

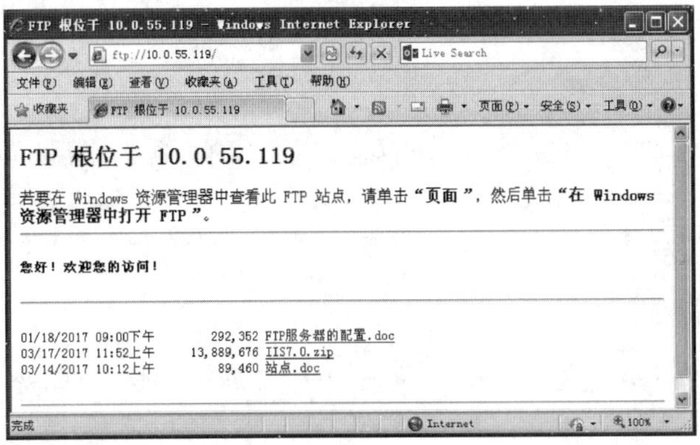

图 6-38 访问 FTP 服务器

任务五 测试网站服务器

【实训准备】
（1）计算机实验室，学生每人一台计算机。
（2）计算机上安装有 Dreamweaver CS6 网页制作软件和 Access 数据库软件。
（3）计算机上已安装并配置好 IIS 服务。

【实训目的】
让学生学会创建 ASP 网页文件，学会如何利用 IIS 发布网页，掌握如何利用 Dreamweaver 软件测试网站服务器。

【实训内容】
创建 ASP 文件，设置 IIS，设置网站服务器并进行测试。

【实训过程】
HTML 格式的网页文件在 Dreamweaver CS6 中可以直接按 F12 键在浏览器中查看网页运行效果。但是 ASP 格式的网页文件则不能直接预览，必须在 IIS 中配置 Web 站点在 Dreamweaver CS6 中配置站点服务器，才可以在浏览器中浏览网页。

（1）在 Dreamweaver CS6 中，新建 admin.asp 文件，保存在"D:\管理员登录"路径下，并在 body 标签中输入以下代码：

< form id = "form1" name = "form1" method = "post" action = "checkpass.asp" >
< table width = "300" border = "0" align = "center" cellpadding = "0" cellspacing = "0" class = "g2" >
< tr >
< td colspan = "2" > < div align = "center" >管理员登录 </div > </td >
</tr >
< tr >
< td width = "105" > < div align = "right" >用户名： </div > </td >
< td width = "189" > < div align = "left" > < label > < input name = "admin" type = "text" id = "admin" / >
</label >
</div > </td >
</tr >
< tr >
< td > < div align = "right" >密码： </div > </td >
< td > < div align = "left" > < label > < input name = "password" type = "password" id = "password" / >
</label >
</div > </td >
</tr >
< tr >
< td colspan = "2" > < div align = "center" > < label > < input type = "submit" name = "Submit" value = "提交" / > </label >
< label > < input type = "reset" name = "Submit2" value = "重置" / >
</label >
</div > </td >

</tr>
　</table>
　</form>

这段代码的作用是实现管理员登录页面，效果图如图 6-39 所示。

（2）配置 IIS 服务。

执行"开始"→"设置"→"控制面板"命令，打开"控制面板"窗口，双击"管理工具"，打开"Internet 信息服务"窗口。在"Internet 信息服务"窗口中，在左侧的树形目录下，依次单击"本地计算机"→"网站"→"默认网站"，然后在"默认网

图 6-39　admin. asp 文件运行效果

站"上单击右键，在弹出的快捷菜单中选择"属性"命令，打开"默认网站 属性"对话框。在"网站"选项卡中，修改绑定的 IP 地址：在"IP 地址"的下拉列表中选择所需用到的本机 IP 地址"192.168.31.128"。在"主目录"选项卡中，在"本地路径"的文本框中输入"D：\ 管理员登录"目录，选中"读取""写入""记录访问""索引资源"复选框。在"文档"选项卡中，单击"添加"按钮，在弹出的"添加默认文档"对话框的"默认文档名"的文本框中输入"admin. asp"，并利用 ↑ 按钮将 admin. asp 移到第一个。这样就可以在配置好的站点中运行 admin. asp 文件了。

（3）设置服务器站点。

在 Dreamweaver CS6 软件中，打开 admin. asp 文件，然后按下 F12 键（预览网页），软件会弹出如图 6-40 所示的对话框，提示必须建立一个测试服务器，在这个对话框中单击"是"按钮，则弹出"站点设置对象登录"对话框。

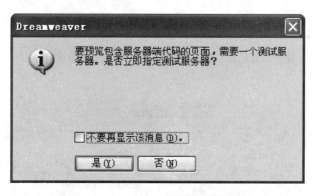

图 6-40　Dreamweaver 提示对话框

在"站点设置对象 登录"对话框中，先设置本地站点，如图 6-41 所示。

在"站点设置对象 登录"对话框中，在左侧目录中选择"服务器"，然后单击"+"按钮，如图 6-42 所示。

在弹出的"服务器设置"对话框中，输入服务器的名称，选择连接方法为"本地/网络"，选择服务器文件夹所在的路径，如"D：\ 管理员登录"，输入 Web URL（统一资源定位符，即 WWW 地址），如"http：//192.168.31.128/"，如图 6-43 所示。设置完成后单击"保存"按钮。

返回到"站点设置对象 登录"对话框中，在设置好的服务器名称后选中"远程"和

178 电子商务网站建设及维护管理（第3版）

图 6-41 "站点设置对象 登录"对话框的"站点"设置

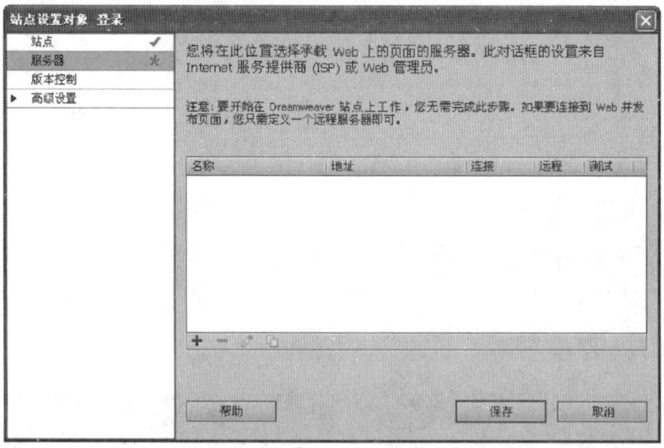

图 6-42 "站点设置对象 登陆"对话框的"服务器"设置（一）

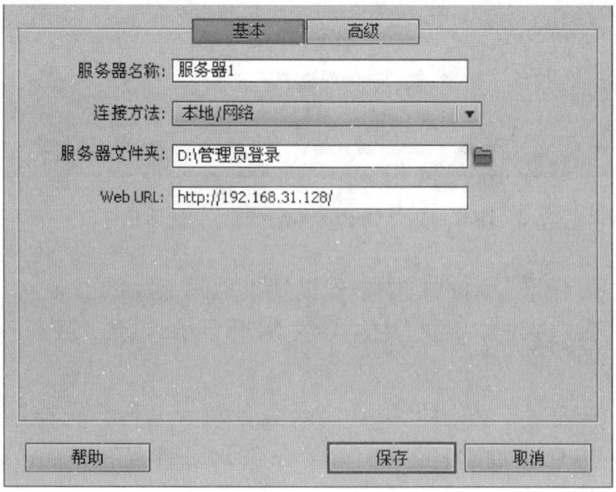

图 6-43 "服务器"设置

"测试"复选框,如图6-44所示。

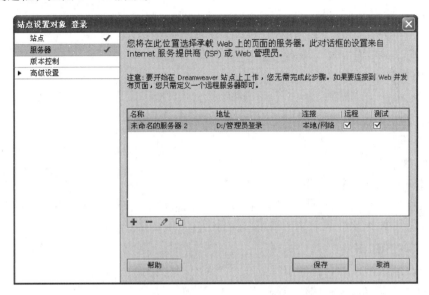

图6-44 "站点设置对象 登录"对话框的"服务器"设置(二)

返回到Dreamweaver软件主窗口中,按下F12键就可以测试网页的预览效果了,如图6-45所示(注意:网页的地址)。

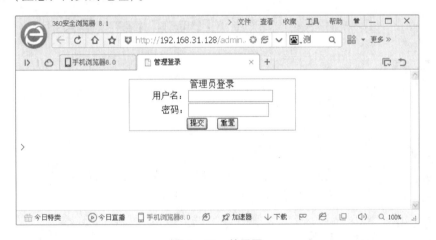

图6-45 效果图

技能训练

技能训练一 安装并使用IIS

【训练准备】

(1)计算机实验室,学生每人一台计算机。

(2) Windows 安装光盘或者 IIS 安装文件。

【训练目的】
(1) 通过练习，使学生学会安装 IIS。
(2) 通过练习，使学生学会配置和使用 IIS。

【训练内容】
(1) 安装 IIS。
(2) 配置和使用 IIS。

【实训过程】
1. 安装 IIS
(1) 打开"添加/删除 Windows 组件"对话框。
(2) 选择添加"Internet 信息服务（IIS）"，并在详细信息中勾选所有子组件。
(3) 在"管理工具"中打开"Internet 信息服务"窗口，并浏览默认站点信息。

2. 配置和使用 IIS
(1) 修改默认站点的名称和 IP 地址。
(2) 设置站点主目录和访问权限。
(3) 设置站点默认的启动页面。
(4) 设置访问页面用户的身份验证方法。
(5) 在浏览中访问默认站点。

技能训练二　创建 FTP 站点和虚拟目录

【训练准备】
(1) 计算机实验室，学生每人一台计算机。
(2) 计算机上已安装并配置好 IIS 服务。
(3) 计算机上已安装了 FTP 服务。

【训练目的】
(1) 通过练习让学生掌握 FTP 站点的创建方法和配置方法。
(2) 通过练习学会为 FTP 站点创建和访问虚拟目录。

【训练内容】
(1) 根据要求创建 FTP 站点。
(2) 根据要求创建 FTP 站点。

【实训过程】
1. 创建 FTP 站点
1) 访问默认的 FTP 站点

IIS 的 FTP 组件安装完成后，会自动生成一个 FTP 站点。它的名字叫"默认 FTP 站点"，它的主目录在"c:\inetpub\ftproot"下，站点地址就是本机的 IP 地址。打开 IE 浏览器，在地址栏中输入 FTP 服务器地址（如"ftp://192.168.31.128"或者"ftp://localhost/"）。默认情况下，该站点是"只读"的，用户只能下载文件，不能上传文件。

2) 修改默认 FTP 站点的属性

(1) 修改 FTP 站点主目录的路径。

(2) 更改允许用户访问服务器时的权限为既能"读取"（允许用户下载文件）又能"写入"（允许用户上传文件）。

(3) 允许用户匿名连接，可以用匿名账户 Anonymous 访问。

(4) 设置服务器为用户显示的提示信息。欢迎消息为"欢迎使用 FTP 访问"；退出消息为"再见，感谢本次访问！"；最大连接数消息为"用户太多，请稍后再试"。

(5) 设置 FTP 站点安全性，设置拒绝访问服务器的 IP 地址，拒绝 IP 地址为"10.0.1.2"的计算机访问本 FTP 站点。

3）新建 FTP 站点

(1) 从网上下载电商宣传文案，然后保存在 D 盘的"电商宣传"文件夹中。

(2) 在 Internet 信息服务窗口中新建 FTP 站点。

(3) 对新建的 FTP 站点进行属性设置，修改 FTP 站点名称为"电商 FTP"，将主目录路径设置为"D：\电商宣传"，允许用户"读取"和"写入"。

(4) 在浏览器中访问该 FTP 站点。

2. 创建 FTP 站点虚拟目录

(1) 从网上下载电商宣传图，然后保存在 E 盘的"电商宣传图"文件夹中。

(2) 为"电商 FTP"站点添加虚拟目录，起别名为"img"，路径为"E：\电商宣传图"，只允许"读取"。

(3) 在浏览器中浏览"电商 FTP"站点和"电商 FTP"虚拟目录，总结虚拟目录和主目录的对应关系。

网站备案及流程　　虚拟主机 FTP　　IIS 配置
　　　　　　　　　　文件上传

FTP 站点创建　　如何创建 FTP 站点　　高质量发展电子商务

项目七

电子商务网站制作

电子商务网站制作

知识目标

- 了解网页的基础知识和基本概念。
- 会分析网站布局及结构。
- 了解静态网页和动态网页的区别。
- 学会使用 Dreamweaver CS6 软件设计制作网页。
- 熟练使用 CSS + Div 布局网页。
- 会用 CSS + Div 设计制作静态网页。
- 掌握 ASP 程序的语法结构。
- 学会使用 ASP 创建动态网页。

能力目标

- 专业能力目标：了解与掌握 Dreamweaver CS6 软件的使用，学会创建静态网页和动态网页。
- 社会能力目标：掌握专业技能知识，提高独立思考能力，培养团队协作意识，完成网页网站的建设和开发。
- 方法能力目标：自主创新，循序渐进，在实例制作的基础上能自己设计开发网站、网页。

素质目标

- 以人民网为例，让学生了解中国精神和民族品牌，激发学生的民族自豪感和爱国情怀。
- 通过 Div + CSS 书写规范的学习，培养学生的规则意识。
- 提高学生安全意识，防止在网站使用过程中泄露用户个人信息。

知识准备

单元一 静态网页基础知识

静态网页是网站建设的基础，早期的网站一般都是由静态网页制作的。静态网页，就是说该网页文件没有程序代码，只有 HTML 标记，这种网页一般是以后缀为 .htm 或 .html 存放。静态网页制作完成发布后，内容就不会再变化，不管何时何人访问，显示的内容都是一样的，如果要修改内容，就必须修改源代码，然后重新上传到服务器上。实际上静态也不是完全静态，它也可以出现各种动态的效果，如 GIF 格式的动画、Flash、滚动字幕等。

静态网页的工作原理是当用户在浏览器里输入一个网址后，就向服务器提出了一个浏览网页的请求。服务器端接到请求后，就会找到用户要浏览的静态网页文件，然后将其发送给用户。静态网页工作原理如图 7-1 所示。

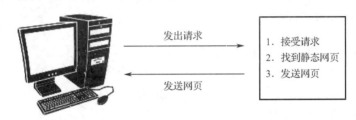

图 7-1 静态网页工作原理

一、网页制作的基本概念

网页：也称 Web 页，就是人们在浏览器中浏览信息时看到的页面。每个页面实际上是一个文件，它存放在某台计算机中，通常由文字、表格、图片、声音、视频及各种功能按钮组成。

主页：网站的第一个页面，也称为首页。

网站：存放在网络服务器上的完整信息的集合体，它包含一个或多个网页。通常，一个网站的组成部分包括：连接到网络上的计算机服务器；在服务器上运行的网络操作系统和 Web 服务器；提供各种信息服务的文件资源；对网站进行管理和维护的网站管理人员和开发人员。

站点：站点实际上对应的是一个文件夹，即指定目录下的一组页面文件及相关支持文件。我们设计的网页就保存在这个站点（文件夹）中，存储在本地机器中的站点（文件夹）称为本地站点，发布到 Web 服务器上的站点（文件夹）则称为远程站点。

建立网站有利于提升企业形象，使企业具有网络沟通能力，全面详细地介绍企业及企业产品，做到宣传的作用。例如，创办于 1997 年 1 月 1 日的人民网（见图 7-2），是世界十大报纸之一《人民日报》建设的以新闻为主的大型网上信息交互平台，也是国际互联网上最大的综合性网络媒体之一。人民网坚持"权威、实力、源自人民"的理念，以"权威性、大众化、公信力"为宗旨,以"多语种、全媒体、全球化、全覆盖"为目标,以"报道全球、传播中国"为己任。大力宣传党的主张,积极引导社会舆论,热情服务广大网民,发挥了独特作用。

图 7-2 人民网

二、Dreamweaver CS6 简介

1. Dreamweaver CS6 的主要特点

(1) 能对 Web 站点、Web 页和 Web 应用程序进行集成的设计开发。

(2) 能快速创建页面而无须编写代码(可视化能力强)。

(3) 能查看和管理站点元素或资源。

(4) 能与 Fireworks 或 Flash 交换信息并优化工作流程。

(5) 可导入 HTML 文档而不需重新设置代码格式。

(6) 可使用服务器技术(如 ASP.NET、ASP、JSP 和 PHP 等)生成由动态数据库支持的 Web 应用程序。

(7) 可以创建自己的对象和命令,修改快捷键,编写 JavaScript 代码来扩展自身的功能。

2. Dreamweaver CS6 工作区

Dreamweaver CS6 的窗口如图 7-3 所示,它提供了一个将全部元素置于一个窗口中的集成布局。在集成的工作区中,全部窗口和面板都被集成到一个更大的应用程序窗口中。

1) 菜单栏

菜单栏包括"文件""编辑""查看""插入""修改""格式""命令""站点""窗口"和"帮助"10 个菜单。

2) "属性"面板

"属性"面板主要用于查看和更改所选对象的各种属性,每种对象都具有不同的属性。"属性"面板包括两种选项,一种是"HTML"选项,将默认显示文本的格式、样式和对齐方式等属性。另一种是"CSS"选项,单击"属性"面板中的"CSS"选项,可以在"CSS"选项中设置各种属性。

3) 文档窗口

文档窗口主要用于文档的编辑,可同时打开多个文档进行编辑,可以在"设计"视图、

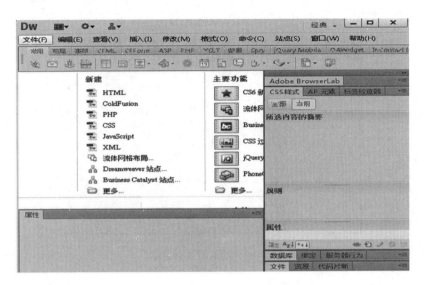

图 7-3　Dreamweaver CS6 窗口

"代码"视图和"拆分"视图中分别查看文档。

"设计"视图：设计视图"所见即所得"，用于可视化页面布局、可视化编辑和应用程序开发的设计环境，此视图类似在浏览器中查看页面。

"代码"视图：用于编写或编辑 HTML、JavaScript、服务器语言代码、其他类型代码的编码环境。

"拆分"视图：可以在单个窗口中同时看到同一文档的"代码"视图和"设计"视图。

4）插入栏

插入栏中放置的是编写网页的过程中经常用到的对象和工具，通过该面板可以很方便地使用网页中所需的对象以及对对象进行编辑所要用到的工具。

可以通过面板的下拉菜单中选择相应的类别来使用不同的对象插入功能。插入栏包含 9 类对象，分别是常用、布局、表单、数据、Spry、jQuery Mobile、InContext Editing、文本、收藏夹。"常用"选项卡用于插入图像、表格、媒体、链接、Div 等最常用的对象。

5）浮动面板

在 Dreamweaver 工作界面的右侧排列着一些浮动面板，这些面板集中了网页编辑和站点管理过程中最常用的一些工具按钮。这些面板被集合到面板组中，每个面板组都可以展开或折叠，并且可以和其他面板停靠在一起。面板组还可以停靠到集成的应用程序窗口中。这样就能够很容易地访问所需的面板，而不会使工作区变得混乱。

3. 创建本地站点

建立本地站点就是在本地计算机硬盘上建立一个文件夹并用这个文件夹作为站点的根目录，然后将网页及其他相关的文件存放在该文件夹中。当准备发布站点时，将文件夹中的文件上传到 Web 服务器上即可。建立本地站点的操作如下。

（1）在本地计算机硬盘上建立一个文件夹。这个文件夹的目录结构规范为：所有 CSS 文件存放在根目录下的 styles 文件夹中；图片、Flash 动画、多媒体文件等素材文件都存放在根目录下的 images 文件夹中；首页文件直接存放在根目录下，一般默认的命名为"index.html"。

（2）在 Dreamweaver CS6 软件中，单击菜单栏中的"站点"→"新建站点"命令打开站点设置对话框,如图7-4所示,选择本地站点文件夹,并设置站点名称。

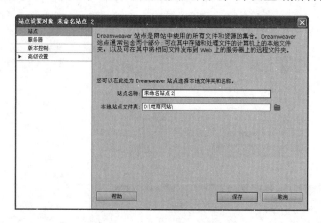

图7-4 站点设置对话框

4. 输入和编辑网页内容

1)文本的输入

换行:在"设计"视图或者"代码"视图中,按快捷键"Shift"+"Enter";或者在代码视图中输入代码"
"。

分段:在"设计"视图中,直接按回车键;或者在代码视图中输入代码"<p>字符串</p>",一对<p></p>表示一段。

输入空格:在"设计"视图或者"代码"视图中,按快捷键"Ctrl"+"Shirt"+"Space";或者在"代码"视图中输入代码" ";在"设计"视图或者"代码"视图中,在确保输入法处于"全角"模式时输入空格。

2)字符的输入

方法一:单击菜单栏选择"插入"→"HTML"→"特殊字符"命令,来插入所需的字符。

方法二:在"插入"工具栏的"文本"选项卡中单击"字符"按钮上的箭头,然后选择所需的字符。

3)创建项目列表和编号列表

选中文字,单击"属性"面板中的"项目列表"或"编号列表"按钮即可。如果要修改项目列表和编号列表的样式,可以单击菜单栏选择"格式"→"列表"→"属性"命令来进行设置。

注意:只能对段落文本进行项目列表和编号列表的创建。

5. 页面属性的修改

单击菜单栏选择"修改"→"页面属性"命令来设置页面属性;或者单击"属性"面板上的"页面属性"按钮来设置页面属性。

在页面属性中可以修改文字的字体、大小、颜色、背景颜色、背景图片、页面边距、链接样式、标题样式等页面相关属性。

6. 图像的插入

方法一:单击菜单栏选择"插入"→"图像"命令,弹出"选择图像源文件"对话框，选中图像文件后，单击"确定"按钮。

方法二：在"插入"工具栏的"常用"选项卡中单击"图像"按钮，在弹出的"选择图像源文件"对话框中，选择要插入的图像。

方法三：在"文件"面板中，展开根目录的图片文件夹，选定该文件，用鼠标拖动至工作区合适位置。

7. Flash 动画的插入

方法一：单击菜单栏选择"插入"→"媒体"→"SWF"命令，弹出"选择 SWF"对话框，选中 Flash 动画文件后，单击"确定"按钮。

方法二：在"插入"工具栏的"常用"选项卡中单击"媒体：SWF"按钮，在弹出"选择 SWF"对话框中，选择要插入的 Flash 动画。

8. 创建超链接

超链接是指从一个网页指向一个目标的连接关系，这个目标可以是另一个网页，也可以是相同网页上的不同位置，还可以是一张图片、一个电子邮件地址、一个文件，甚至是一个应用程序。而在一个网页中用来超链接的对象，可以是一段文本或者是一张图片。

创建超链接的步骤：在网页中选中超链接的对象，单击"属性"面板上的黄色文件夹按钮，在出现的对话框中选择要跳转的目标文件。

9. 插入 Div 标签

方法一：比较常用的方法是，在"插入"工具栏的"常用"选项卡中单击"插入 Div 标签"按钮，在弹出的对话框中输入 Div 标签的 ID。

方法二：单击菜单栏选择"插入"→"标签"命令，弹出"标签选择器"对话框，在"HTML 标签"中选择"格式和布局"，在右方的列表中选择"Div"，然后单击"插入"按钮。

三、使用 Div + CSS 布局网页

Div 是网页布局的一种，是目前比较流行的网页布局方式。它和表格一样可以把一个网页分割成几个部分，也可以像表格一样对网页进行布局。但是用 Div 布局比用表格布局要灵活得多。使用 Div + CSS 布局网页时，一定要注意 Div + CSS 的规范，按照规范的写法、规则、命名要求，才能精确对网页进行布局。Div 就像一个容器，在它内部可以内嵌表格，还可以内嵌文本、图像、媒体等元素和其他的 HTML 代码。这个布局中，Div 中承载的是内容，而 CSS 中承载的是样式。

1. 盒模型

"盒模型"是 CSS 的基础，指的是把页面上的每个元素都看成是一个矩形，这个矩形由内容区（content）、内填充（padding）、边框（border）和外边界（margin）构成，如图 7-5 所示。

内填充：指内容区域与边框的距离，顺序依次是上（padding-top）、右（padding-right）、下（padding-bottom）、左（padding-left）。

边框：指填充区域外的线条，可以设置宽度，并有多种样式，如实线、虚线。

外边界：Div 标签边框与其他元素之间的距离，用于控制元素之间的间隔。外边距顺序依次是上（margin-top）、右（margin-right）、下（margin-bottom）、左（margin-left）。

2. CSS 概述

CSS 指层叠样式表（Cascading Style Sheets），CSS 的主要功能是控制网页中各元素的外

图7-5 "盒模型"结构

观属性,实现网页的布局和美化。

1) CSS 的调用

(1) 外部调用。

将关于 CSS 样式的代码另存为一个后缀名为 .css 的文件,然后在网页 head 标签之间插入一段代码:

<link href = "css 样式文件名.css" rel = "stylesheet">

例如:<link href = "style/1.css" rel = "stylesheet" type = "text/css" />,这段代码表示在本网页中调用文件 1.css 中的样式。

(2) 内部调用。

在 head 标签之间加入以下代码:

<style type = "text/css">

样式名{

    属性名:值;

}

</style>

例如:

<style type = "text/css">

a:link{

    color: #000;

    text-decoration: none;

} </style>

这段代码表示,设置超文本链接的文字颜色为黑色,无下划线。

(3) 直接使用。

在要用 CSS 样式的标签中直接输入以下代码:

Style = "属性名:值;"

例如:

<div id = "box" style = "background-color: red; width: 100px; height: 200px; margin: 10px; padding: 50px;"></div>

这段代码的作用是设置了 ID 为 "box" 的 Div 标签的背景颜色为红色,宽度为 100 像素,高度为 200 像素,边框和外面其他标签的距离为 10 像素,内容区和边框的距离为 50

像素。

2）CSS 的语法规则

CSS 样式的书写方式：

样式名 {属性名1：值1；属性名2：值2；……}

属性（property）是设置的样式属性（style attribute）。每个属性有一个值。属性和值被冒号分开。

注意：样式名包括类样式和标签样式。如果是类样式，就用".样式名"，如果是标签样式就用"#样式名"。关于body标签样式不用加任何符号，书写格式为body {属性名1：值1；属性名2：值2；……}。

例如：

```
#box {
    background-image：url (../images/3501.gif)；     //设置背景图片
    background-repeat：no-repeat；                    //设置背景图片不重复
    width：260px；                                      //设置box的宽度为260像素
    height：300px；                                     //设置box的高度为300像素
}
```

3）CSS 的属性

CSS 样式表的常见属性及具体规则定义见表7-1～表7-5。

表7-1 CSS中Div的基本属性

属性	规则定义
padding	设置内容区与Div边框的距离
margin	设置边框与外界其他标签的距离
border	设置边框的属性，包括边框的颜色、粗细、线条样式等
font	设置字体样式
float	用于设置Div的浮动效果，属性值有：left和right
width	设置Div的宽度，用像素（px）表示
height	设置Div的高度，用像素表示

表7-2 CSS 背景属性

属性	规则定义
background	将所有背景属性设置在一个声明中
background-attachment	背景图像是否固定或者随着页面的其余部分滚动
background-color	设置背景颜色
background-image	设置背景图像
background-position	设置背景图像的位置
background-repeat	设置背景图像是否重复及如何重复

表 7-3 CSS 文本属性

属性	规则定义
color	设置文本颜色
direction	设置文本方向
line-height	设置行高
text-align	设置文本的对齐方式
text-decoration	向文本添加修饰

表 7-4 CSS 链接属性

属性	规则定义
a：link	设置普通的、未被访问的链接的样式
a：visited	设置用户已访问的链接的样式
a：hover	设置鼠标指针位于链接的上方的样式
a：active	设置链接被点击时刻的样式

表 7-5 CSS 列表属性

属性	规则定义
list-style	设置所有用于列表的属性
list-style-image	将图像设置为列表项标志
list-style-position	设置列表中列表项标志的位置
list-style-type	设置列表项标志的类型

单元二 动态网页制作知识

所谓动态网页，就是说该网页文件不仅含有 HTML 标记，而且含有程序代码，这种网页的后缀一般是根据不同的程序设计语言而不同，如 ASP 文件的后缀为 .asp。动态网页能够根据不同的时间、不同的来访者而显示不同的内容。如常见的 BBS、留言板、聊天室通常是用动态网页实现的。

动态网页的工作原理和静态网页有很大的不同。当用户在浏览器里输入一个动态网页网址后，就向服务器提出了一个浏览网页的请求。服务器端接到请求后，首先会找到用户要浏览的动态网页文件，然后就执行网页文件中的程序代码，将含有程序代码的动态网页转化为标准的静态网页，然后将静态网页发送给用户。其原理图如图 7-6 所示。

一、ASP 概述

ASP 全称 Active Server Pages，是微软推出的动态服务器网页技术，是一个 Web 服务器端的开发环境，利用它可以产生和执行动态的、互动的、高性能的 Web 服务应用程序。ASP 文件就是在普通的 HTML 文件中嵌入 VBScript 或 JavaScript 脚本语言。当用户请求一个 ASP

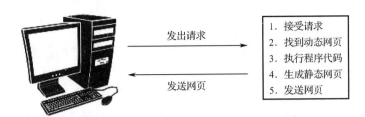

图7-6 动态网页工作原理

文件时,服务器就把该文件转换为HTML文件发送给用户。

ASP程序的优点是:

(1)使用VBScript、JavaScript等简单易懂的脚本语言,结合HTML代码,即可快速地完成网站的应用程序,学习起来非常容易。

(2)无须编译(compile),容易编写,可在服务器端直接执行。

(3)使用普通的文本编辑器,如Windows的记事本,即可进行编辑设计。

(4)不存在浏览器兼容问题,客户端只要使用可执行HTML码的浏览器,即可浏览ASP所设计的网页内容。ASP所使用的脚本语言均在Web服务器端执行,客户端的浏览器不需要能够执行这些脚本语言。

(5)ASP能与任何ActiveX Scripting语言兼容。除了可使用VBScript或JavaScript语言来设计外,还通过plug-in的方式,使用由第三方所提供的其他脚本语言,譬如REXX、Perl、Tcl等。

(6)可使用服务器端的脚本来产生客户端的脚本。

(7)面向对象编程,ActiveX Server Components(ActiveX服务器组件)具有无限可扩充性。可以使用Visual Basic、Java、Visual C++、COBOL等程序设计语言来编写你所需要的ActiveX Server Component。

二、ASP语法

ASP文件就是在HTML页面中嵌入了VBScript或JavaScript脚本语言,这些脚本语言被分隔符"<%"和"%>"包围起来。服务器脚本在服务器上执行,可包含合法的表达式、语句或者运算符。

1. 在ASP文件中使用VBScript脚本语言

在ASP中可以使用多种脚本语言,但默认的脚本语言是VBScript。VBScript代码必须放在"<%"与"%>"之间。例如以Response.Write命令向浏览器写输出"Hello World!",其代码如下:

```
<html>
<body>
<%
Response.Write("Hello World!")
%>
</body>
</html>
```

2. 在ASP文件中使用JavaScript脚本语言

如果需要使用JavaScript作为某个特定页面的默认脚本语言,就必须在页面的顶端插入一行语言设定：

<%@ language = "JavaScript"%>

注意：与 VBScript 不同，JavaScript 对大小写敏感。所以需要根据 JavaScript 的需要使用不同的大小写字母编写 ASP 代码。

3. 在 ASP 文件中使用其他的脚本语言

ASP 文件与 VBScript 和 JavaScript 的配合是原生性的。如果要在 ASP 文件中使用其他语言编写脚本，比如 PERL、REXX 或者 Python，那就必须安装相应的脚本引擎。

三、ASP 脚本语言—VBScript

在 ASP 文件中，默认语言为 VBScript 脚本语言。VBScript 脚本语言，就是一种介于 HTML语言和Visual Basic（VB）语言之间的一种语言，继承了VB语言简单易学的特点。它并不是一个完整的程序设计语言，仅包含语言中的一些基本功能。

VBScript 的优点是：用纯文本建立，直接包含在 HTML 文档或 ASP 文档中，编辑和修改都十分方便。在 HTML 文档中嵌入 VBScript 程序代码，既可以在客户端又可以在服务器端运行各种动态交互网页。

1. VBScript 的数据类型

在 VBScript 中，只有一种数据类型，称为 Variant，也叫作变体类型。Variant 变量中保存的数据类型称为变量的子类型。常见的子类型有整数、字符串、日期、逻辑类型等（注意：Const 语句用于声明常量，所有单引号后面的内容都被解释为注释），例如：

```
Variable = 100              '整数类型
Variable = "100"            '字符串类型
Const PI = 3.1415926        '表示数值型常数
Const ConstString = "电子商务"    '用""表示字符串型常数
Const ConstDate = #2016-5-18#    '用##表示日期常数或时间常数
```

2. VBScript 常量

常量就是拥有一定名字的数值，常量可以代表字符串、数字、日期等常数，常量一经定义声明以后，其值将不能再更改。常量的命名可以使用字母、数字、下划线等字符，但第一个字母必须是英文字母，中间不能有标点符号和运算符，长度不能超过 255 个字符。

3. VBScript 变量

变量就是存储在内存中的用来包含数据信息的地址的名字。变量在声明后，可以随时对其值进行修改。

（1）变量可以不定义，直接使用，例如：

```
<%
m = 1              '将 1 赋值给变量 m，赋值后自动声明变量 m
%>
```

（2）如果强制必须先定义才能使用，就要在所有 ASP 语句之前添加 "Option Explicit" 语句，例如：

```
<%
Option Explicit    '要求所有的变量都必须声明后才能使用
Dim m              '声明变量 m
m = 1              '将 1 赋值给变量 m
```

%>

4. VBScript 运算符

VBScript 继承了 Visual Basic 的所有类别的运算符,包括算术运算符(+、-、*、/)、比较运算符(>、<、=、>=、<=、<>)、逻辑运算符(and、or、xor、not)和连接运算符(&、+)。

5. VBScript 过程

VBScript 中继承了 Visual Basic 中的一些函数,可以直接调用即可。但是,如果没有现成的函数而我们又要重复使用时,为了使程序简洁明了,就可以使用 VBScript 过程。在 VBScript 中,过程有两种,一种是 Sub 子程序,一种是 Function 函数。

(1) Sub 子程序。

声明 Sub 子程序的语法:

Sub 子程序名(参数1,参数2,…)

　　语句……

End Sub

调用 Sub 子程序的语法:

Call 子程序名(参数1,参数2,…)

(2) Function 函数。

声明 Function 函数的语法:

Function 函数名(参数1,参数2,…)

　　语句……

End Function

调用 Function 函数的语法:

变量 = Function 函数名(参数1,参数2,…)

四、ASP 内置对象的使用

对象就是把功能封装起来给用户使用,用户在想要实现功能的时候直接调用,而不用去考虑它的内部是如何工作的。在 ASP 中常用的有以下 5 种内部对象。

1. Request 对象

Request 可用来访问从客户端浏览器发送到服务器的请求信息,可用此对象读取已输入 HTML 表单的信息。下面简述 5 种常用的获取方法:

Cookies:取得浏览器 cookies 的值;

Form:取得 HTML 表单域中的值;

QueryString:取得客户端查询字符串的值;

ServerVariables:取得服务器端头和环境变量中的值;

ClientCertificate:取得客户端浏览器的身份验证。

Request 对象使用的基本语法:

Request. 数据集合 | 属性 | 方法(变量或字符串)

例如:

<%

'获取用户输入 id 号和用户名,并赋值给变量 user_id 和 user_name

user_id = request.querystring("user_id")

```
user_name = request.querystring("user_name")
%>
```

2. Response 对象

Response 用来向客户端浏览器回发信息，可用此对象从脚本向浏览器发送输出。下面简述几种常用数据集合、属性和方法。

End：结束脚本的处理，并返回当时的情况；

Redirect：将浏览器引导至新的 Web 页面；

Write：向客户端浏览器发送信息；

Buffer：缓存一个 ASP；

CacheControl：由代理服务器控制缓存；

ContentType：规定响应的内容类型；

Expires：浏览器用相对时间控制缓存；

ExpiresAbsolute：浏览器用绝对时间控制缓存。

例如：

```
<%
'将客户端浏览器结束当前页面，打开百度首页，然后结束脚本处理
Response.redirect "http://www.baidu.com"
Response.end
%>
```

3. Server 对象

Server 是专为处理服务器上的特定任务而设计的，可在服务器上使用不同实体函数，如在时间到达前控制脚本执行的时间，还可用来创建其他对象。下面简述 5 种常用方法：

CreateObject：创建一个对象实例；

HTMLEncode：将字符串转化为使用特别的 HTML 字符；

MapPath：把虚拟路径转化成物理路径；

URLEncode：把字符串转化成 URL 编码的；

ScriptTimeout：在终止前，一个脚本允许运行的秒数。

例如：

```
<%
Response.Write server.htmlencode("a""time_now")
%>
```

4. Application 对象

定义：Application 用来存储、读取用户共享的应用程序信息，如可以用此对象在网站的用户间传送信息。当服务器重启后信息丢失。

方法：

Lock：防止其他用户访问 Application 集；

Unlock：使其他用户可以访问 Application 集。

事件：

OnEnd：由终止网络服务器改变为 Global.asa 文件触发；

OnStart：由应用程序中对网页的第一次申请触发。

例如：

```
<%
Application.lock
Application（"clicks"）= Application（"clicks"）+1
Application.unlock
Response.Write "您是本站第 "&Application（"clicks"）&"位访客！"
Response.Write " <br><br>您来自" &request.servervariables（"remote_addr"）
%>
```

程序运行结果：

您是本站第 1 位访客！

您来自 192.168.10.22

5. Session 对象

定义：Session 用来存储、读取特定用户对话信息，如可存储用户对网站的访问信息。当服务器重启后信息丢失。

方法：

Abandon：处理完当前页面后，结束一个用户会话。

属性：

Timeout：用户会话持续时间（分钟数）。

事件：

OnEnd：在 Session Timeout 时间以外，用户不再申请页面触发该事件；

OnStart：由用户对网页的第一次申请时触发。

例如：

```
<%
Session（"clicks"）= Session（"clicks"）+1
Response.Write "您是本站第 " &Session（"clicks"）&"位访客！"
Response.Write " <br><br>您来自 " &request.servervariables（"remote_addr"）
%>
```

程序运行结果：

您是本站第 1 位访客！

您来自 192.168.10.22

五、ASP 连接和读取数据库

电子商务网站中的数据库除了存放商品信息，还存放了大量的用户个人资料（如姓名、地址、电话等），因此必须通过用户标识与鉴别、授权、视图定义与查询修改、数据加密、安全审计等多种手段来保证数据库中用户个人隐私信息。在 ASP 中，用来存取数据库的对象统称 ADO（Active Data Objects），主要含有以下三种对象。

1. Connection 对象

要对数据库进行操作，必须要用 Connection 对象先连接数据库。Connection 对象又称为连接对象，负责打开或连接数据。

建立 Connection 对象的语法如下：

Set Connection 对象 = Server.CreateObject（"ADODB.Connection"）

打开数据库并连接数据库的语法如下：

Connection 对象. Open "参数 1 = 参数 1 的值；参数 2 = 参数 2 的值；……"

Connection 对象中 Open 方法的参数有：Dsn（ODBC 数据源名称），User（数据库登录账号），Password（数据库登录密码），Driver（数据库的类型），Dbq（数据库的物理路径），Provider（数据提供者）。

例如：

```
< %
Dim conn
Set conn = Server.CreateObject ("ADODB.Connection")
conn.Open "Dbq = " &Server.Mappath ("user.mdb") &"; DRIVER = {Microsoft Access Driver (*.mdb)}"
% >
```

2. Command 对象

Command 对象又称命令对象，负责对数据库执行查询命令，它可以对数据库查询、添加、删除、修改记录操作。Command 对象是介于 Connection 对象和 Recordset 对象之间的一个对象，它主要通过传递 SQL 指令，对数据库提出操作请求，把得到的结果返给 Recordset 对象。

建立 Command 对象的语法如下：

Set Command 对象 = Server.CreateObject ("ADODB.Command")

然后用 ActiveConnection 属性指定要利用的 Connection 对象名称，语法如下：

Command 对象.ActiveConnection = Connection 对象

Command 对象的常用属性如表 7-6 所示。

表 7-6 Command 对象的常用属性

属性	说明
ActiveConnection	指定 Connection 对象
CommandText	指定数据库查询信息
CommandType	指定数据库查询信息的类型
CommandTimeout	Command 对象的 Execute 方法的最长执行时间
Prepared	指定数据查询信息是否要先行编译、存储

3. Recordset 对象

Recordset 对象又称记录集对象，负责存取数据表，是最主要的对象。当用 Connection 对象或 Command 对象执行查询命令后，就会得到一个记录集对象，该记录集中包含满足条件的所有记录。利用 Recordset 对象也可以对数据库进行查询、添加、删除、修改记录操作。

建立 Recordset 对象的语法如下：

Set Recordset 对象 = Server.CreateObject ("ADODB.Recordset")

然后用 Open 方法打开一个数据库，语法如下：

Recordset 对象.Open [Source], [ActiveConnection], [CursorType], [LockType], [Options]

Recordset 对象中 Open 方法的参数有：Source（Command 对象名或 SQL 语句或数据表

名),ActiveConnection(Connection 对象名或包含数据库连接信息的字符串),CursorType(Recordset 对象记录集中的指针类型),LockType(Recordset 对象的使用类型),Options(Source 类型)。

任务实施

小张已经完成了新西兰旅游公司网站的规划和设计工作,并且为网站开发收集了文字、图片等素材,下面开始对新西兰旅游公司网站进行网站开发和制作,主要完成新西兰旅游公司网站首页的制作和留言板的实现。

任务一 静态网页制作

【实训准备】
(1)计算机实验室,学生每人一台计算机。
(2)网页中的素材搜集和制作(提示:可利用 PS 软件)。

【实训目的】
让学生学会分析网站布局及结构,能熟练使用 CSS + Div 布局网页美化页面,掌握利用 Dreamweaver CS6 软件制作静态网页的方法。

【实训内容】
利用 CSS + Div 布局制作新西兰旅游公司网站首页,如图 7 – 7 所示。

图 7 – 7 新西兰旅游公司网站首页

【实训过程】
(1)规划并绘制新西兰旅游公司网站首页的布局规划图。
通过观察网站首页,我们发现网页主要分上、中、下三个部分,而在中间这个区域又可以分为几个小的区域。因此我们可以利用 Div 标签布局，具体网页布局图如图 7-8 所示。

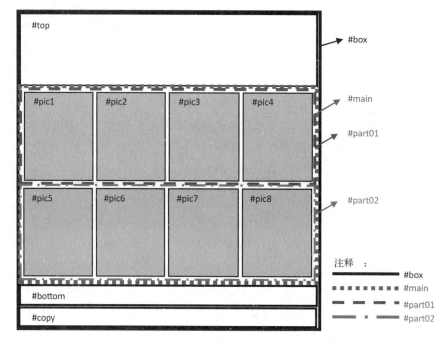

图 7-8　新西兰旅游公司网站首页布局图

（2）新建站点。

在 D 盘上建立一个文件夹"电商网站"，将图片、Flash 动画、多媒体文件等素材文件都存放在根目录下的 images 文件夹中，如图 7-9 所示，并在根目录下新建文件夹 style 用于存放 CSS 文件。然后在 Dreamweaver CS6 软件中，单击菜单栏中的"站点"→"新建站点"命令打开站点定义对话框，选择本地站点文件夹（D：\电商网站），并设置站点名称。

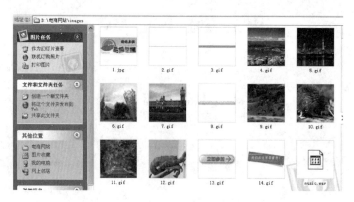

图 7-9　images 文件夹中的素材文件

（3）新建文件。

在 Dreamweaver CS6 软件中，单击菜单栏中的"文件"→"新建"命令，打开"新建文档"对话框，选择页面类型为 HTML，将该文件保存为"D：\电商网站\index.html"。

单击菜单栏中的"文件"→"新建"命令,打开"新建文档"对话框,选择页面类型为 CSS,将该文件保存为"D:\电商网站\style\1.css"。

(4)为 index.html 页附加样式表。

单击"CSS 样式"面板上的"附加样式表"按钮 ▥,在弹出的"链接外部样式表"对话框中进行相应设置,然后单击"确定"按钮,如图 7-10 所示。

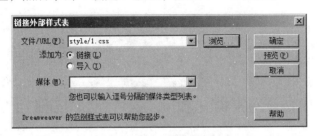

图 7-10 链接外部样式表 对话框

(5)切换到外部 CSS 样式表文件中,创建名为 * 的通配符 CSS 样式和名为 body 的标签 CSS 样式,代码如下(注意:CSS 文件中注释语句放在 < * 和 * > 之间):

* {
  margin:0px;
  padding:0px;
  border:0px;
}
body {
  font-family:"宋体";
  font-size:12px;
  color:#757575;   < * 设置字体颜色为灰色 * >
  line-height:25px;
  background-color:#3CF; < * 设置页面背景颜色为蓝色 * >
}

(6)返回到"设计"视图,将光标放置在页面中,插入名为 box 的 Div,切换到外部 CSS 样式表文件中,创建名为#box 的 CSS 样式,代码如下:

#box {
  width:692px;
  height:100%;   < * 高度由 box 里面的内容决定 * >
  overflow:hidden;
  < * 与高度 100% 配合使用,overflow 用于设置元素内容的溢出处理方式,hidden 为隐藏 * >
  margin:0px auto; < * box 标签页面的上边距为 0 像素,水平居中 * >
  background-color:#FFFFFF; < * 设置 box 标签背景颜色为白色 * >
}

(7)返回到"设计"视图,将光标移至名为 box 的 Div 中,删除多余文字,插入名为 top 的 Div,切换到外部 CSS 样式表文件中,创建名为#top 的 CSS 样式,代码如下:

#top {
  width:692px;

height: 309px;
}

(8) 返回到"设计"视图,将光标移至名为 top 的 Div 中,删除多余文字,插入素材图片"images/1.jpg"(注意:建立站点后,就可以方便地使用相对路径来定位文件了),效果如图 7-11 所示。

图 7-11 页眉区效果图

(9) 在名为 top 的 Div 后插入名为 main 的 Div,切换到外部 CSS 样式表文件中,创建名为#main 的 CSS 样式,代码如下:

#main {
  width: 634px;
  height: 100%;
  overflow: hidden;
  padding-left: 29px;
  padding-right: 29px;
 < * padding-left 和 padding-right 一致,则 main 标签在页面中水平居中 * >
  background-image: url (../images/2.gif);
  background-repeat: no-repeat; < * 设置背景图片不重复 * >
  background-position: bottom; < * 设置背景图片的位置为底端对齐 * >
}

(10) 返回到"设计"视图,将光标移至名为 main 的 Div 中,删除多余文字,插入名为 part01 的 Div,切换到外部 CSS 样式表文件中,创建名为#part01 的 CSS 样式,代码如下:

#part01 {
  width: 634px;
  height: 100%;
  overflow: hidden;
  background-image: url (../images/3.gif);
  background-repeat: no-repeat;
  padding-top: 40px; < * 修改内填充,背景图片 3.gif 的内容可以不被遮挡 * >
}

(11) 返回到"设计"视图,将光标移至名为 part01 的 Div 中,删除多余文字,插入名为 pic1 的 Div,切换到外部 CSS 样式表文件中,创建名为#pic1 的 CSS 样式,代码如下:

#pic1 {
  float: left;

```
        <*float 用于设置元素的浮动,利用 left 选项将 pic1~pic4 从左到右依次排列*>
        width:140px;
        height:202px;
        margin:5px  9px;
        text-align:center;   <*pic1 标签中的内容居中对齐*>
}
```

(12)返回到"设计"视图,将光标移至名为 pic1 的 Div 中,删除多余文字,插入素材图片"images/4. gif",按"Shift" + "Enter"组合键换行后,输入对应的介绍文字。

(13)将光标移至名为 pic1 的 Div 后,依次插入名为 pic2、pic3、pic4 的 Div,切换到外部 CSS 样式表文件中,创建名为#pic2、#pic3、#pic4 的 CSS 样式,代码和#pic1 相同。然后返回到"设计"视图中,在 pic2、pic3、pic4 中依次插入对应的图片并换行后输入对应的文字。效果如图 7 – 12 所示。

惠灵顿(Wellington)新西兰首都。惠灵顿是世界上处于最南端的首都,城市面积266.25平方千米。

奥克兰(Auckland)。是新西兰第一大城市,全国工业、商业和经济贸易中心,它拥有56个小岛。

基督城(Christchurch)位于新西兰南岛东岸,又名"花园之城",是新西兰第三大城市。

达尼丁(Dunedin),新西兰奥塔戈区首府,位于新西兰南岛东南海岸,是南岛第二大城市。

图 7 – 12   part01 部分效果图

(14)仿照 part01 的设计和制作方法,制作 part02 部分。效果如图 7 – 13 所示。

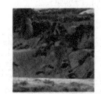

新西兰的矿藏主要有煤、金、铁矿、天然气,还有银、锰、钨、磷酸盐、石油等,但储量不大。

新西兰是罕见鸟类的天堂。最著名的是不会飞的奇异鸟,新西兰的非正式国家标志。

新西兰的森林资源丰富,森林面积810万公顷,占全国土地面积的30%,其中630万公顷为天然林。

新西兰岩龙虾:龙虾中的珍品,外观独特,外观拥有紫红色的外壳和橘红色的腿部,味道鲜美。

图 7 – 13   part02 部分效果图

(15)返回到"设计"视图,在名为 main 的 Div 后插入名为 bottom 的 Div,切换到外部

CSS 样式表文件中，创建名为#bottom 的 CSS 样式，代码如下：

```
#bottom {
    width: 258px;
    height: 89px;
    background-image: url (../images/13.gif);        <*设置背景图片为 13.gif*>
    background-repeat: no-repeat;
    background-position: left center;    <*设置背景水平靠左对齐，垂直居中*>
    padding-left: 242px;
    margin-top: 10px;
    margin-left: 29px;
}
```

（16）返回到"设计"视图，将光标移至名为 bottom 的 Div 中，删除多余文字，插入素材图片"images/14.gif"。

（17）在名为 bottom 的 Div 后插入名为 text 的 Div，切换到外部 CSS 样式表文件中，创建名为#text 的 CSS 样式，代码如下：

```
#text {
    width: 692px;
    height: 30px;
    line-height: 15px;
    text-align: center;
}
```

（18）返回到"设计"视图，将光标移至名为 text 的 Div 中，删除多余文字，输入版权等信息的相关文字。

（19）新西兰网站的首页制作完毕，可以按 F12 键在浏览器中预览网页。

任务二　动态网页制作

【实训准备】
（1）计算机实验室，学生每人一台计算机。
（2）计算机上安装有 Dreamweaver CS6 网页制作软件和 Access 数据库软件。
（3）计算机上已安装并配置好 IIS 服务。

【实训目的】
让学生学会创建 ASP 文件，学会利用脚本语言编写交互式动态网页，实现新西兰网站中留言板页面的设计和制作。通过本次实训任务，掌握动态网页的设计和制作方法。

【实训内容】
利用 VBScript 脚本语言和数据库存取组件的综合使用，开发设计基于 Access 数据库的留言板，如图 7-14 所示，可以显示留言和添加留言，并可以根据用户填写的 QQ 号和邮件与用户进行联系，用户添加留言后在留言板上会出现用户的姓名、留言内容和时间。

【实训过程】
（1）在 Access 新建一个空白数据库，存放在站点根目录下（例如"D:\电商网站\database"），保存为"compassnet.mdb"。

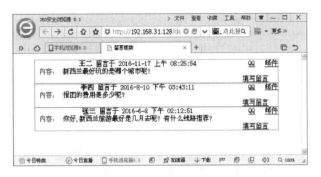

图 7-14 留言板首页

（2）创建第一个表 guestbook_main，用于存储留言信息，添加字段信息如图 7-15 所示，其中对于 date 字段，单击下面的默认值输入框，在其中输入"Now（）"，这样就可以将用户发表留言的时间自动保存在 date 字段中。

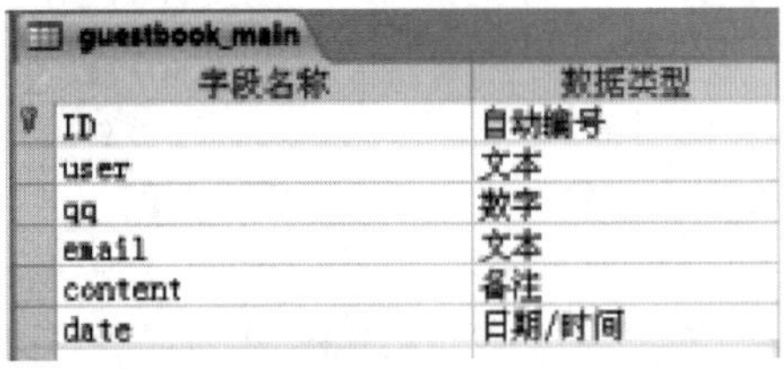

（3）表 guestbook_main 中的信息和网页中的留言信息相对应，例如图 7-14 网页中的内容对应数据表 guestbook_main 中的记录，如图 7-16 所示。

图 7-15 "guestbook_main"表设计器

图 7-16 "guestbook_main"表中的记录

（4）在 Dreamweaver CS6 中新建一个 ASP 文件，命名为 conn.asp，这个文件的作用就是将网页和数据库建立链接，代码如下：

```
<%
set conn = server.createobject("adodb.connection")
connstr = "Provider = Microsoft.jet.oledb.4.0;data source = "&server.mappath("database/compassnet.mdb")  '利用相对路径指明数据库文件 compassnet.mdb 的路径
conn.open connstr
%>
```

（5）在 Dreamweaver CS6 中新建一个 HTML 文件，命名为 default.asp，这个文件就是留言板首页，在这个文件中需要添加以下代码。

①在 head 标签中先输入一行代码：

`<!--#include file = "conn.asp" -->`

这段代码是把 conn.asp 文件包含进来，也就等于将刚才的代码插入了这个网页，实现 ASP 文件和数据库的链接。

②在 head 标签中输入以下代码：

```
<%
Dim sql
```

```
Set rs = Server.CreateObject("ADODB.Recordset")
sql = "select user, qq, email, content, date from guestbook_main order by id desc"
rs.Open sql, conn, 1, 1
%>
<%
Do While not rs.EOF
%>
```

这段代码的作用是设置一个字符串，为一个 sql 命令，也就是选择数据库 compassnet 中的 guestbook_main 表中的 user、qq、email、content、date 这几个字段，并按降序排列，即最新的记录排在最前。

③在 body 标签里输入以下代码：

```
<div align="center">
<table width="600" border="0" cellspacing="0" cellpadding="0" class="g1">
<tr>
<td colspan="3"><div align="center">
<table width="600" border="0" cellspacing="0" cellpadding="0">
<tr>
<td width="500"> <span class="STYLE1"><%=rs("user")%></span> 留言于 <%=rs("date")%></td>
<td width="100"><div align="right"><a href="http://search.tencent.com/cgi-bin/friend/user_show_info ln=<%=rs("qq")%>
">QQ</a>   <a href="mailto:<%=rs("email")%>
">邮件</a></div></td>
</tr>
</table>
</div></td>
</tr>
<tr>
<td colspan="3"><div align="center">
<table width="600" border="0" cellspacing="0" cellpadding="0">
<tr>
<td width="70"><div align="center" class="STYLE2">内容：</div></td>
<td width="530"><div align="left"><%=rs("content")%></div></td>
</tr>
</table>
</div></td>
</tr>
<tr>
<td colspan="3"><div align="center"></div></td>
</tr>
<tr>
<td width="436"><div align="center"></div></td>
<td width="80"><div align="center"></div></td>
```

\<td width="80"\>\<div align="center"\>\<a href="add.asp"\>填写留言\</a\>\</div\>\</td\>
\</tr\>
\</table\>
\</div\>

这段代码的作用是利用表格制作了留言板页面。其中，代码"a href="add.asp"＞填写留言\</a\>"表示如果单击"填写留言"则页面跳转到"add.asp"文件中去。

④在 default.asp 的链接 CSS 样式文件中，输入以下代码：

.STYLE1 {
color：#0000FF；
font-weight：bold；
}
.STYLE2 {color：#FF0000}
.g1 {
border：1px solid #66CCFF；
}

.STYLE1 用于设置留言板中"用户名"为蓝色加粗，.STYLE2 用于设置"内容"两字为红色，.g1 用于设置留言板中每条留言外边框为 1 像素蓝色线条。

⑤在 body 标签的表格上方输入以下代码：
\<%
Do While not rs.EOF
%\>

在表格下方输入以下代码：
\<%
rs.MoveNext
Loop
%\>

这段代码的作用是利用 Do...While...Loop 的循环，来读取数据库。如果没有到数据库记录的末尾，就继续读数据库。如果到达末尾，就停止读取。留言板首页效果图如图 7-14 所示。

(6) 在 Dreamweaver CS6 中新建一个 HTML 文件，命名为 add.asp，这个文件就是填写留言页面，在这个文件中输入以下代码：

\<form id="form1" name="form1" method="post" action="addsave.asp"\>
 \<table width="600" border="1" cellspacing="0" cellpadding="0"\>
  \<tr\>
\<td colspan="2"\>\<div align="center"\>新西兰网站留言本---填写留言\</div\>\</td\>
\</tr\>
\<tr\>
\<td width="168"\>\<div align="right"\>姓名：\</div\>\</td\>
\<td width="426"\>\<div align="left"\>
\<label\>
\<input name="user" type="text" id="name" /\>
 \</label\>

```
</div></td>
</tr>
<tr>
<td><div align="right">QQ号：</div></td>
<td><div align="left">
<label>
<input name="qq" type="text" id="qq" />
</label>
</div></td>
</tr>
<tr>
<td><div align="right">邮箱：</div></td>
<td><div align="left">
<label>
<input name="email" type="text" id="email" />
</label>
</div></td>
</tr>
<tr>
<td><div align="right">内容：</div></td>
<td><div align="left">
<label>
<textarea name="content" id="content"></textarea>
</label>
</div></td>
</tr>
<tr>
<td colspan="2"><div align="center">
<label>
<input type="submit" name="Submit" value="提交" /> 
<input type="reset" name="Submit2" value="重置" />
</label>
</div></td>
</tr>
</table>
</form>
```

这段代码的作用是利用表单中的文本框、文本域和按钮实现网页的交互功能，记录用户输入的内容。其中"`<form id="form1" name="form1" method="post" action="addsave.asp">`"这句代码的作用是：表单提交后的动作是转向addsave.asp页面。

填写留言页面效果图如图7-17所示。

（7）在Dreamweaver CS6中新建一个HTML文件，命名为addsave.asp，这个文件就是保存留言信息页面，在这个文件中需要添加以下代码。

①在head标签中输入以下代码：

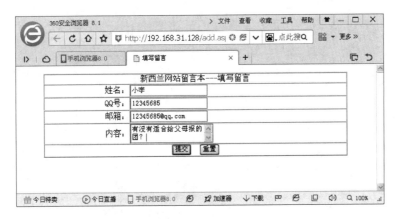

图 7-17 填写留言页面

```
<!--#include file="conn.asp"-->
<%
Dim sql,user,qq,email,content
Set rs = Server.CreateObject("ADODB.Recordset")
sql = "select user,qq,email,content from guestbook_main"
rs.Open sql,conn,1,3
rs.AddNew
user = Request.Form("user")
qq = Request.Form("qq")
email = Request.Form("email")
content = Request.Form("content")
rs("user") = user
rs("qq") = qq
rs("email") = email
rs("content") = content
rs.Update
rs.Close
Set rs = Nothing
conn.Close
Set Conn = Nothing
%>
```

这段代码的作用是利用记录集将用户输入的内容添加到数据库中。

②在 body 标签中输入以下代码：

添加成功，请<a href="default.asp">单击这里</a>自动跳转到留言本首页

这段代码的作用是提示用户留言内容添加成功，然后单击"单击这里"自动跳转到留言本首页。

保存留言信息页面效果图如图 7-18 所示。

单击"单击这里"后返回到留言板首页，并且用户填写的信息会出现在留言板的最上方，如图 7-19 所示。

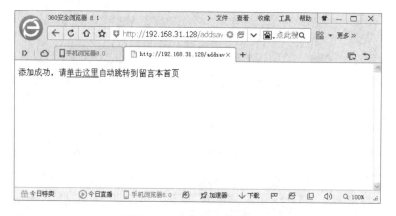

图 7-18 保存留言信息页面

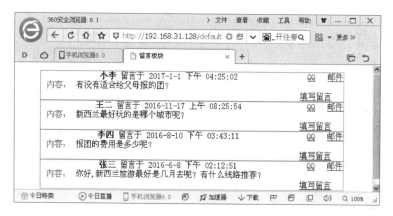

图 7-19 用户留言在留言板首页显示

技能训练

技能训练　网页的设计和开发

【训练准备】
（1）计算机实验室，能够访问 Internet，学生每人一台计算机。
（2）计算机上安装有网页开发所用的软件。
（3）计算机上已安装并配置好 IIS 服务。

【训练目的】
通过模仿淘宝店铺首页进行网页设计和开发，让学生学会利用 Dreamweaver CS6 软件设计和开发网页，强化 CSS+Div 的网页布局和美化能力，并利用 VBScript 脚本语言给页面增加交互功能，使页面更加生动、有活力。最终让学生掌握和具备开发设计电子商务网站网页的能力。

【训练内容】
通过上网浏览确定要模仿的淘宝店铺首页，并下载相关的素材图片，然后利用 Dream-

weaver CS6 软件设计和开发网页。

【实训过程】

（1）上网浏览，确定要模仿的淘宝店铺首页，确定网页的整体风格。

（2）新建站点，导入素材，新建 CSS 样式表文件。

（3）网页布局分析。根据观察，确定网页的布局。然后利用 Div 标签划分页面，利用 CSS 样式控制布局。

（4）为页面添加图片、文字、Flash 动画、音乐等内容，丰富页面。

（5）利用 CSS 美化页面，为页面添加背景颜色、背景图片、设置文字字体格式、边框、底纹等。

（6）利用 VBScript 脚本语言给页面增加交互功能，使页面更加生动、有活力。

（7）在浏览器中运行页面，查看网页制作效果。

网页的布局

手机线上支付

Dreamweaver 窗口组成

静态网页和动态网页的区别

项目八

电子商务网站推广与优化

电子商务网站推广与优化

知识目标

- 了解电子商务网站宣传与推广的途径。
- 熟悉传统宣传推广方式。
- 熟悉网络宣传推广方式。
- 掌握向搜索引擎注册电子商务网站的方法。
- 熟悉在线推广与离线推广的区别与联系。
- 熟悉电子商务网站广告的管理方法。
- 理解电子商务网站整合营销战略的内涵、关键层次和实施步骤。
- 熟悉电子商务网站信息沟通及分析的内容和方法。
- 了解数据挖掘的含义、流程。
- 掌握数据挖掘在电子商务网站中的应用。

能力目标

- 专业能力目标：了解电子商务网站宣传与推广的途径，熟悉传统宣传推广方式、网络宣传推广方式，掌握向搜索引擎注册电子商务网站的方法及步骤，熟悉电子商务网站广告的管理方法，掌握数据挖掘在电子商务网站中的应用。
- 社会能力目标：具有收集处理信息的能力，具有利用网络工具搜索及宣传推广的能力，具有策划能力和执行能力，具有创造性的思维能力。
- 方法能力目标：自学能力，文字编排能力，利用网络和文献获取信息资料的能力。

素质目标

- 培养学生爱岗敬业的工作作风，强化社会责任感。
- 培养学生诚实守信、规范经营、合法营销的职业素养，引导学生树立正确的价值观。
- 培养学生的创新创业意识和自力更生、团结协作的精神。

知识准备

单元一　传统的宣传与推广方式

"酒香不怕巷子深"的年代早已过去了，再优秀的网站也需要宣传。不经宣传的网站就像一块立在昏暗的地下通道里的公告牌，是最容易被人们忽略的。电子商务网站在 Internet 上发布之后，世界各地的用户就能随时随地地通过 Internet 网络对网站进行访问。如果想让更多的用户在全球数以万计的网址中搜索到企业的电子商务网站，扩大影响力和知名度，且充分地发挥网站的功能和作用，这就需要对网站进行宣传和推广。网站的宣传与推广主要包括在线推广、离线推广等途径。

当前，在我国电子商务水平飞速发展的情况下，网络推广成为电子商务网站宣传推广的重要方式，但是传统推广方式依然行之有效，被广泛应用，传统方式和网络方式双管齐下，能够更有效地营销和推广电子商务网站。传统宣传推广方式包括两类，即企业 VI 系统推广和传统媒体广告推广。

一、企业自身宣传推广

通过办公用品推广网站是一种很有效的方法。它也是企业形象识别系统（Corporate Identity System，CIS）的一个方面。企业形象识别系统 CIS 包括理念识别（Mind Identity，MI）、行为识别（Behavior Identity，BI）、视觉识别（Visual Identity，VI）和听觉识别（Hear Identity，HI）四部分。其中，VI 是 CIS 的核心部分，所以普遍意义上的 CI 是指企业视觉识别 VI。视觉识别包括基本设计要素和应用设计要素两大部分。

基本设计要素包括标志、标志制图法、标志使用规范、象征图案、中文标准字体、中文制定印刷体、英文标注字、英文制定印刷体、标志与标准字结合、企业标准色、企业辅助色、标志与标准色彩使用规范等。

应用设计要素包括办公用品类、广告使用类、车辆使用类、服装使用类及其他使用延伸。如果企业拥有良好的 VI 系统，可以在 VI 系统中加入网站地址。如把网址加入：公司职员名片、公司的信纸、信封、传真头、产品目录、支票、产品包装、感谢信、竞标书等各种办公用品上；企业建筑造型、公司旗帜、企业招牌、公共标识牌等外部建筑环境中；企业内部建筑环境，如内部常用标识牌、货架标牌等上面；各种交通工具上面；公司员工的服装服饰上等；各种产品包装袋上；以及公司对外赠送的小礼品上，借以宣传推广企业网站。

二、通过传统媒体宣传推广

在现阶段的中国，传统媒体宣传的影响力仍然远大于网络，特别是对于面向国内的站点，电视、报纸、杂志等这些媒体的效应可以说是立竿见影，这也是为什么现在那么多网站喜欢炒作的原因——通过吸引媒体，特别是传统媒体的注意力达到宣传的作用。企业网站的推广，应该融入整个企业的宣传工作中，在所有的广告、展览、各种活动中都要在显著处加入公司的网站，并做适当介绍。传统媒体的宣传可采用以下几种主要形式：

1. 报纸、杂志纸媒推广

报纸是使用传统方式宣传网址的主要途径之一，消费总额非常巨大。传统报纸的新闻具有报道深入、发行量大、传播范围广和信息量足的优势。我们经常在报刊上看到各类企业网站的网址，这样大量的读者就会知道相应的信息。

2. 电视和电台媒体推广

广播电视是传播速度最快、迅速及时，并且拥有巨大的客户的媒体。电视及电台是目前最为有效、最广泛的宣传手段，它有其独特的视觉、听觉冲击力。通过对公司网站的宣传与推广，可以起到很好的效果。如 http：//www.58.com 网站聘请名人在电视做广告，宣传推广该网站。

3. 户外媒体宣传推广

户外媒体主要有：LED 大屏幕广告、三面翻、小区 LED 告示板、车载 TV、车身广告、车站灯箱、楼宇广告等，这类广告可以进一步地消除广告覆盖的盲区，提高广告覆盖率，有助于给老百姓一种很有实力的印象。户外广告种类繁多，常见的户外广告有：路边广告牌、高立柱广告牌（俗称高炮）、灯箱、霓虹灯广告牌、LED 看板等，现在甚至有升空气球、飞艇等先进的户外广告形式。由于是在户外，特别是陈列在繁华地段、高速公路两侧、建筑物顶层等位置，特别吸引人。可以通过这种形式推广网站。

4. DM 推广

DM 全称为印刷品直递广告，是并列于电视广告、电台广告、报纸广告、户外广告、互联网广告的又一大广告形式，它有三种主要发布渠道，即直递投入居民信箱、商务楼派发、车站地铁等地定点派发，它是通过邮件递送服务，将特定的信息直接给与目标对象的各种形式广告。与上述各类广告形式相比，DM 广告拥有覆盖面广、受众群体可选择性强、广告信息传递速度快、版面及篇幅灵活、传阅率高、滞留时间长、广告成本低等诸多优点，在产品推介、信息传递、品牌提升方面越来越显示出强大的生命力。DM 广告特别适合于商场、超市、商业连锁、餐饮连锁、各种专卖店、电视购物、网上购物、电话购物等各类卖场和虚拟卖场，也非常适合于其他行业相关产品的市场推广。如果将企业网站的相关内容制作成DM，投递到准用户手中，推广效果会更明显。

5. 口头宣传

这种方法虽然是最古老的信息传播方式，但在很多情况下人们知道某个网站的网址常常是通过朋友或同事之间的口头介绍得来的，所以企业不应该忽略这种方式。企业应利用各种公关场合宣传自己的网站及其服务内容。朋友之间、熟人之间口头传播的信息比其他渠道获得的信息具有更高的可信度。

6. 在新兴的媒体上进行宣传

随着科技的进步，宣传方式更是形式多样，层出不穷。比如手机的普及，就可以利用手机短消息传播信息，宣传企业网站。

7. 与第三方合作

与其他公司或机构合作，采用冠名、赞助、广告背景的公益标语等，但是这些推广有不确定性，只有遇到合适机会才可采用。

单元二 网络宣传与推广方式

网络极大地提高了传播效率,同时降低了信息发布与获得的成本,因此网络推广是电子商务网站推广中最常采用的方式。采用这种方式的最大好处:一是大大降低了信息发布与获取的成本;二是极大地扩展了网站推广的有效辐射范围。在网上进行网站宣传推广的具体方法很多,主要的有登录搜索引擎,利用网络广告,利用网站合作,利用各种论坛、讨论组、供求黄页,使用定向的邮件列表等。具体采用哪些方法,必须根据特定网站的具体情况,制定具体的网上推广方案。

一、搜索引擎推广方式

根据最新统计报告显示:国内用户得知新网站的最主要的途径中,搜索引擎占到80%以上,高居所有途径之首。因此,注册搜索引擎已成为企业网站推广的重要方式。通过在搜索引擎上注册,企业网站就会有更多的机会被广大潜在用户访问到。搜索引擎注册是上网企业获得成功的必由之路。

(一)搜索引擎的含义

搜索引擎(Search Engine)是指根据一定的策略、运用特定的计算机程序搜集互联网上的信息,在对信息进行组织和处理后,并将处理后的信息显示给用户,是为用户提供检索服务的系统。搜索一般有两种:一种是对数据库中关键字的搜索,一种是对网页 META 关键字的搜索。如果想让大型网站搜索到自己的网页,最好的方法就是到该网站去注册,让自己的网页信息在该网站的数据库中占有一席之地。

(二)注册搜索引擎的方式

1. 搜索引擎登录

只有网站登录各大搜索,广大的客户才可以在百度等搜索上搜到企业的网站。

2. 搜索竞价广告

现在企业最常用的应是搜索竞价的广告,较常用的是百度竞价(百度目前新推出了专业版)和 Google 的关键词广告即 Google AdWords。

3. 搜索引擎优化

即 SEO(Search Engine Optimization),汉译为搜索引擎优化,主要目的是增加特定关键字的曝光率以增加网站的能见度,进而增加销售的机会。它是针对企业网站的分析,对相关的关键词,在搜索引擎做一下优化,来对网页进行相关的优化,使其提高搜索引擎排名,从而提高网站访问量,最终提升网站的销售能力或宣传能力的技术。

(三)搜索引擎的分类

1. 全文索引

全文搜索引擎是名副其实的搜索引擎,国外代表有 Google,国内则有著名的百度搜索。它们从互联网提取各个网站的信息(以网页文字为主),建立起数据库,并能检索与用户查询条件相匹配的记录,按一定的排列顺序返回结果。

根据搜索结果来源的不同,全文搜索引擎可分为两类,一类拥有自己的网页抓取、索引、检索系统（Indexer），有独立的"蜘蛛"（Spider）程序，或爬虫（Crawler），或"机器人"（Robot）程序（这三种称法意义相同），能自建网页数据库，搜索结果直接从自身的数据库中调用，上面提到的 Google 和百度就属于此类；另一类则是租用其他搜索引擎的数据库，并按自定的格式排列搜索结果，如 Lycos 搜索引擎。

2. 目录索引

目录索引虽然有搜索功能，但严格意义上不能称为真正的搜索引擎，只是按目录分类的网站链接列表而已。用户完全可以按照分类目录找到所需要的信息，不依靠关键词（Keywords）进行查询。目录索引中最具代表性的莫过于大名鼎鼎的 Yahoo、新浪分类目录搜索。

3. 元搜索引擎

元搜索引擎（META Search Engine）接受用户查询请求后，同时在多个搜索引擎上搜索，并将结果返回给用户。著名的元搜索引擎有 InfoSpace、Dogpile、Vivisimo 等，中文元搜索引擎中具有代表性的是搜星搜索引擎。在搜索结果排列方面，有的直接按来源排列搜索结果，如 Dogpile；有的则按自定规则将结果重新排列组合，如 Vivisimo。

4. 垂直搜索引擎

垂直搜索引擎为 2006 年后逐步兴起的一类搜索引擎。不同于通用的网页搜索引擎，垂直搜索专注于特定的搜索领域和搜索需求（例如：机票搜索、旅游搜索、生活搜索、小说搜索、视频搜索等），在其特定的搜索领域有更好的用户体验。相比通用搜索动辄数千台检索服务器，垂直搜索需要的硬件成本低、用户需求特定、查询的方式多样。

5. 其他非主流搜索引擎形式

（1）集合式搜索引擎：该搜索引擎类似元搜索引擎，区别在于它并非同时调用多个搜索引擎进行搜索，而是由用户从提供的若干搜索引擎中选择，如 HotBot 在 2002 年底推出的搜索引擎。

（2）门户搜索引擎：AOL Search、MSN Search 等虽然提供搜索服务，但自身既没有分类目录也没有网页数据库，其搜索结果完全来自其他搜索引擎。

（3）免费链接列表（Free For All Links，FFA）：一般只简单地滚动链接条目，少部分有简单的分类目录，不过规模要比 Yahoo 等目录索引小很多。

（四）搜索引擎的工作原理

1. 抓取网页

每个独立的搜索引擎都有自己的网页抓取程序（spider）。Spider 顺着网页中的超链接，连续地抓取网页。被抓取的网页称为网页快照。由于互联网中超链接的应用很普遍，理论上，从一定范围的网页出发，就能搜集到绝大多数的网页。

2. 处理网页

搜索引擎抓到网页后，还要做大量的预处理工作，才能提供检索服务。其中，最重要的就是提取关键词，建立索引文件。其他还包括去除重复网页、分词（中文）、判断网页类型、分析超链接、计算网页的重要度/丰富度等。

3. 提供检索服务

用户输入关键词进行检索，搜索引擎从索引数据库中找到匹配该关键词的网页；为了用户便于判断，除了网页标题和 URL 外，还会提供一段来自网页的摘要以及其他信息。

（五）利用搜索引擎推广网站的技巧

要将企业的网站登录到主要的搜索引擎上去，就必须优化网页索引。

1. 写网页标题

用 5~8 个字为每一页写个描述性的标题。尽量将之乎者也的虚词去掉，要简洁明了。标题内容应包括公司名称，加上主要业务范围。格式如下：

< head >
< title > sinorgchem co. sahngdong - rubber antioxidants </title >
</head >

2. 罗列关键词

找出有关贵公司的关键词，不超过 20 个。注意不要重复同样的关键词 3 次以上，否则可能受到一些搜索引擎的惩罚。格式如下：

< head >
< meta name = "keywords"，content = "关键词（中文 20 字以内，英文 100 字节以内）" >
</head >

3. 写网页描述

去掉 and、the、a、an、company 之类的虚词，也不必重复网页标题里用过的词语，尽量节省空间，写有用的词语。格式如下：

< meta name = "description"，content = "produces rubber antioxidants，rt base（pada），accelerator ns，p-fluorobenzoic acid，phosphorus pentachloride，3，5-collidine." >

4. 将网页递交给搜索引擎

在将网页递交给 altavista、excite、hotbot、lycos、infoseek、webcrawler 之后，它们会自动"爬读"，也就是将网页编入索引。

二、电子邮件推广方式

如果说搜索引擎推广是一种被动式的网络营销，那么电子邮件推广则是一种主动性的推广，是类似于根据企业名录发征订单的一种宣传推广方式。电子邮件推广是利用邮件地址列表（客户名录），将信息通过 E-mail 发送到对方邮箱，以期达到宣传推广的目的。电子邮件是目前使用最广泛的互联网应用。它方便快捷，成本低廉，不失为一种有效的联络工具。电子邮件推销类似传统的直销方式，属于主动信息发布，带有一定的强制性。

（一）建立电子邮件列表的几种主要途径

邮件列表是一个 E-mail 地址表，使用邮件列表可以向一组用户广播式群发电子邮件。电子邮件推广是指通过各种形式和渠道获取现有客户或潜在客户的 E-mail，并建立邮件列表，以直接向客户发送电子邮件形式的推广。据统计，通过电子邮件直接发送的广告回应率达 5%~15%，而链接广告的点击率通常只有 1% 左右。

1. 会员注册

会员注册是一种最常见的获取客户电子邮件的手段，商家可以在自己的网站上提供会员服务，对于会员用户可以享有比非会员用户更多更好的服务，从而鼓励会员注册。会员享有的权利可以是享有信息服务、参加交易、参加论坛等，也可以是为参加某一活动，如演唱会、音乐会等。会员注册条款中应申明保护个人隐私的条款，以免用户对注册后个人隐私暴露的担心，从而影响注册信息的真实性。

2. 提供免费的订阅和咨询服务

网站可以提供一些免费的杂志、新闻和专业知识的网上订阅，或是向用户提供免费的无版权的咨询服务，从而建立起客户的电子邮件列表。这种方法是以免费服务鼓励访问者自愿加入你的邮件列表，是建立潜在顾客列表的最有力手段，免费订阅服务应该同时向客户提供取消订阅的服务。

3. 广告收集

随着上网企业的不断增加，企业也越来越多地重视在传统媒体上作广告时，发布自己的 E-mail 地址，以利用 E-mail 联系方式扩大客户范围。欲通过 E-mail 进行推广的企业，可以通过传统的报纸、杂志、户外广告、电视广告等收集自己潜在客户的 E-mail 地址。

4. 提供"向朋友推荐服务"

对于自己网站上的新闻、服务和产品，可以对客户提供"向朋友推荐"的服务，即客户在看到一条好的新闻、一个好的产品或服务时，可以向自己的朋友推荐，推荐需要注册其所推荐朋友的 E-mail 地址。

5. 发布自己的 E-mail

网站可以在各种传统媒体上刊登自己的广告，并留下自己的 E-mail 地址，当有客户以 E-mail 方式联系时，就可以增加自己的邮件列表。在发布广告时，可以只留下 E-mail 地址，或是对通过 E-mail 方式联系的客户给予特殊折扣优惠或奖励，从而达到更有效建立邮件列表的目的。

6. 建立邮件列表

邮件列表（Mail list）是 Internet 上的一种重要工具，用于各种群体之间的信息交流和信息发布。邮件列表具有传播范围广的特点，可以向 Internet 上数十万个用户迅速传递消息，传递的方式可以是主持人发言、自由讨论和授权发言人发言等方式。邮件列表具有使用简单方便的特点，只要能够使用 E-mail，就可以使用邮件列表。

利用邮件列表进行推广可以有两种形式：租用邮件列表和建立自己的邮件列表。租用是指花钱购买邮件列表服务商所收集的 E-mail 地址，进行 E-mail 推广。邮件列表的建立和扩大关键是要能够提供好的内容，而且在允许订阅的同时也允许取消订阅。

（二）电子邮件宣传推广方法

利用电子邮件宣传推广网站一般有两种方法：一是利用软件进行邮件群发。这种方法对于网站发送者来说很省力，但要注意群发的技巧，以免引起邮件接收者的反感。二是对个人单独寄发邮件。这样效果相对会比较好，尤其是对企业的邮件列表用户。

（三）电子邮件推广应注意的问题

通过电子邮件推广产品，必须要谨慎，尊重客户。如果不顾客户的感受，滥发邮件，容易造成客户反感，反而造成负面的影响。现在国内外都成立法律禁止电子邮件的滥发。进行电子邮件推广，要注意以下几点。

（1）要获取电子邮件地址。只有知道顾客的邮件地址，才能给他们发电子邮件，所以电子邮件营销的第一步是收集潜在顾客的邮件地址。获取潜在顾客的邮件地址一般有两种方法：一是用软件搜索或向专门收集邮件地址的个人或公司购买。这样的邮件地址从数量上来说很多，但取得的效果并不好。二是利用邮件列表获取邮件地址，这种地址要有效得多，因为只有对网站感兴趣的客户才会加入邮件列表中，这样的客户才是网站真正的潜在客户。

(2)选择邮件发送网站。对于一般的企业来说，都可以利用自己的网站邮箱发送电子邮件。这样做可以使邮件接收者直接获得企业网站的地址。同时，也可以利用一些公共网站发送邮件。不要滥发邮件，发送的对象必须是有兴趣（行业相关）的公司或人。

(3)邮件的发生必须有主题，主题必须明确。电子邮件的主题是收件人最早看到的信息，邮件内容是否吸引人注意，主题起到相当重要的作用。邮件主题应该言简意赅，以便收件人决定是否继续阅读邮件内容。

(4)把握发送频率。发邮件的频率不要太高，同样内容的邮件，每个月发送 2~3 次为好。

(5)认真仔细编写邮件的内容，要简短有说服力。

(6)必须将宣传对象引到网站来，因为网站才能提供详尽的信息，才更有说服力。

三、资源合作推广方式

通过网站交换链接、交换广告、内容合作、用户资源合作等方式，在具有类似目标网站之间实现互相推广的目的。其中最常用的资源合作方式为网站链接策略，利用合作伙伴之间网站访问量资源进行合作，互为推广。

每个企业网站均可以拥有自己的资源，这种资源可以表现为一定的访问量、注册用户信息、有价值的内容和功能、网络广告空间等，利用网站的资源与合作伙伴开展合作，实现资源共享，共同扩大收益的目的。在这些资源合作形式中，交换链接是最简单的一种合作方式，调查表明它也是新网站推广的有效方式之一。交换链接或称互惠链接、互换链接等，是具有一定互补优势的网站之间的简单合作形式，即分别在自己的网站上放置对方网站的 Logo 或网站名称并设置对方网站的超级链接，使用户可以从合作网站中发现自己的网站，达到互相推广的目的。

(一)交换链接的作用

1. 提升网站流量

很多年前，交换链接是以广告为目的的，为了相互从对方的网站上获取流量。但是现在来看，这样的流量可以忽略不计，如果站长是为了从对方网站获取流量而交换链接，笔者觉得大可不必。就算搜狐、新浪这样的网站为你的网站做了友情链接，能够每天进来上百 IP 已经是上限了。

2. 提升用户体验

跟同行间交换友情链接，的确可以为网站带来良好的用户体验，自己网站没有的内容，引导用户从其他网站获取，可以有效提升网站用户体验，这也就是为什么说交换同行业网站友情链接可以提升权重的原因之一。但是，可能会间接提升网站的跳出率。

3. 提升网站权重

这个才是目前交换友情链接最根本的目的，通过提升网站权重，可以从搜索引擎获得更加好的展现机会和展现位置，以便能让网站的盈利与收入发生较大的变化。同样对于吸引蜘蛛爬行，更加有效地抓取网站的内容，增加收录，效果是非常好的。

4. 提高知名度

提升网站知名度是个别案例，如果能让搜狐、网易、新浪、凤凰网等这样的大型网站做你网站的友情链接，对你网站知名度的提升是有很大帮助的。

（二）交换链接的类型

网站链接有文字链接和图片链接两种。

1. 文字链接

文字链接是指在建立链接的网站上只显示一些宣传性的文字，如网站名字、产品或服务名字、其他介绍性文字等，通过这些文字建立起通入自己网站的超链接，以某关键字作为标题附带 URL 地址。文字链接格式如：＜a href ＝"链接地址"＞百度＜/a＞。

2. 图片链接

图片链接是在建立链接的网站上以一个图片的形式建立起超链接，图片一般都体现了自身网站的 CI 形象，图片可以是动画，也可以是艺术字等。

以某图片（一般为网站 Logo——88 像素×32 像素）作为链接目标附带 URL 地址。

图片链接格式如：＜a href ＝"链接地址"＞＜img src ＝"图片地址"＞＜/a＞。

（三）交换链接的方式

1. QQ 群交换链接

在网站初期，加入友情链接 QQ 群，可以很有效地找到大量的网站站长和链接专员的联系方式，然后一个个联系他们。经过一番对他们网站的各方面数据筛选以后，便可以互相将对方的链接加到自己的网站上面。

2. 友情链接交换平台

在友情链接交换平台，交换链接是经常使用的一种方式，这样的平台的用户体验非常不错，现在很多交换友情链接的软件都是通过前期这样的模式设计的，只是从 Web 端做成了桌面软件。虽然现在很多这样的平台都在"百度绿萝算法"推出时"阵亡"了，但是并不妨碍站长们继续使用它们的服务。

3. 友情链接交换软件

近年来，交换链接的专用软件"换链神器"和"爱链"相继上线，成为网站推广必备的两款软件。换链神器的 VIP 版同时也具备一些其他的站长需要的功能，比如：关键词挖掘、网站 SEO 监控等功能；爱链是爱站网推出的爱站 SEO 工具包的附属功能软件，功能非常强大。从交换对比数据功能上来比较，换链神器可参考的数据比较多一些，主要是在百度权重上面。换链神器可以选择爱站网和站长网的百度权重进行对比。除此以外，大多数功能都差不多。

4. 挖掘竞争对手的友情链接

打开竞争对手网站，或者通过在搜索引擎上面查询竞争对手的外链，然后一个个联系，寻求与他们进行交换。同样也可以挖掘竞争对手所做的外链，看他们做了哪些外链，也跟着做，这样可以有效地缩短跟竞争对手在外链上面的差距。做到敌无我有、敌有我有，这样做的效果很明显。当然，不但可以挖掘竞争对手的，也可以挖掘合作的友情链接网站的资源。

四、微信推广方式

1. 微信推广的优势

（1）用户群体规模庞大。根据中国互联网络信息中心的报告，截至 2017 年 12 月，微信使用率为 87.3%，相当于有 67 亿人为潜在的微信推广对象。借助这个群体，可以开展网站的推广活动，将产品或者企业直接推送到微信用户面前，用户可以选择打开查看，也可以选择不查看。从已知的经验数据看，有1％的用户会主动打开未知的微信公众号，阅读推送的信息。这样来看，群体的规模的确能带来浏览量，扩大对企业或产品产生兴趣者的规模，进而黏住这部分群体，完成最终的电子商务业务。

（2）推广过程针对性强。微信具有标题醒目，文、图、视频等多种媒体同时存在的特征，便于开展有针对性的推广活动。例如，企业可以直接写入"家装空间""红叶服装"等作为微信开头的名称，便于信息接收者随时关注相关内容，对于那些与工作或者生活具有高相关度的信息，马上可以获取；还可以通过接收者的自愿发布，让更多有相关性的人接收到微信的推广内容。

（3）"推""拉"结合的营销方式。在营销理论中有"推""拉"之说。所谓"推"是指企业直接向用户发送及时信息，进行营销活动。在这个方式中以往是以短信营销居多，现在以微信营销为主。从表面上看，推广方是活动的主动方。所谓"拉"是指企业或者个人有信息需求，主动寻找信息，完成交易或者获得服务的活动。过去网页搜索是主要的"拉"的方式，需求者通过搜索，将异端的信息捕获到本地。微信可以完成"拉"的过程。在微信发布范围内，接收信息人有时会通过微信主动寻找需要的信息，完成过去只能通过搜索才能实现的功能。这样看来，微信兼具"推""拉"双重效果，更便于企业推广网站和消费者或者企业获得网站推广信息。

（4）经济实惠的手段。自从2013年推出微信公众号以来，微信提供服务号和订阅号服务，帮助企业、媒体、政府机构、非盈利组织、个人等发布信息，其费用非常低廉。再加上微信本身具有的群功能等，更可以帮助推广者广而告之，其费用为300元/年。这样的开支，对个人和企业都是一个微不足道的支出，却可以产生巨大的经济效益。越来越多的企业开始使用公众号手段开展推广活动。腾讯发布的《2017年微信数据报告》显示公众号月活跃账号数为350万，较2016年增长了14％，月活跃粉丝数为7.97亿，相比于2016年增长了19％。由此看出，企业对于微信的推广手段还是非常认同的。

2. 微信推广的方式

日常生活中，微信已经成为不可或缺的工具。由于使用习惯各异，通常用户只涉及微信推广的一部分应用。据腾讯营销平台信息，微信的推广方式多种多样，主要包括微信朋友圈本地推广广告、微信朋友圈原生推广页广告、微信朋友圈小视频广告、微信朋友圈图文广告、品牌活动推广、公众号推广、移动应用推广和微信卡券推广。

（1）微信朋友圈本地推广广告。借助LBS（Location Based Services，基于移动位置服务）技术，朋友圈本地推广可以精准定向周边3～5千米人群，无论是新店开业、促销，还是新品上市、会员营销，朋友圈本地广告都能有效触达顾客，提高门店顾客到访率。商户可以通过门店名称、城市地理位置加强所在地用户对商家品牌的认知。

（2）微信朋友圈原生推广页广告。要打造完美品牌故事，光有内容远远不够，原生推广页广告能够更好地助力品牌在形式、技术等方面提升用户的观赏体验。原生推广页广告由微信朋友圈外层展示和内层原生推广页两部分组成，点击可直接打开原生推广页，体验流程自然。

（3）微信朋友圈小视频广告。外层小视频默认播放，点击进入完整视频，同时可选择跳转链接，层层深入，将目标受众"自然地"带入故事情境之中，生动呈现品牌主张。

（4）微信朋友圈图文广告。如同朋友圈好友动态的形态结构，文字、图片、链接可灵活自由配置，提供多样的展示形式，满足个性化的创意表达。

（5）品牌活动推广。广告融入生活场景，让用户知道、喜欢该品牌。

（6）公众号推广。在朋友圈推广公众号，让"关注"一键直达目标，广告的自然呈现也为品牌价值加分。

（7）移动应用推广。在朋友圈推广移动应用，朋友间的互动转发将有效拉动应用下载激活，提升应用认知度和使用量。

（8）微信卡券推广。通过互动连接品牌与用户，提升品牌认知度并传播信息。

五、信息发布推广方式

将有关的网站推广信息发布在其他潜在用户可能访问的网站上，利用用户在这些网站获取信息的机会实现网站推广的目的，适用于这些信息发布的网站包括在线黄页、分类广告、论坛、博客网站、供求信息平台、行业网站等。信息发布是免费网站推广的常用方式之一，尤其在互联网发展早期，网上信息量相对较少时，往往通过信息发布的方式即可取得满意的效果，不过随着网上信息量爆炸式的增长，这种依靠免费信息发布的方式所能发挥的作用日益降低，同时由于更多更加有效的网站推广方式的出现，信息发布在网站推广的常用方式的重要程度也有明显的下降，因此依靠大量发送免费信息的方式已经没有太大价值，不过一些针对性、专业性的信息仍然可以引起人们极大的关注。

比如 BBS（Bulletin Board Service，电子公告服务）推广，是指在互联网上以电子布告牌、电子白板、电子论坛、网络聊天室、留言板等交互形式为上网用户提供信息发布条件的行为。企业的电子商务网站可开辟 BBS 专栏，或借助已有的 BBS 网站推广企业的电子商务网站。在使用 BBS 推广时，可以从以下几个方面入手。

（1）开办主题论坛：结合企业的经营特点、产品特点开办由企业引导的主题论坛。

（2）开办用户俱乐部：开办由用户组织的俱乐部，交流用户心得，传播产品信息。

（3）专家讲座：举办行业内权威人士主持的讲座，宣传企业，宣传产品，普及使用常识。

（4）参与 BBS 网站的论坛活动：尽可能多地参与各种相关 BBS 网站的论坛活动，广泛发布企业网站信息。

六、网络广告推广方式

网络广告就是在网络上做的广告。它是利用网站上的广告横幅、文本链接、多媒体的方式，在互联网刊登或发布广告，通过网络传递到互联网用户的一种高科技广告运作方式。网络广告也是宣传推广电子商务网站的重要手段之一。它可以在网络上为电子商务沟通树立品牌形象，并且可以吸引目标客户进入相关的宣传页面。

与传统的四大传播媒体（报纸、杂志、电视、广播）广告及近来备受垂青的户外广告相比，网络广告具有得天独厚的优势，是实施现代营销媒体战略的重要部分。Internet 是一个全新的广告媒体，速度最快、效果很理想，是中小企业扩展壮大的很好途径，对于广泛开展国际业务的公司更是如此。

(一) 网络广告类型

1. 横幅广告

横幅广告（包含 Banner、Button、通栏、竖边、巨幅等）以 GIF、JPG、Flash 等格式的图像文件来表现广告内容，放置在广告商的页面上，通常大小为 468 像素×68 像素。它的尺寸在一定范围内可以变化。按照互动广告局（Interactive Advertising Bureau）的规范，468 像素×60 像素的称为全横幅广告（Full Banner），234 像素×60 像素的称为半横幅广告（Half Banner），120 像素×240 像素的称为垂直旗帜广告（Vertical Banner）。

从表现形式上，横幅广告可以分成三种类型：静态横幅、动画横幅、互动式横幅。

横幅广告的特点：一是横幅广告的"篇幅"限制严格。首先是尺寸，一般的通用规范大到 468 像素×60 像素，小到 100 像素×30 像素；其次是大小，对于广告投放者而言，广告是越小越好，一般不能超过 15 KB。二是横幅广告特别需要"抓人"。广告在页面中所占的比例较小，一定要设计得醒目，吸引人。三是横幅广告希望"被点击"。这是网络广告与传统广告最根本的区别，它不仅仅单方面传递信息，还需要唤起网友"点击"的行动。

2. 文本链接广告

文本链接广告是以一排文字作为一个广告，点击后可以进入相应的广告页面。这种广告对浏览者干扰最少，是较为有效果的网络广告形式。

3. 电子邮件广告

电子邮件广告是以电子邮件为传播载体的一种网络广告形式，电子邮件广告有可能全部是广告信息，也可能在电子邮件中穿插一些实用的相关信息，可能是一次性的，也可能是多次的或者定期的。通常情况下，网络用户需要事先同意加入该电子邮件广告邮件列表中，以表示同意接受这类广告信息，这样才会接收到电子邮件广告，这是一种许可行销的模式。那些未经许可而收到的电子邮件广告通常被视为垃圾邮件。

4. 按钮式广告

按钮式广告是一种小面积的广告形式，这种广告形式被开发出来主要有两个原因，一方面是可以通过减小面积来降低购买成本，让小预算的广告主能够有能力进行购买；另一方面是更好地利用网页中比较小面积的零散空白位。常见的按钮式广告有 125 像素×125 像素、120 像素×90 像素、120 像素×60 像素、88 像素×31 像素四种尺寸。在进行购买的时候，广告主也可以购买连续位置的几个按钮式广告组成双按钮式广告、三按钮式广告等，以加强宣传效果。按钮式广告一般容量比较小，常见的有 JPEG、GIF、Flash 三种格式。

5. 插播式广告

插播式广告（弹出式广告）是在两个网页出现的空间中插播的网络广告总称，就像电视节目中的广告一样。插播式广告有不同的出现形式：有的出现在浏览器主窗口播放，有的新开一个小窗口，有的利用流媒体和富媒体，也有一些尺寸比较小、可以快速下载内容。从广义上讲，插播式广告家族包括弹出式广告、弹入式广告、过渡式插入广告和智能插播式广告。尽管插播式广告被抱怨干扰用户访问目标且页面下载速度变慢，但这种形式还是十分受广告主的欢迎，因为它们在品牌回应方面表现出色，而且比横幅广告有更高的点击率。

6. 赞助式广告

赞助式广告确切地说是一种广告投放传播的方式，而不仅仅是一种网络广告的形式。它可能是通栏式广告、弹出式广告等形式中的一种，也可能是包含很多广告形式的打包计划，甚至是以冠名等方式出现的一种广告形式。赞助式广告常见的类型包括内容赞助式广告、节目/栏目赞助式广告、事件赞助式广告、节日赞助式广告等。

7. 关键词广告

关键词广告不同于基于网页发布的网络广告或者电子邮件广告，其所依附的载体是搜索引擎的检索结果，虽然关键词广告也显示在网页上，但这个网页的内容和上面的关键词广告都不是固定的，只有当用户使用某个关键词检索时才会出现，这就决定了关键词广告具有一定的特殊性。

8. 浮动广告

浮动广告是一种在网页中浮动出现的小型图片广告，随着网页滚动条的移动而移动，或随机在网页中上下左右浮动。浮动广告目前在许多网站的主页上很流行，这种广告形式被浏览者点击的可能性增加，但广告图片遮挡住网页的一少部分内容，给浏览者带来了不便。

9. 分类广告

它类似于报纸杂志中的分类广告，通过一种专门提供广告信息的站点来发布广告。在站点中提供出按照产品目录或企业名录等方法可以分类检索的深度广告信息。这种类型的广告对于那些想查找广告信息的访问者来说，无疑是一种快捷而有效的途径，如图 8-1 所示。

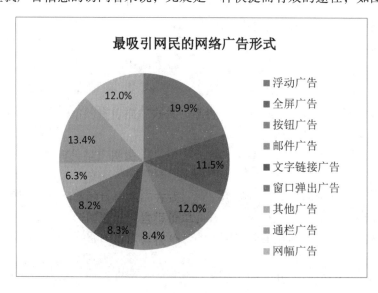

图 8-1 最吸引网民的网络广告形式

（二）网络广告推广技巧

（1）在网页上方推广广告比下方效果好。统计表明，许多访客不愿意通过拖动滚动条来获取内容，因而放置在页面上方的广告比放置在页面下方的广告所获得的点击率高。

（2）广告面积越大越好。通常网络广告的大小标准为 468 像素×68 像素、150 像素×668 像素和 88 像素×31 像素三种，显而易见，一个大的广告图片更容易吸引访客的注意力，当然不同大小的广告横幅价格也会各不相同。

（3）经常更换图片。一般来说，一个图片放置一段时间以后，点击率就会开始下降，因而应当经常更换图片，以保持图片的新鲜感。

（4）用合适的词语。广告中使用的文字必须能够引起访客的好奇和兴趣。广告的词语要和网站主要内容相符合。

（5）适当使用图片，但不忽视文字的作用。在电子邮件杂志中可以放置纯文字广告，一般用 100 字左右表现广告的内容。

（6）选择合适的广告网站。即使 CPT 价格一样，在流量不同网站做广告，效果完全不同。

（三）通过网络广告推广时应做好以下工作

1. 确定广告目标

网络广告目标应建立在有关的目标市场、市场定位及营销策略组合计划的基础上，通过对市场竞争状况充分地调查分析来确定，在企业不同发展时期有不同的广告目标。即使对于产品本身，在产品的不同发展阶段，广告的目标也不相同。

2. 确定网络广告预算

除了利用内容广告资源和合作伙伴交换广告资源等形式之外，网络广告通常利用专业服务商的广告资源来投放，即购买广告空间。因此，为实现一定的广告目标，就应该做好广告预算，制定广告价目表。网站广告价目表举例如下。

天碟数码网站广告价目表

广告刊发须知：

（1）本广告价格适用于所有在中华人民共和国境内从事商业活动的企业和团体；

（2）预订广告时需交验下列证明：

工商企业单位应出具营业执照副本复印件及单位证明；

机关团体事业单位应出具单位证明；

广告公司应出具营业执照、年审合格证明、所代理客户营业执照复印件及其代理委托书。

（3）广告内容应遵守《中华人民共和国广告法》及国家相关法律规定。

预订广告时，需与编辑部签订书面合同。如果不按合同刊出广告时，应提前 5 个工作日通知对方，否则已发布的广告版面费用由预订方支付。连续刊登的广告若在规定期限内收不到新稿，则刊用最近一期旧稿。

未尽事宜，以及临时变动，严格按照合同及双方约定执行。

广告须提前 10 个工作日预订版位。

广告费请在刊前一周预付。

指定版面广告费加收 10%。

（4）优惠条件：年度累计刊登 3~5 次优惠 3%；6~9 次优惠 6%；10~14 次优惠 10%；15~21 次优惠 15%；22 次以上优惠 20%。

（5）如您有广告业务或相关咨询，请致电：020-87496565 或 E-mail：bca2008@126.com。

广告形式：按钮、浮标、弹出窗口、Banner、通栏、文字链接、对联广告等形式。

具体报价请参见报价表。

备注：

① 画中画（PIP）尺寸为 360×300（宽×高）；

② 弹出窗口尺寸为 300×300 以内；

③ 全屏广告尺寸为 800×600，在打开页面前全屏显示广告，5 秒内收回。

3. 广告信息决策

根据广告目标、企业发展阶段、产品生命周期和竞争者状况等信息，确定广告诉求重点，设计网络广告。

4. 网络广告媒体资源选择

包括确定所期望的送达率、频率与效率，选择需要的媒体种类，决定媒体的使用时机及特殊的地理区域等。

5. 网络效果监测和评价

可以通过网络广告曝光次数、点击次数与点击率、转化次数与转化率、广告收入等指标进行网络广告效果的综合评估。

（四）网络广告效果评估的原则

由于网络广告效果具有自身的特性，因此，在网络广告效果评估工作中必须遵循以下原则。

（1）有效性原则。评估工作必须要达到测定广告效果的目的，要以具体的、科学的数据结果而非空泛的评语来证明广告的效果。

（2）可靠性原则。前后测定的广告效果应该有连贯性，以证明其可靠。若多次测定的广告效果的结果相同，其可靠程度就高；否则，此项测定会有问题。这就要求广告效果测定对象的条件和测定的方法前后一致，才能得到准确的答案。

（3）相关性原则。指广告效果测定的内容必须与所追求的目的相关，不可做空泛或无关的测定工作。

（4）综合性原则。影响广告效果的可控性因素是指广告主能够改变的，如广告预算、媒体的选择、广告刊播的时间、广告播放的频率等；不可控因素是指广告主无法控制的外部宏观因素，如管家有关法律法规的颁布、消费者的风俗习惯、目标市场的文化水平等。

（5）经济性原则。进行广告效果测定，所选取的样本数量、测定模式、地点、方法以及相关指标等，既要有利于测定工作的展开，同时也要从广告主的经济实力出发，考虑测定费的额度，充分利用有限的资源为广告主做出有效的测评。

（6）经常性原则。现在广告效果测评有时间上的滞后性、积累性、符合性以及间接性等特征，因此不能抱有临时性或者一次性测定态度。

（五）网络广告效果评估基本方法

（1）通过服务器端统计访问人数进行评估。

（2）通过查看客户反馈量进行评估。一般来说，如果广告投放后广告对象的反应比较强烈，反馈量大大增加，则说明所投放的广告比较成功；反之，则说明所投放的广告不太成功。

（3）通过广告评估机构进行评估。

（4）通过网络广告效果评估软件进行评估。

七、其他推广方式

（一）代理网站推广方式

在进行中小企业网站推广时，对一些重点项目建议进行外包，即通过代理网站宣传推广企业网站。需要代理的重点推广项目是搜索引擎推广和网络广告。我国搜索引擎和网络广告都实行代理制，可以在网站上找到它们在各个地区的授权代理商。也可以在 Google 上免费登录，只是一般网站策划和设计人员在网站建设时并不会单独考虑针对 Google 排名的网页优化问题。

如果要涉及搜索引擎优化，一方面涉及费用，另一方面涉及优化的质量。可以使用的代理网站很多。如中国万网、E 动网、西部数码等网站都可以宣传推广企业网站。在选择代理网站宣传推广时要注意代理网站的知名度、信誉度等问题。

（二）软文推广方式

软文推广，指通过广告以文字的形式对网站进行的推广和宣传，达到预期的效果。软文是软营销的一种手段，是把以往的广告用文章的形式展现出来，因为这样信誉度更高，效果更明显。它追求的是一种春风化雨、润物无声的传播效果。

1. 软文的定义

（1）狭义的定义：指企业花钱在报纸或杂志等宣传载体上刊登的纯文字性的广告。也就是所谓的付费文字广告。比如，直接描述××产品性能的那种。

（2）广义的定义：指企业通过策划在报纸、杂志、DM、网络、手机短信等宣传载体上刊登的可以提升企业品牌形象和知名度，或可以促进企业销售的一些宣传性、阐释性文章，包括特定的新闻报道、深度文章、付费短文广告、案例分析等。有的电视节目会以访谈、座谈方式进行宣传，这也属于软文。

2. 怎么写软文

（1）写软文首先要选切入点。即把需要宣传的产品、服务或品牌等信息完美地嵌入文章内容，好的切入点能让整篇软文看起来浑然天成，把软性广告做到极致。

（2）设计文章结构，把握整体方向，控制文章走势，选好冲击力强的标题。有吸引眼球的题目才能激起阅读欲望，如果有可能，最好是图文结合的方式，这样的效果会更好。

（3）完善整体文字，按框架丰富内容，润色具体内容。不要过于长篇大论，有时简短精辟的小文章会更有效，不要挑战读者的阅读耐性。

（三）病毒性营销方式

病毒性营销指利用用户的口碑或热点事件进行网络宣传，像滚雪球的方式传向数以百万的网络用户，让信息像病毒那样高效、快速地传播和扩散，从而达到商务网站或企业形象推广的目的。病毒性营销方法，实质上是免费+附加值的营销方式。一般是在为用户提供免费服务的同时，附加上企业或产品的推广信息。病毒性营销并没有固定模式，只是营销思想和策略，非常适合中小型企业的形象推广和网站推广。如果能够有效运作，病毒性营销手段就可以以极低的代价，获得非常丰厚的回报。

（四）利用水印推广网站

1. 图片水印

企业在宣传的图片上，都要打上企业的水印，在发布到其他的地方和别的网站转载都是对企业网站的宣传。

2. 视频水印

现在有许多视频共享网站，企业可以把一些相关宣传视频打上水印上传到上面，如果特别精彩的话，相信会有许多人关注。

3. 资料水印

在写的一些文章上面注明原创的网址，还有就是做一些资料小册子，如 PDF 和电子书，在里面加上企业的网址。

4. 网页水印

在公司网站上或产品网页版面打上水印，让企业文化和产品更加容易推广。

（五）综合网站推广方式

除了前面介绍的常用网站推广方式之外，还有许多专用性、临时性的网站推广方式，如有奖竞猜、在线优惠券、有奖调查、针对在线购物网站推广的比较购物和购物搜索引擎等，有些甚至采用建立一个辅助网站进行推广。有些网站推广方法可能别出心裁，有些网站则可能采用有一定强迫性的方式来达到推广的目的，例如修改用户浏览器默认首页设置、自动加入收藏夹，甚至在用户电脑上安装病毒程序等，真正值得推广的是合理的、文明的网站推广方法，应拒绝和反对带有强制性、破坏性的网站推广手段。

单元三　电子商务网站的信息沟通与分析

电子商务网站发布并运行后，必须时刻关注用户的意见，及时有效地捕获并处理用户的反馈信息。捕获用户信息的方式既有离线方式，也有在线方式，对应的处理方式也是如此。在处理反馈信息时应对用户反馈的信息进行归类，并递交有关部门处理，最后还要对处理结果进行回访。

一、捕获用户反馈信息

（一）设计网站用户调查反馈表

无论是在线调查还是离线调查，要获得用户的反馈信息，就需要设计"网站用户调查反馈表"。当然，有时也可以用用户可接受的其他方式询问与调查表中类似的问题，通过问卷星、问智道等在线平台进行设计和投放。

"网站用户调查反馈表"的主要内容一般是单选题、多选题、填空题等，在设计时应注意题目的描述要简洁、清楚，避免似是而非，含混不清的题目。

注意题目不宜太多，以避免用户出现不耐烦情绪；应尽量不用简答题，如果需要简答题时，每道题的叙述不宜过长；在调查表前面或后面设置一些关于这些信息的空格以便获得用户的通信方式等信息；采用抽奖或赠送小礼品方式激励用户参与调查。

（二）通过离线方式捕获用户反馈信息

离线方式调查是传统的捕获用户反馈信息的基本方式。同时，对于一些不方便使用在线方式调查的用户而言，离线方式成了唯一的选择。离线方式调查主要有以下几种方法：

（1）邮件或传真。通过邮局或传真机将调查表送到用户手中，有时可能比其他方式显得更正规。

（2）电话沟通。在与客户就某个问题进行电话联络即将结束时，可以问用户几个问题，这种方式显得不那么唐突。要注意问问题的时间不要长，要简短一些，因为大多数人在做完需要做的事情后通常会习惯性地挂断电话。

（3）个人访问。在用户允许的情况下，到用户所在地进行访问，面对面地询问一些想调查的信息。这种方法可以用在与不同的用户进行沟通的过程中，并且要视所希望获得的信息的性质来决定。

(4) 服务之后的问询。这种方法可以轻易地获得用户真实的想法，因为在无其他因素干扰的情况下，这种问询所获得的答案更自然一些。

（三）通过电子邮件捕获用户反馈信息

电子邮件可以大量地节省通信成本，且可以大大节省信息传递的时间，因此在用户可以上网且有邮箱的情况下，利用电子邮件捕获用户反馈信息成为很普遍的方式。

利用电子邮件捕获用户反馈信息时，可直接通过电子邮箱给用户寄送"网站用户调查反馈表"的电子稿，最好在邮箱里设置一个自动回复功能，这样可以让回复调查表的用户感到对他们的重视以及企业的效率。如果需要，可以利用企业的内部邮箱，并让技术人员设计一个自动的邮件信息收集功能，这样可以节省工作人员的工作强度。

（四）通过 BBS 捕获用户反馈信息

利用 BBS 可以发起一个话题，巧妙地引入要调查的问题，然后再关注这个帖子的回复情况。另外，也可关注别人发起的有关企业网站的话题，从旁观者的角度观察其他人对企业网站的看法与意见。

有时，如果发现有些明显对你的网站有误解的观点，也可加入 BBS 的回复中，以客观的方式对有些问题加以引导。当然，可能需要留下你的联系方式，如邮箱、QQ 甚至网站地址。既可以在自己网站上设计一个 BBS 功能，也可以在相关 BBS 上发布包括相关的营销信息或调查信息的帖子。

（五）通过博客群（圈子）捕获用户反馈信息

博客群（圈子）捕获用户反馈信息的方法本质上也是一种 BBS，但是由于博客群（圈子）是由若干个兴趣相投的博客组合而成的，而博客本质上又是一种个人网站，这就使得博客群（圈子）的类型较容易确定。这样，在发布一些问题的调查信息时，可以找到较适合的博客群（圈子）。另外，在利用博客群（圈子）时，既可通过发帖子的方式捕获用户的反馈信息，也可通过写博客文章方式捕获用户反馈信息，此时只要在自己的博客里就可以查看这些回复信息。

（六）通过网站留言板捕获用户反馈信息

在网站上设置留言板是一种常见的捕获用户反馈信息的方式。这种方式一般需要使用后台的数据库配合，可以自动将所有有效填写的调查表单都记录在后台数据库，这样就为自己进行数据统计带来了极大的方便。

留言板放在自己网站上，对所有到本网站访问的人而言，只要有兴趣就可方便地参与调查。这种方式简单、快捷。一般为了调查的方便，最好在留言板页面中设计问题分类的选择，如所留言的问题类别可以是投诉、问题、建议或表扬；留言的问题属性可以是关于网站、关于公司、关于产品、关于服务、关于员工或其他。

（七）通过在线咨询功能捕获信息

在线咨询功能一般是通过聊天工具来进行相关信息的调查与捕获。聊天工具很多，常见的如 QQ、MSN 等。在使用在线咨询功能的同时不仅可以直接询问一些调查的问题，从而即时获得调查反馈信息，而且也可通过"文件传送"方式向用户发送相关的资料与"网站用户调查反馈表"的电子版。有时，还可以利用聊天工具中的音频与视频功能，与用户进行更方便的沟通。特别是对一些打字不够快或无法打字的人而言，语音与视频可以给他们带来不少的方便。

（八）设置虚拟服务人员在线咨询

设置虚拟服务人员不仅可以自动完成许多咨询问题，还可大大节省人力成本。由于通常虚拟服务人员使用卡通形象，会使用户感到更加亲切。一般利用虚拟服务人员进行在线咨询时，有时可以直接回答问题，有时可能会对程序预先没想到的问题进行人为的干预。

（九）利用网站在线调查表捕获信息

可以直接将《网站用户调查反馈表》设计成网页的形式放到网站上，这样既可节约纸张，也可利用后台数据库自动收集调查的结果，并能自动地进行信息的统计。在利用网站在线调查表捕获信息时，应注意不仅要设计在线调查表的网页，而且要在最后加上"提交"与"重填"按钮，并且这些按钮必须由技术人员设计相应的动态程序与后台数据库相对接。

二、处理用户反馈信息

（一）接收用户的反馈信息

在捕获用户反馈信息时，要及时地接收用户的各类反馈信息。根据网站特点与实际情况制定一个接收用户信息的时间周期表，如每天一次或两次，或每周若干次。做到及时接收信息，保证用户的各类反馈信息能够被及时捕获，并能得到及时的回复和处理。接收用户反馈的信息主要有以下3种。

（1）离线接收用户反馈的信息。主要包括接收并阅读信件、传真、电话记录以及查看个人访问记录，查看上门服务或售后服务的记录等方式。

（2）在线手动接收用户反馈的信息。主要包括接收并阅读电子邮件、查看BBS系统评论、查看博客评论、查看QQ或MSN聊天记录等方式。

（3）在线自动接收用户反馈的信息。主要包括查看网站留言板对应的后台数据库系统、在线调查表对应的后台数据库系统、电子邮件自动分类系统、虚拟服务系统对应的后台数据库系统等方式。

（二）回复用户的问题

通过各种网上推广手段宣传与推广了网站相关商品信息或发送信息表后，会收到客户反馈的信息，对这些信息的及时处理是决定网站是否可以达成网上交易的关键。

为了不漏掉任何有用的信息，对收到的电子邮件，进行谨慎过滤；在电子邮件中有针对性地罗列企业产品或服务的优势；对用户重点关心的问题，如产品型号、价格等问题，要尽量详细列示出来，切忌简单地给客户一个网址，要客户自己去寻找。

（三）归类并分析用户反馈的信息

1. 筛选反馈信息

对网站来说，将信息筛选整理是有效执行反馈信息的第一步。由于从市场上收集到的反馈信息并不是完全有价值的，要想挖掘出反馈信息的价值，就要如毛泽东所说的那样——"去伪存真，去粗取精，由表及里，由内到外"，透过事物现象看本质。网站进行信息筛选其主要是为了核实反馈信息、杜绝失真信息的误导。如果企业对信息未经辨别而盲目信从，往往会导致巨大的经营危机。

2. 整理反馈信息

任何事物都是有联系的，信息也不例外，部分反馈信息在某时段上可能会共同反映一种现象。网站通过统计、归属、整理，更有效提高了信息处理的效率。

3. 对反馈信息进行分类

在对信息筛选整理之后，网站的下一步工作就是按信息的时效性（轻重缓急）、营销因素的针对性（产品研发、定价、渠道网络、促销方式、售后服务、销售管理、客户管理等）和信息的归属性（部门需要）对其进行分类、管理。网站在具体操作时应依各自的情况进行反馈信息的分类，以避免在以后工作中出现部门间相互扯皮等不良现象，影响反馈信息的时效性和执行力度。企业在信息把握上要灵活有序，对反馈信息合理分类是信息反馈执行过程中的重要环节，不可轻视。

（四）将分析结果递交企业相关部门

反馈信息经整理、分类后，其所反映的问题的本质也逐渐明晰，接下来将信息进行合理传递成为信息执行中的一个关键环节。在传递信息时，网站既要保证信息的畅通无阻，又要注意信息的保密性。在具体操作时，很多网站因为信息传递途径过长，而无法将信息执行下去，或者偏离了执行方向，这一点是值得网站注意的。

另外，很多网站的失败之处在于部门间信息根本就不流通。本来是销售部的信息反映到生产部，被搁置起来无人问津，本该很好解决的问题，却因销售部门不知道而丧失了网站的客户，本应是科研部门的问题却在生产部门搁浅，失去市场良机。

企业要发展，部门间的精诚合作是前提。如果一个企业的销售部门与售后服务部门不和，产品出了问题，销售部门推说找售后服务部门，售后服务部门推给销售部门，二者都不愿承担责任。企业内部不能齐心合力、团结一致，当然也就谈不上更好的发展，迟早要被市场淘汰。

一般情形下，部门主管收到的信息签字后要马上执行，不能马上解决或执行难度较大的，就要交给企业高层进行决策，并制定出解决问题的相关方针政策，与执行负责人研讨、协商，布置信息处理的目标，及时拿出合理的可行性方案交给相关的部门主管。

（五）回访用户

回访用户是信息的再反馈。网站进行信息再反馈时，除了对用户表示感谢外，还要征询他们对反馈信息执行过程中还有什么不满之处，并鼓励他们对网站提出合理建议，不断完善网站信息执行系统。

网站与消费者之间的信息关系也是如此，通过信息再反馈，一方面提高了顾客对网站的忠诚度，另一方面有利于网站了解顾客，开发出新的产品或市场。网站做好反馈信息的执行工作，需要全员参与，更需要网站的管理决策执行操作层的共同参与。

反馈信息经过上述几个步骤，组成了反馈与再反馈的链条，构成了网站对反馈信息执行的良性循环，为网站在市场瞬息万变的市场形势中提供了无限商机。

单元四　电子商务网站的优化

电子商务网站的优化，现如今已经成为电子商务网站策划、建设及推广策略中不可或缺的一项内容。如果在电子商务网站建设中没有体现网站的优化和搜索引擎优化的基本思想，那么电子商务网站的整体推广水平很难在不断发展的网络营销环境中获得竞争优势。

一、网站关键词的选取

关键词的选取在电子商务网站的策划阶段就应该考虑进去，网站定位、栏目设置、产品所在行业的特点、目标群体所在区域等因素都会影响关键词的选取。

1. 不要选取通用关键词

关键词不能过于宽泛，也就是说尽量不要选取通用关键词。例如，"书"这个关键词每日的搜索量巨大，如果能在该关键词上取得好的排名，则肯定能引入不错的流量，进而可以提高在线销售的转化率。然而这个关键词的竞争将非常激烈，一个手机在线销售的网上店铺与世界排名数一数二的手机销售商去争"手机"这个关键词是不值得的。

这些通用关键词，如"旅游""计算机""手机""视频""网络""书"的竞争者数不胜数，商家可以花钱获取较好的排名，但会有很多人拿出更多的钱来竞争，这样还是不划算，所以应该尽量不使用通用关键词，即便能排到前面，而且带来了不小的流量，但由于搜索通用关键词的用户的目的并不明确，所以这些流量并不具有很强的目标性，而且用户所在地区未必包含在既定的市场范围内，其订单的转化率也很低，所以应该将区域、品牌等因素都考虑周全。例如，使用 Google 搜索中文网页就约有 3.97 亿个"手机"这个关键词的查询结果，相当于有约 3.97 亿个页面共同竞争"手机"这个关键词，而"北京手机"却只有 1.61 亿个页面，还不到"手机"这个关键词的一半。

2. 关键词不能太生僻

生僻的关键词取得好排名很容易，但是引入的用户量会比较少，不要以公司名称为主要关键词，即便是有一定品牌知名度的公司，也很少有人会搜索公司名称，因为网站优化的目的是使不知道公司及产品的人转化为客户。

3. 调查用户的搜索习惯

用户在网络上如何了解即将购买的产品？会通过搜索什么样的词汇来获取信息呢？网站设计者、经营者由于过于熟悉自己的产品及所在行业的特点，在选择关键词的时候，容易想当然地觉得某些关键词是重要的，是用户肯定会搜索的，但实际上用户的思考方式和商家的思考方式不一定一样。例如，一些技术专用词，普通客户也许并不清楚，也不会用它去搜索，但卖产品的人却觉得这些词很重要，具体型号可能会决定不同的价格。

最有效率的关键词就是那些竞争网页最少，同时被用户搜索次数最多的词。有的关键词很可能竞争的网页非常多，使得效益成本很低，要花很多钱、很多精力才能排到前面，但实际上搜索这个词的人并不是很多，所以应该做详细的调查，列出综合这两者之后效能最好的关键词。

4. 关键词要和网站内容相关

关键词一般是从网页的内容中提炼出来的，所以其选定，要以网站提供的内容出发，通过仔细揣摩目标访问者的心理，设想用户在查询相关信息时最可能使用的关键词，有时候分析一下竞争对手的网站，看看其他网站使用的是哪些关键词，可以起到事半功倍的作用。

二、页面优化

网页优化首先要考虑的是页面内的 Title、Meta 标签和页面内容。Title 是非常重要的，注意要将长度限制在 15 个单词内,最好能包含重要的关键词,Title 要尽可能地反映页面的内容。

在设置 Title 时要注意以下两点。

(1) Title 将从结果中显出来,所以要可能地吸引人的注意,如果只是放置一些关键词,就会使人们不明白这是一个什么样的网站。

(2) Title 要与页面的内容相关,是内容的具体概括。

对于"Meta Description"为得到最好的搜寻结果,最好不要超过 200 个字母。

例如,< meta name = " description" content = " 网站的简单描述" >。

Meta Keywords 放置不宜超过 1 000 个字母,单词之间要用逗号分开,尽量避免重复关键词。

例如,< meta name = " keywords" content = " 关键词 1,关键词 2,扩展关键词,……" >。

挑选的关键词必须与自己的产品或服务有关,无效的关键词对访问者来说是一种误导,也不会带来有效的访问者,反而会增加服务器的负载。

Meta 标签并不能决定搜索引擎的结果,需要综合考虑 Meta 标签、Title 和页面内容,即使有了很好的关键词,但是如果与内容不能很好地结合或内容没有优化,那么网站还是不能在搜索引擎中占据较好排名。

多数搜索引擎检索每一个页面中的单词时会比较在 Title 和 Meta 标签的关键词。所以,网页的内容越来越重要。网站确定了关键词以后,先定义 Title 和 Meta 标签的内容,然后再优化网页内容,内容最好能出现 5~10 个关键词,并尽可能地靠近 < BODY > 标签。图片内的 ALT 也可以考虑进去,可以设置图片的说明。页面优化技术有很多,要注意的是,过多的重复关键词反而会遭到有些搜索引擎的降级,降低网站的排位,一般说来,在大多数的搜索引擎中,关键词密度在 2%~8% 是一个较为适当的范围,有利于网站在搜索引擎中排名,同时也不会被搜索引擎视为关键词填充。另外,不同的组合词、错别字和错拼查询都是要考虑的。

电子商务网站在进行优化的时候,一定要对各个页面分别优化,分别设置关键词,这样从搜索引擎连接过来的用户才会更有效地找到相关页面,才能更有效地推广产品。

三、动态页面静态化

动态页面静态化是指网页访问地址中没有特殊字符,如"?""~"等,并以".html"或".htm"结尾。

网页静态化有两种方式:真实的静态页面和伪造的静态页面。

1. 真实的静态页面

通过网站管理后台的操作,使网站的每一个页面都生成真正的静态页面(即无须调用数据库、无须运行网站程序的文档),真正的静态页面的优点和缺点都是显而易见的。重要的是,几乎所有的大中型网站都采用静态化页面(以 .html 结尾的网页,因为页面生成的时候仅麻烦一次,得到的好处却非常多)。例如,搜索引擎会很好地收录此网页;在高访问量的时候,网站也不会崩溃;数据库和程序不能工作的时候,网站仍能正常显示等。生成真实的静态页面,可以通过 FSO 组件来实现。它一般在后台生成之后提供给用户浏览。

2. 伪造的静态页面

网页仍然调用数据库，仍然运行一定的程序，但网页地址是以 .html 结尾的，网页地址中没有特殊字符，这适合网上商店等需要调用数据库的场合，由于是伪静态，所以能够让搜索引擎比较好地收录。在隐藏真实地址的同时增加了数据库的安全性，因为在真实地址中包含了一些程序的参数信息及网站代码的语言种类。

生成伪造的静态页面，在 Windows Server 2012 中可以使用 ISAPI Rewrite。ISAPI Rewrite 是一个强大的基于正则表达式的 URL 处理引擎，可以将动态页面转换为静态页面的样式，但仍然能够进行数据库的交互操作。

四、站内相关内容推荐

作为电子商务网站，其主要目的是推销商品以及介绍商家的产品。但有时用户访问到了某个电子商务网站，却没有发现其需要的资讯，而该网站内应该有相关资讯，只是不是在那一页而已。如果用户看到网站里有相关内容推荐，就可以通过站内相关内容推荐查找到所需要的资讯。如果没有相关内容推荐，那么用户的下一个动作极有可能就是离开，而去搜寻引擎再做一次寻找，由此可见站内相关内容推荐的重要性。

虽然站内相关内容推荐不能够称为网站优化，但是用户因为站内相关内容推荐，会长时间地滞留于网站，这样更有利于用户了解产品，更有利于商家宣传产品，也更有可能让用户了解到其他新产品的相关信息，从而有利于新产品的推广。

任务实施

小张已经完成了新西兰旅游公司网站的规划和设计工作，并对网站进行了测试与发布。但是网站发布一段时期后，发现网站的流量不大，市场知名度也不是很高，也没有太多的广告客户，新西兰旅游公司向小张所在的 IT 企业提出了能否为其网站进行进一步宣传与推广，并对网站用户反馈的信息进行收集分析。为此，经理要求小张利用有效的手段对新西兰旅游公司网站进行宣传推广。

任务一　电子商务网站线下推广

【实训准备】

（1）能访问 Internet 的机房，学生 4 人一组，每人一台计算机。

（2）报纸、杂志、电台、电视台等各种传统媒体广告报价单。

（3）报纸、杂志、电台、电视台等各种传统媒体的联系方式及电话、地点、乘车线路等。

【实训目的】

通过浏览 Internet 上其他企业网站，熟悉传统媒体的种类及特点，利用传统媒体宣传推广网站。

【实训内容】

训练利用传统媒体宣传推广电子商务网站的方式。

【实训过程】

（1）登录百度，查找传统媒体的种类及特点相关资料。

（2）对比分析各传统媒体的优缺点，并列表反映。

（3）确定网站推广目标。确定通过传统媒体宣传推广企业网站需要达到什么目标。确定网站推广的核心和主题及细节。

（4）撰写宣传文案。推广的效果来自源文案的设计上，多数情况文字是互联网推广的重要手段，如果文案不吸引用户，被点击的概率就非常低；没有明确的主题策划的文案，很难达到宣传效果。

（5）选择推广媒介。

第一，通过广播和电视宣传推广网站。
- 联系需要投放广告的电视台或电台的广告部或市场部。
- 查找相应的广告形式与报价细则。
- 与广告部联系，安排与负责人会见并洽谈广告事宜。
- 达成投放意向，签订相应合同或协议。
- 配合电视台或电台制作广告。
- 电视台或电台正式播出广告。

第二，通过报纸或杂志宣传推广网站。
- 联系需要投放广告的报纸或杂志的广告部或市场部。
- 查找相应的广告形式与报价细则。
- 与广告部联系，安排与负责人会见并洽谈广告事宜。
- 达成投放意向，签订相应合同或协议。
- 配合报社或杂志社制作广告。
- 报纸或杂志正式刊出广告。

第三，通过办公用品宣传推广网站。
- 确认准备事宜网站的网址与 Logo 的办公用品种类，如名片、宣传材料、信封等。
- 企业自行设计或聘请专业公司对公司办公用品进行设计，注意网址与办公用品图案相融合。
- 将设计方案交给相关办公用品制造商，印制带有公司网址与 Logo 的办公用品。

第四，通过户外媒体宣传推广。
- 确认准备投放的户外广告类型。
- 根据确认的户外广告媒体，联系媒体对应公司的广告部，确认相应的广告形式与报价细则。
- 与广告部联系，安排与负责人会见并洽谈广告事宜。
- 达成投放意向，签订相应合同或协议。
- 配合户外媒体制作广告。
- 正式由户外媒体发布广告。

（6）宣传推广效果分析及反馈。

利用专业的流量统计软件统计活动期间流量变化、用户来路、来访地区、受访页面、IP 与 PV 的增长关系，以此数据分析活动的推广效果，并能够及时调整活动方案，提升活动效果。

任务二　电子商务网站网络推广

【实训准备】
能访问 Internet 的机房，学生 4 人一组，每人一台计算机。
【实训目的】
熟悉网络宣传推广的优势及特点，掌握利用网络宣传推广网站。
【实训内容】
利用网络宣传推广电子商务网站的方式。
【实训过程】
（1）登录百度，查找网络推广方式的种类及特点相关资料。
（2）对比分析各在线推广方式的特点，并列表反映。
（3）查找提供网络推广的收费网站和免费网站。
（4）直接向搜索引擎注册推广网站。

启动一种搜索引擎，如百度，进入百度推广页面http：//e.baidu.com/？refer=889，选择合适的推广方案，如图 8-2 所示。

图 8-2　百度推广

（5）通过电子邮件推广网站。

第一，收集潜在客户的邮箱，将这些用户邮箱录入邮箱的"通信录"，并按适当小组分类管理。

第二，利用建立好的通信录小组，选择一组或多组邮件收件人作为推广的目标。

第三，设计要发送邮件的"主题"，注意主题应简单有吸引力。

第四，设计邮件的内容，注意文明礼貌，有感染力。

（6）通过 BBS 推广网站。

第一，启动一个 BBS 推广网站的页面，如百度贴吧https：//tieba.baidu.com。

第二，注册账号，并登录，如图 8-3 所示百度贴吧。

第三，找到适合推广信息的栏目。如手机，打开子栏目，如图 8-4 所示。

第四，发布帖子。

（7）通过网络广告推广网站。

第一，考察准备投放广告的备选网站。

项目八　电子商务网站推广与优化

图 8-3　百度贴吧（1）

图 8-4　百度贴吧（2）

第二，比较选择价格性能比最好且知名度最高的网站，确立广告投放目标与标题。

第三，根据网站的广告报价表，确认即将使用的网络广告方式。

第四，配合该网站提供制作广告速配需要的该类素材。

第五，付费并正式投放广告。

第六，做好广告投放后的市场统计工作，确定是否在广告期满后进一步在该网站投放广告。

（8）通过交换链接推广网站。

第一，在企业的网站上链接其他企业的网站。

第二，查找 5 家与企业产品服务有关的网站。

第三，在其他网站进行注册。

第四，在其他网站发布帖子，申请友情链接。

任务三　收集与处理网站用户反馈信息

【实训准备】

能访问 Internet 的机房，学生 4 人一组，每人一台计算机。

【实训目的】
通过浏览其他网站用户反馈信息的收集及处理,熟悉用户反馈信息收集与处理程序,掌握网站用户信息的收集及处理方法。

【实训内容】
训练网站用户信息的收集及处理方法。

【实训过程】
(1) 捕获网站用户反馈的信息。
第一,设计网站用户调查反馈表,并进行线上发放。例如图8-5所示。

图8-5 网站用户调查问卷

第二,通过线下方式捕获用户反馈信息。
● 通过现场发放、信件等进行调查,把客户需求反馈表给用户,并附上填写要求、咨询电话等。
● 进行电话沟通。
● 个人访问。

第三,通过电子邮件捕获用户反馈信息。
第四,通过BBS捕获用户反馈信息。
第五,通过博客捕获用户反馈信息。
第六,通过网站留言板捕获用户反馈信息。

第七,通过在线咨询捕获用户反馈信息。
第八,设置机器人客服在线咨询,如图8-6、图8-7所示。

图8-6 机器人客服在线咨询(1)

图8-7 机器人客服在线咨询(2)

第九,利用网站在线调查表捕获信息,如图8-8所示。

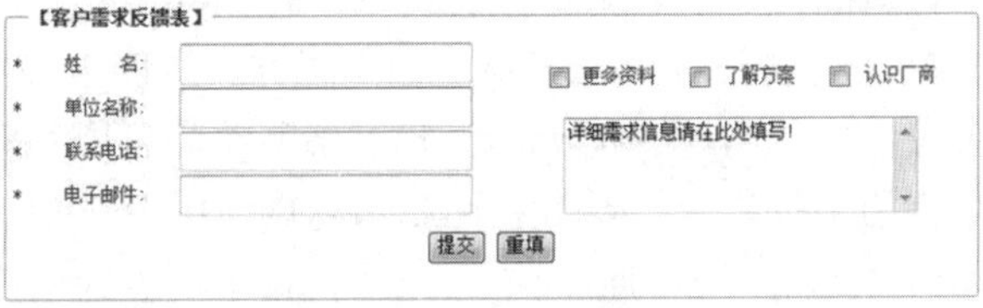

图8-8 网站在线调查表

(2)处理用户反馈的信息。
第一,接收用户反馈的信息。
- 离线接收用户反馈的信息。
- 在线接收用户反馈的信息。
第二,回复用户反馈的信息。

- 通过离线方式回复用户的问题。
- 通过在线方式回复用户的问题。

第三，归类分析用户反馈的信息。
- 筛选用户反馈的信息。
- 整理用户反馈的信息。
- 分类用户反馈的信息。

第四，将分析结果递交有关部门。
第五，回访用户。

技能训练

技能训练一　传统推广服饰销售网站

【训练准备】
（1）能访问 Internet 的机房，学生每人一台计算机。
（2）对百变时尚服饰公司的电子商务网站进行宣传推广。
（3）报纸、杂志、电台、电视台等各种传统媒体广告报价单。
（4）报纸、杂志、电台、电视台等各种传统媒体联系方式及电话、地点、乘车线路等。

【训练目的】
上网浏览一些成功网站的宣传推广方式，掌握传统媒体宣传推广网站的方式及优缺点。

【训练内容】
训练利用传统媒体宣传推广网站。

【训练过程】
（1）上网浏览成功网站的宣传推广方式。
（2）查找中央电视台新闻频道广告报价单，记录 3 种不同方式的广告报价。
（3）查找省级电视台新闻频道广告报价单，记录 3 种不同方式的广告报价。
（4）查找地方电视台新闻频道广告报价单，记录 3 种不同方式的广告报价。
（5）查找《读者》杂志广告报价单，记录 3 种不同方式的广告报价。
（6）设计该网站对应公司的名片、挂历等，要求将网站信息内容融合其中。
（7）设计该网站对应的手提袋等，要求将网站信息内容融合其中。
（8）查找当地一幢最高建筑广告的报价单，记录 3 种不同方式的广告报价。
（9）确定企业宣传推广的费用预算。
（10）选择确定企业网站的宣传推广方式。
（11）与广告部联系，安排与负责人会见并洽谈广告事宜。
（12）达成投放意向，签订相应合同或协议。
（13）配合电视台、杂志社及建筑物所在公司及印刷厂制作广告。
（14）广告正式播出或刊出。
（15）评价广告效果。

技能训练二　网络推广数码产品销售网站

【训练准备】
(1) 能访问 Internet 的机房，学生每人一台计算机。
(2) 对数码产品销售的电子商务网站进行宣传推广。

【训练目的】
上网浏览一些成功网站的宣传推广方式，掌握在线宣传推广网站的方式及优缺点。

【训练内容】
训练利用网络宣传推广网站。

【训练过程】
(1) 做好宣传推广前的准备工作。
第一，熟悉企业所销售的数码产品的性能、价格、规格、特点等。
第二，撰写数码产品宣传广告。
第三，撰写数码产品宣传语。
第四，提炼数码产品宣传关键词。
第五，准备数码产品图片。
第六，准备数码产品音频、视频资料。
(2) 利用电子邮件群发功能，给 5 个用户发送推广网站的电子邮件。
第一，收集潜在客户的邮箱，将这些用户邮箱录入邮箱的"通信录"，并按适当小组分类管理。
第二，利用建立好的通信录小组，选择一组或多组邮件收件人作为推广的目标。
第三，设计邮件的内容，注意邮件内容措辞。
第四，设计要发送邮件的"主题"，注意主题应简单有吸引力。
(3) 利用搜索引擎宣传推广网站。
第一，在 Google 网站 http://www.google.com/addurl 直接注册登录，将企业网站提交给 Google 网站。
第二，在百度网站 http://www.baidu.com/search/url_submit.html 直接注册登录，将企业网站提交给百度网站。
(4) 在中国万网网站 https://wanwang.aliyun.com 选择一种方案进行推广。
(5) 利用 BBS 论坛推广网站。
第一，利用百度贴吧 https://tieba.baidu.com/index.html 发布推广网站的帖子。
第二，利用天涯社区 https://bbs.tianya.cn 发布推广网站的帖子。

技能训练三　管理电子商务网站广告业务

【训练准备】
(1) 能访问 Internet 的机房，学生每人一台计算机。
(2) 公司资料：图书销售网站。
(3) 学生 4 人一组，团结合作，共同完成网站广告管理工作。

【训练目的】
熟悉网站广告管理内容,进行网站广告业务管理。
【训练内容】
训练管理网站广告业务。
【训练过程】
(1) 制定网站广告业务管理目标。
第一,组织有关人员,讨论确定企业网站广告发展定位。
第二,确定企业网站广告发展目标。
第三,确定企业网站广告发展经费预算。
(2) 确定企业网站可采取的广告形式。
第一,组织有关人员,讨论确定企业网站广告形式的特点。
第二,根据企业网站实际,选择确定企业网站主要广告形式。
(3) 设计网站广告。
第一,收集网站广告素材。
第二,设计网站广告。利用 Photoshop 和 ACDSee 软件设计处理图片广告。
第三,对广告进行音频、视频设计处理。
第四,制作网站广告。
第五,发布网站广告。
(4) 制定网站广告报价表(见表 8-1)。
第一,根据已经确认的广告形式,讨论每种广告形式要使用的尺寸规格、文件格式、文件大小与价格。
第二,设计一张网站广告价目表。
第三,将价目表保存,交领导审批。
第四,将价目表报有关部门批准。

表 8-1 网站广告价目表

序号	广告方式	规格	位置说明	优惠价格
1	导航栏横幅广告	660 像素 ×45 像素	导航栏内所有页面都显示 B1	4 000 元/月
2	首页上方长巨幅广告	860 像素 × (80~100) 像素	首页 B2	6 000 元/月
			首页 B4	4 000 元/月
3	首页小巨幅广告	615 像素 ×100 像素	小巨幅 B5	2 000 元/月
			小巨幅 B6 + B7	2 000 元/月
			小巨幅 B8	2 000 元/月
		240 像素 ×154 像素	方版 B3	3 000 元/月
4	商城页面上方	580 像素 ×240 像素	商城 A1	4 000 元/月
		280 像素 ×240 像素	商城 A2	3 000 元/月

续表

序号	广告方式	规格	位置说明	优惠价格
5	商城页面	860 像素×120 像素	商城 A3	3 000 元/月
		860 像素×120 像素	商城 A4	3 000 元/月
		860 像素×120 像素	商城 A5	3 000 元/月
6	会员积分卡	860 像素×120 像素	会员积分卡 C1	6 000 元/月
		860 像素×120 像素	会员积分卡 C2	4 000 元/月
7	移动图标	120 像素×120 像素	首页	2 000 元/月
			会员积分卡页面	2 000 元/月
			商城首页	1 000 元/月
8	弹出式广告	300 像素×250 像素	网站首页	2 000 元/月
			会员积分卡页面	3 000 元/月
			商城首页	2 000 元/月
9	伸缩式广告（图片宣传）	860 像素×（500~800）像素	网站首页	4 000 元/月
			会员积分卡页面	4 000 元/月
10	文字促销	8~12 个字 6~20 个字	在首页的醒目位置	100 元/条

技能训练四　利用软文推广电子商务网站

【训练准备】

（1）能访问 Internet 的机房，学生每人一台计算机。

（2）公司名称：上海菲姿服饰有限公司。

（3）主要经营：女士高端服饰。

（4）公司网址：http：//www.feizi.com。

（5）软文要求：

①"软文"或"推广主题帖"的主要用途是用于推广 http：//www.feizi.com 网站，带来更多点击量以及成交量。

②"软文"或"推广主题帖"需针对本网站来写作，并能有利于网络传播。

③软文将用于发布在各种广告论坛行业网站。标题和内容不能有广告味，要能引起点击和共鸣，能吸引网友参与讨论，不带有明显广告特征。

④文章要有吸引力，有趣味性，要站在用户的角度来描写，可以各种形态（故事、体验等）展现，可穿插商品图片，或者以购买者的体会心得来描写，加以对商品的评论、对比，尽量真实自然。

⑤要带有网站链接、插入产品图片，美观自然，整体文案具有针对性，有明显的宣传推广效果。

⑥要求原创，字数 500~800。

【训练目的】

上网浏览软文推广案例，掌握软文推广网站的方法。

【训练内容】

训练利用软文推广电子商务网站。

【训练过程】

（1）上网浏览各服饰类网站的软文。

（2）根据企业实际，确定软文的主题。

（3）撰写软文，要求软文中含有企业站点及产品信息。

（4）将企业或产品的相关图片插入软文。

（5）选择相关网站，将软文发布在网站上。

搜索引擎的
工作原理

企业如何做
微信推广？

天然博士百
度推广案例

梦之蓝百度
推广案例

项目九

电子商务网站管理

电子商务网站管理

知识目标

- 了解电子商务网站管理的含义。
- 掌握电子商务网站管理的主要模式、目标和内容。
- 熟悉电子商务软件、硬件管理的主要内容。
- 掌握网站数据备份与恢复的操作方法。

能力目标

- 专业能力目标：了解电子商务网站维护与管理的含义，熟悉电子商务网站维护与管理的模式及内容，具备商务网站管理与维护的基本能力，能胜任日常性的管理和维护工作。
- 社会能力目标：具有独立思考问题的能力，具有操作与解决问题的能力，具有策划能力和执行能力，具有高度的社会责任心。
- 方法能力目标：逻辑思维能力，实践操作能力，分析问题、解决问题能力。

素质目标

- 通过对网站管理制度的学习，培养学生认真负责的工作态度，提高学生日后的工作热情和职业操守。
- 培养学生从事网站建设工作的法律意识和道德素养，引导学生树立正确的价值观。
- 通过对网站数据备份与恢复操作方法的学习，培养学生严谨、精益、创新的工匠精神。

> **知识准备**

单元一　电子商务网站管理的模式及内容

电子商务网站建设不仅是一个建立网站的过程，还包括网站的管理和维护过程。在网站建设中，人们往往只重视网站前期的开发工作，却忽略了更为重要的、更能体现网站价值的网站管理与维护工作。由此可见，电子商务网站建设不是一劳永逸的事，网站建设最重要的不是网站的前期开发工作，而是网站建成后的运行管理与维护工作。

当一个电子商务网站创建后，意味着网站工作的开始，一方面要对网站进行日常管理，另一方面要对网站进行日常维护。由于企业的情况在不断地变化，网站的内容也需要随之调整，给人常新的感觉，公司的网站才会更加吸引访问者，而且给访问者留下很好的印象。这就要求对站点进行长期的不间断的管理、维护和更新。

一、电子商务网站管理的含义

到目前为止，电子商务网站管理还没有一个明确的定义。有人认为它是对网站内容，即网页的管理；有人认为是对电子商务网站硬件和软件的维护管理；有人认为它是对用户的管理，是对电子商务运行过程中的物流等的管理等。人们对电子商务网站管理有着不同的理解。从广义上来说，网站管理维护是对网站人员权限、网站数据管理、网站客户服务、网站内容、网站硬件及网站安全的管理。狭义的网站管理是对网站在线系统的管理。

电子商务网站管理是企业系统化管理的一个重要组成部分，是企业信息化的新特点；网站管理水平高低既决定着企业网站能否成功运作，也关系到企业商务政策的实施；网站管理直接或间接影响到企业利润的变化，是企业通过信息化获得收益的重要源泉。

二、电子商务网站管理的模式

企业性质不同，其业务内容也会有很大的差异，加之企业实施的电子商务策略不同，企业电子商务网站管理模式也就不同。目前，电子商务网站管理模式大致有以下几种。

1. 按网站的功能分类

按网站的功能分为：静态网站管理模式、交互式动态网站管理模式和网站管理系统。

（1）静态网站管理模式。目前许多企业所构建的电子商务网站主要用于企业及产品的宣传，并不提供在线交易和其他交互功能，网站由预先制作的静态网页构成。这类网站可采用手工更新或使用模板技术和程序执行方式更新。这种模式的优点是费用低廉、操作简单快捷、所需人员少。缺点是每次更新需上传全部内容；网站难于升级和扩展；受制于模板，形式单一；必须由专业人员管理和维护。

（2）交互式动态网站管理模式。数据库作为后台强大的内容处理引擎，为 Web 服务器提供了信息源。利用数据库存储信息，在 Web 服务器上运用 ASP、PHP 等 CGI 程序进行数据的处理并自动生成 HTML 页面。其优点是能进行较大容量的网站管理，可实现部分维护的自动更新；管理工作较简单。缺点是网站改版和升级困难，工作量大；网站访问量受设备限制较大；系统响应速度下降，受数据库影响大。

（3）网站管理系统。利用数据库技术，将信息分类存储在数据库中，采用模板技术，用程序自动生成网页。其优点是为网站的建设、管理、维护、统计分析提供了统一的环境和各类模板与接口；功能强大，允许任意组合改变网页界面和风格，定义不同模板。缺点是网站前期投入大，维护人员多，只适用于大型 C2C、B2B、B2C 等商务网站。

2. 按网站的内容分类

按网站的内容分为：页面生成模式、智能结构模式和智能化管理模式。

（1）页面生成模式。该模式以数据库存储网站页面的内容，采用模板技术和标签库技术，将页面的模板独立出来，把数据库中的数据和标签库中的数据相结合生成静态网页。结合其他 Web 技术也可以生成动态网页。其特点是灵活多样、自动化高，节省大量人工时间，是网站更新、维护的主要技术手段。不足之处是网站的部署和管理比较麻烦。

（2）智能结构模式。该模式以数据库存储页面内容，将内容进行结构化分类，通过智能化手段自动实施网站的管理、调度和重构。

（3）智能化管理模式。可实现信息从原始存储状态到不同服务类型的自动组织、归类。在智能化管理模式中，应用到海量存储、智能检索、数据挖掘等新型 IT 技术。比如为不同用户构建个性化网页等。

三、电子商务网站管理的内容

（一）数据管理

数据是企业信息系统的核心内容，是企业通过长期积累和特定渠道收集的，具有一定的不可重现的特点，代表着一个原始的行为特征。因此，企业数据的管理与安全保护对企业管理与信息安全具有极其重要的作用。数据管理包括数据收集、数据整理、数据录入、数据备份及数据恢复和清除。

1. 数据（程序）的分类

（1）系统：它决定整个系统的运行与硬件的关联，同时支撑着应用软件的运行环境。

①未安装的软件包。

②安装在设备上的各种系统软件。

③系统管理与维护数据。

④软件之间相互协调的中间软件。

⑤系统备份文件。

⑥系统临时数据。

（2）应用：它决定用户要通过计算机实现的功能。

①安装在系统之上的应用软件。

②应用软件维护数据。

（3）数据：它是用户得到的计算机处理结果。

①用户应用数据。

②用户备份数据。

数据（程序）的分类如图 9-1 所示。

2. 数据（程序）的备份

数据备份是保护网站数据完整的必要手段。

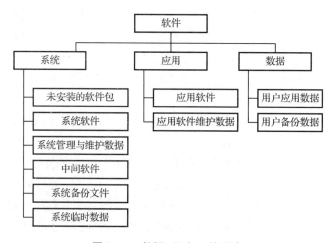

图 9-1 数据 程序 的分类

1) 数据备份和恢复的原因

(1) 计算机硬件故障。由于使用不当或产品质量等原因，计算机硬件可能会出现故障，不能使用，如硬盘损坏会导致存储于其上的数据丢失。

(2) 软件故障。由于软件设计上的失误或用户使用不当，软件系统可能会误操作从而引起数据破坏。

(3) 病毒。恶性病毒会破坏系统软件、硬件和数据，造成永久性数据丢失。

(4) 自然灾害。如火山、地震等会造成极大的破坏，毁坏计算机系统及其数据。

(5) 盗窃。一些重要的数据可能会被盗窃。

(6) 人为误操作。

2) 数据备份的内容

数据何时被破坏以及遭受什么样的破坏是不可预测的，所以备份是一项重要的数据管理工作，必须确定何时备份、备份到何处、由谁来备份、备份哪些内容、备份频率以及如何备份等事项，即确定备份策略。备份数据有多种方法，各种方法都有自己的特点。如何根据具体的应用状况选择合适的备份方法是很重要的。

数据备份主要涉及以下几方面内容。

(1) 备份内容。数据的重要程度决定了数据备份的必要性与重要性，数据重要程度的确定主要依据实际的应用领域，可能有的数据不属于关键数据，而有的数据属于关键数据，这就决定了数据要不要备份以及如何备份。数据依据其重要程度分为非关键数据和关键数据。非关键数据可以从其他渠道重建，可以不备份；关键数据不能重建，这样的数据必须备份。

(2) 由谁备份。通常情况下，由系统管理员、数据库所有者、允许进行数据备份的用户和通过授权允许的其他角色进行数据备份。

(3) 备份方法。当备份的数据内容、备份的周期被确定后，下一步就要考虑通过什么样的手段实现备份。数据备份常用的方法是完全备份和差异备份。完全备份是备份全部数据；差异备份则是只备份自上次以来发生过变化的数据。备份方法可以是系统自动备份、本地备份和异地备份。

（4）备份的手段。备份手段有以下几种。

①灾难恢复备份。该备份是借助于计算机设备的特定设计实现备份，即当计算机主机的任何硬件出现故障后，在更换硬件后，通过指定操作对硬盘数据进行恢复。

②镜像备份。镜像备份就是在计算机硬盘构成上采取特殊的技术，使两块硬盘存储完全相同的内容，并且实时地更新。

③导出备份。导出备份是指将系统中的内容导出到其他存储设备中，系统和本地中分别存放一份。

④复制。复制是最简单最常用的备份手段之一，即把重要的文件复制到其他存储设备中。

（5）备份介质。备份介质指将数据备份到目标载体，通常的备份介质有硬盘、磁带、光盘等。

（6）备份频率。备份频率是指数据相隔多长时间进行备份。确定备份频率主要考虑系统恢复的工作量和系统执行的事务量。采用不同的数据备份方法，备份的频率也不相同。如采用完全备份，备份的频率低些；采用差异备份，备份的频率高一些。

（7）备份的组织。包括确定备份管理员，审核备份计划，建立备份方案和流程，实现备份和建立备份档案。

3. 数据的恢复

在备份源出现故障时，通过备份档案管理员可以很容易地查到所需恢复的数据备份，这时往往备份的数据已经很多，有些与进程有关的数据会重复备份，这时应当按照要求选择所需恢复数据的程度进行恢复，避免所恢复的系统和数据不能保证系统正常运转。

（二）网站内容管理

网站内容管理涉及的范围较广，是网站管理的核心内容，也是保证电子商务网站有序和有效运作的基本手段。内容管理是对网络上运行的各种业务的每一笔交易都进行实时监控和特性分析。网站的内容管理是面向电子商务活动中的具体业务而进行的信息流内容管理。网站内容管理包括了信息发布管理、企业在线支持管理、在线购物管理、客户信息管理，以及企业产品、广告、论坛及留言板等的管理。

（三）客户服务管理

客户服务是与客户接触的全部活动过程，是企业电子商务营销策略的重要组成部分。电子商务网站客户服务内容包括聊天室管理、个性化服务、论坛管理、在线技术支持和网络管理分析报告等。

客户服务管理要点：

（1）建立客户信息库。收集客户信息，构建客户信息库包括客户基本信息管理及客户反馈信息管理。客户基本信息管理包括客户注册管理、客户忘记密码查询、注册客户群分析、客户信用度分析和管理、客户消费倾向分析等。网站通常采用会员制，允许客户登录为会员，以保留客户的基本资料，因此，网站会员资料管理就是客户基本信息管理。客户基本信息管理可以帮助企业收集目标客户的信息资料，提供网络营销依据，考察网站的使用频率及对目标客户的吸引程度。

（2）重视服务过程管理。新的服务过程的理念不再是产品的售后服务，而是贯穿于产品销售的整个过程。电子商务网站客户服务包括售前、售中、售后服务。整个电子商务服务过程的关键是企业要提供准确的信息，与客户进行有效的交流，真正解决客户问题，实现承诺，保护所有交易的隐私和安全，建立无缝衔接的客户关系。

（3）企业 BBS 论坛管理。企业 BBS 论坛是企业进行技术交流和客户服务的重要手段，可以为网站与客户、客户与客户之间提供广泛的交流，企业还可以利用该功能发布新产品的信息，征求消费者的意见以及接收消费者投诉等，还可以不定期地邀请嘉宾和专门人员参与论坛的活动。

（4）电子邮件管理。客户服务管理工具主要有：电子邮件、顾客服务电话、FAQ（常见问题解答）和聊天工具。其中，电子邮件管理是最重要的方式之一。通过电子邮件实现的网络客户服务包括：采用邮件营销手段，设定邮寄名单功能，让客户选择加入邮寄名单，同时也要让客户能够随时退出邮寄名单；采用亲切而个性化的邮件，营造出一对一、面对面的谈话气氛；邮件广告要针对目标客户，邮件的内容要符合读者兴趣，并具有实质意义；及时回复邮件。

（5）留言板管理。网站留言板是为了增加网站与客户之间良好的互动关系而设计的。留言板实际是一种简单的 BBS。网站客户可以利用留言板实现与企业的信息交流与沟通，记录客户留言，收集客户意见和建议，为优化服务提供数据依据。

（6）网上调查管理。企业通过开展网上调查，了解客户意见及建议，获得更多的客户信息，通过对获取资料的分析来更好地改善产品和服务质量。

（7）在线技术支持管理。在线支持系统是基于网站咨询与智能解答的一种数据库系统，通过该系统，网站可以实现最快捷方便的用户咨询解答、分类和管理，而且可以建立一个庞大的知识库系统，将历次解答的问题放入知识库，从而有效解决企业客户服务的效率和质量，增强客户对企业服务的认可度和满意度。

（8）个性化服务管理。网站的个性化是指网站的内容及风格在一定范围内由用户确定自己需要的信息内容和显示形式，以形成一个"私人空间"。为用户个性化服务已经成为网站的一个发展趋势。

（9）客户反馈系统。客户反馈系统用于收集浏览网站的客户的一些意见或建议。客户在反馈的前台提交自己的意见或建议；单击"提交"按钮，系统会自动发信，并可设定自动弹出对话框告知客户："您的信息已经提交，我们会尽快与您联络。"

（四）网站人员管理

电子商务网站建成以后，一定要配置网站管理员。网站管理员包括所有的技术人员和网页的日常维护人员。网站管理员肩负着网站的日常运行及维护重任。

网站管理员（Webmaster）就是监守网站这个虚拟办公室的人员，他是企业的客户、合作伙伴等一切网站来客的网站联络人，同时又肩负着这个虚拟办公室的日常运营及维护的重任。

1. 网站管理员的职责

网站管理员的职责有两方面：

（1）进行网站网页的更新维护，与企业各有关部门联系，及时编辑、组织网站相关信息内容，保持网站处于一种活力状态，成为信息反馈中枢。

（2）每天检查网站的运作情况和通信情况，及时处理。

2. 网站管理员的素质

对网站管理员的技能要求如下：

（1）能熟练使用 E-mail、FTP、BBS 等 Internet 工具。
（2）能基本掌握 HTML 语言，对网页进行修改编写。
（3）能使用一种图形处理软件（如 Photoshop），进行一般图片扫描操作。
（4）有一定的分析能力，能够根据网站的相关统计数据得出一定的结论。
（5）熟悉防病毒软件及防火墙的使用，掌握修补漏洞的方法，对网络有较深理解。
对网站管理员的道德素质要求如下：
（1）对工作认真负责，具有较高的工作热情和职业操守。
（2）维护企业利益，保守企业商业秘密。

（五）网站制度管理

维护及管理网站必须建立相应的管理制度，以保证网站发挥其效用。网站管理制度包括以下内容。

（1）网站管理人员制度。从事电子商务网站管理的人员要具有一定的技术条件和管理经验，企业应选拔责任心强、具有良好职业操守和突出岗位技能的人员来从事网站管理工作。注意要严格选拔，认真落实岗位责任制。

（2）保密制度。电子商务系统涉及企业的市场、生产、财务、供应和销售等多方面的信息，其中有些信息属于商业机密，企业应该根据信息的具体情况实行分级管理，重点保护，制定相应的保密制度。

（3）网站的日常维护制度。包括日常性地对网站硬件、软件系统进行维护和管理的制度。企业应严格执行这些管理制度，确保网站的正常运行。

（六）网页维护

网页的精心维护和管理是一个网站成功以及持续发展的关键。网页维护的内容包括网页测试和页面更新与检查两项内容。

1. 网页测试

（1）外观测试。
（2）链接测试。
（3）速度测试。
（4）脚本和程序测试。
（5）服务器日志测试。

2. 页面更新与检查

网页的更新与检查主要有以下几个部分。

（1）专人专门维护新闻栏目。电子商务网站中的新闻栏目是一个企业的宣传窗口，是提升企业形象的重要途径，在这个栏目中，一方面要把企业、业界动态都反映在里面，让访问者觉得这个企业是一个可以发展的企业，有前途的企业；另一方面也要在网上收集相关资料，放置到网站上，吸引同类客户，并使他们产生兴趣。

所以，新闻栏目需要由专人负责、专人管理、专人维护，这样可以保证此栏目的质量，并吸引更多的浏览者点击该栏目。

（2）时常检查相关的链接。任何一个电子商务网站都不可能将它全部的内容都放在其主页面上，都需要使用链接进行。对于链接是否连通，可以通过测试软件对网站中所有的网页链接进行测试，但最好还是用手工的方法进行检测，这样才能发现问题。尤其是网站的导航栏目，可能经常出问题，因此，在网页正常运行期间也要经常使用浏览器查看测试页面，查漏补缺，精益求精。

（3）时常检查日志文件。网页更新最有用的依据是系统的日志文件记录，通过对 Web 服务器的日志文件进行分析和统计，能够有效掌握系统运行情况以及网站内容的受访问情况，加强对整个网站及其内容的维护和管理。

（4）时常检查客户意见。网页更新也与客户意见有直接的关系，经常看看客户的意见，例如，有的客户希望网站论坛中加入一个音乐论坛，还希望在网站中出售的 CD 音乐中加入试听页面。根据这些意见，网站完全有能力做到。

通过不断地整理更新与增加栏目和内容，网络将会一天天地丰富、成熟起来。另外，每次更新都不要忘了在公告栏中发布最新消息，这样一方面增加了公告栏的内容，另一方面提升了企业的形象。

3. 网页布局更新

网页布局大致可分为"国"字型、拐角型、标题正文型、左右框架型、上下框架型、综合型、封面型、Flash 型、变化型等几种类型。对主页面布局的更新是所有更新工作中最为重要的，因为人们很重视第一印象，对主页的更新宜采用重新制作，不过对于网站的 CI 是不能变动的。

4. 网站升级

在网页维护的同时，要做好网站的升级工作，网站升级的主要工作包括以下几个方面。

（1）网站应用程序的升级。网站应用程序经过长时期的使用和运行，难免会出现一些问题，如泄露源代码、注册用户信息、网站管理者信息等，这些应用程序的问题都会产生很严重的后果，轻者使服务器停机，重者有法律纠纷，甚至使整个网站瘫痪。所以，管理人员一定要对应用程序进行监控，一旦出现错误和问题，马上进行维护，必要时对其应用程序进行升级。

（2）网站后台数据库升级。网站后台数据库是每一个电子商务网站中所必需的，也是使用非常频繁的一个软件。一般情况下，开始时网站都使用比较小的数据库，例如，在 Windows 下的 Access、DBF、MySQL 数据库，这些数据库对于大批量的数据访问会使服务器有停机的危险。当发现访问量很大，网站响应变慢时，就要考虑对数据库的升级了。

（3）服务器软件的升级。服务器软件随着版本的升高，性能和功能都有提高，适时地升级服务器软件能提高网站的访问质量。例如，Windows NT 的 IIS、Linux 下的 Apache 等 Web 服务器都可以适时地升级其软件。

（4）操作系统的升级。一个稳定强大的操作系统也是服务器性能的保证，应该根据操作系统的性能情况不断升级操作系统。例如，Windows 的 Update 升级，Linux 的内核升级，但是要注意的是，操作系统的升级具有一定的危险性，需要把握好。

（七）网站软、硬件维护

1. 硬件维护

硬件维护主要包括服务器、网络链接设备及其他硬件的维护，要保持所有硬件设备处于良好状态，维护网络设备不间断地安全运行，对可能出现的硬件故障问题进行评估，制订出一套良好的应急方案。

2. 软件维护

电子商务网站软件维护包括网络操作系统、应用服务器软件、应用软件和其他相关软件的维护。

（八）网站操作系统维护

Windows 本身是一个非常开放、同时也是非常脆弱的系统，稍微使用不慎就可能导致系统受损，甚至瘫痪。如果经常进行应用程序的安装与卸载，也会造成系统的运行速度降低、系统应用程序冲突明显增加等问题的出现。这些问题导致的最终后果就是不得不重新安装 Windows。下面介绍对 Windows 操作系统进行维护的几种方法。

1. 定期对磁盘进行碎片整理和磁盘文件扫描

使用 Windows NT 系统自身提供的"磁盘碎片整理"和"磁盘扫描程序"对磁盘文件进行优化，这两个工具都非常简单。为确保防止数据丢失、系统崩溃和文件破坏，Windows 磁盘碎片整理程序可以和文件系统及 API 一起使用。磁盘碎片整理程序可以通过以下操作优化磁盘并保持磁盘的高效运行。

（1）查找整个磁盘中每个文件的碎片。
（2）将其连续复制到一个新位置。
（3）确保该副本是原件的精确复制。
（4）更新主文件表（MFT），以便设置新文件的位置。
（5）取消分配原位置并将其重新划分为可用空间，如图 9-2 所示。

图 9-2　磁盘整理

2. 维护系统注册表

Windows 的注册表是控制系统启动、控制系统运行的最底层设置，其文件为 Windows 安装路径下的 System.dat 和 User.dat。这两个文件并不是以明码方式显示系统设置的，普通用户根本无从修改。如果经常安装/卸载应用程序，这些应用程序在系统注册表中添加的设置通常并不能够彻底删除，时间长了会导致注册表变得非常大，系统的运行速度就会受到影响。目前市面上流行的专门针对 Windows 注册表的自动除错、压缩、优化工具也非常多，可以说 Norton Utilities 提供的 Windows Doctor 是最好的，它不但提供了强大的系统注册表错误设置的自动检测功能，而且提供了自动修复功能。使用该工具，即使对系统注册表一无所知，也可以非常方便地进行操作，因为只需单击程序界面中的"Next"按钮，就可完成系统错误修复。

3. 经常性地备份系统注册表

对系统注册表进行备份是保证 Windows 系统可以稳定运行、维护系统、恢复系统的最简单、最有效的方法。系统的注册表信息保存在 Windows 文件夹下，其文件名是 System.dat 和 User.dat。这两个文件具有隐含和系统属性，现在需要做的就是对这两个文件进行备份，可以使用 regedit 的导出功能直接将这两个文件复制到备份文件路径下，当系统出错时再将备份文件导入 Windows 路径下，覆盖源文件即可恢复系统。

4. 清理 System 路径下的无用的 DLL 文件

这项维护工作大家可能并不熟悉，但它也是影响系统能否快速运行的一个至关重要的因素。应用程序安装到 Windows 中后，通常会在 Windows 的安装路径下的 System 文件夹中复制一些 DLL 文件。而当将相应的应用程序删除后，其中的某些 DLL 文件通常会保留下来；当该路径下的 DLL 文件不断增加时，将在很大程度上影响系统整体的运行速度。而对于普通用户来讲，进行 DLL 文件的手工删除是非常困难的。

针对这种情况，建议使用 Clean System 自动 DLL 文件扫描、删除工具，这个工具的下载网址为 www.ozemail.com.au/kevsol/sware.html，只要在程序界面中选择可供扫描的驱动器，然后单击界面中的"Start Scanning"按钮就可以了，程序会自动分析相应磁盘中的文件与 System 路径下的 DLL 文件的关联，然后给出与所有文件都没有关联的 DLL 文件列表，此时可单击界面中的"OK"按钮进行删除和自动备份。

（九）网站安全管理

在网络世界中，网站的安全问题日益突出，一个缺乏安全性的网站，无论它的界面多么好，信息多么丰富，如果无法保证访问者和其自身的信息安全，是很难存活的。对于电子商务网站而言，由于电子商务活动的特殊性，对安全性又提出了更多、更高的要求。

企业网站建设好后，越来越多的专用网用户要求使用 Internet 的 Telnet、FTP、Mail 和 WWW 诸项服务。此外，许多公司还要求向经由 Internet 的公开访问提供 WWW 主页和 FTP 的服务器。

当网络管理者将其机构的专用数据和网络基础设施暴露给 Internet 上的窥探者时，网络的安全也越来越引起他们的关心。要想达到所需的防护水准，各机构必须制定可防止非授权用户访问其专用网资源及其专有信息非法外流的安全政策。

（1）网站安全的含义。网站安全是指利用网站管理控制和技术措施，保证在一个网站环境里，信息数据的机密性、完整性及可使用性受到保护。

（2）网站安全的主要目标。确保经网站传送的信息在到达目的站时没有任何增加、改变、丢失或被非法读取。要做到这一点，必须保证网站系统软件、应用软件系统、数据库系统具有一定的安全保护功能，并保证网站部件如终端、调制解调器、数据链路等的功能不变，而且仅仅是那些被授权的人们可以访问。

（3）网站安全的内容。网站的安全性问题实际上包括两方面的内容，一是网站的系统安全，二是网站的信息安全。而保护网站的信息安全是最终目的。就网站信息安全而言，首先是信息的保密性，其次是信息的完整性。另一个与网站安全紧密相关的概念是拒绝服务。所谓拒绝服务主要包括三方面的内容：系统临时降低性能；系统崩溃而需要人工重新启动；因数据永久性丢失而导致较大范围的系统崩溃。拒绝服务是与计算机网站系统可靠性有关的一个重要问题，但由于各种计算机系统种类繁多，综合进行研究比较困难。

四、电子商务网站评估

（一）电子商务网站评估的原则和特点

1. 电子商务网站评估的原则

企业电子商务网站建设是一项复杂的系统工程，电子商务网站的评估必须遵循一定的原则。电子商务网站的评估应该遵循如下原则。

（1）独立性原则。电子商务网站评估工作必须由独立于与网站有利益关系的第三方机构和评估人员来完成，从而保证评估的公正与公平性。

（2）客观性原则。评估的指标要具有客观性，整个评估过程应建立在市场和现实的基础资料之上。

（3）科学性原则。网站评估必须依据特定的目的，选择适用的评估方法和评估方案，使评估结果科学合理。

（4）贡献度原则。电子商务网站系统的构建，应该对企业的相关部门和企业整体效益形成贡献度。

2. 电子商务网站评估的特点

（1）现实性。应以现实状况为基础来进行网站的评估。

（2）市场性。网站的评估结果必须得到市场的验证。

（3）预测性。对企业电子商务网站的潜在价值进行预测。

（二）电子商务网站的评估体系

1. 网站建设评估

网站建设评估包括以下指标：

（1）商务模式创新度。

（2）商务网站功能覆盖率。

（3）网站的功能与网站建设目标的符合度。

（4）网站技术性能指标。

（5）电子商务应用深度，网上信息流、资金流、物流集成化的程度。

（6）商务网站内容信息的质量评价指标。

（7）商务网站内容信息的数量。

（8）商务网站实施计划任务的完成度。

（9）商务网站建设计划管理与进度控制。

（10）财务管理与预算控制

2. 网站应用评估

电子商务网站应用评估包括以下指标：

（1）商务网站访问率。

①日均点击率。

②日均访问的独立客户数、独立 IP 数、企业上网数、注册会员数。

③客户平均访问停留时间。

④平均响应时间（邮件、电话、短信等）。

(2) 信息更新率。
(3) 商务网站营销推广力度。
①商务网站链接率、链接网站的数量。
②采用组合营销手段。
③媒体影响力，广告投放量、媒体曝光率。
(4) 商务网站电子商务采购率与销售率。
(5) 电子商务交易率。
(6) 电子商务网站社会效益评价。
①对上下游商务伙伴开展电子商务的带动作用。
②本地区吸引外资的增长率。
(7) 电子商务网站经济效益评价。
①成本降低率。
②收益增长率。
③资金周转率、提高率。
④投资回报率。

3. 网站服务质量评估

(1) 对企业用户满意度的提升作用：商务网站运行一个年度内上下游企业用户满意度提升率。
(2) 对消费者满意度的提升作用：商务网站运行一个年度内企业客户满意度提升率。
(3) 领导班子对商务网站的满意度。
(4) 内部职工对商务网站的满意度。
(5) 客户投诉降低率。
(6) 客户响应时间降低率。
(7) 客户忠诚度提升率。

(三) 电子商务网站评估的方法

1. 委托权威专业机构评估

专业评估机构在企业网站评估过程中，积累了一系列的经验，已建立了一整套的评估方法，也培养了一大批经验丰富的网站测评专业技术人员。专业评估机构可以对企业进行综合性或专业性的测试评估工作。

2. 企业自身评估

企业利用专业机构提供的评价服务软件对自己的电子商务网站进行测评。例如中国企业在线并购网就提供了这样的服务。企业自身评估的特点如下。

(1) 测评成本低。企业利用专业评估公司在互联网上提供的评估软件系统，对自己的网站进行评估，这样可以节约一笔费用。
(2) 可以对企业的重要数据进行保护。在网站测评过程中，会涉及企业的一些重要的数据，这些数据对企业来说是具有保密性的。如果聘请专业公司来进行网站评估，就存在着企业重要信息泄露的问题。
(3) 评估工作对人员的要求不高。由于专业网站提供的评估系统简单易用，只要具有了基本计算机网络操作技能，就可以进行网站评估。

3. 客户评估

企业通过网络向客户发放调查表，或通过有奖调查的形式获得客户的评价，再对反馈的信息进行统计分析。客户在回答调查表时也存在着一些问题，如有的客户不认真填写调查表，这是企业在采用这种形式时一定要注意的问题。

单元二　电子商务网站数据备份与恢复

数据备份与恢复是电子商务网站数据管理的重要内容。尽管系统中采取了各种措施来保证数据的安全性和完整性，但硬件故障、软件错误、病毒、人为的误操作或故意破坏仍有可能发生，这些故障会造成系统异常中断，影响数据的正确性，甚至会破坏数据，使数据部分或完全丢失。因此，数据管理系统应提供把数据从错误状态恢复到某一正确状态的功能，这种功能称为恢复。数据恢复是以备份为基础的，这是数据的重要保护手段。

一、使用 Windows 的备份功能备份文件

如果网站服务器上安装的操作系统是 Windows 2000 系列，就可以利用它本身自带的备份还原功能来对网站数据进行备份和恢复。使用 Windows 2000 "备份工具"，管理员可以将数据备份到各种存储媒体上，如磁带机、外接硬盘驱动器、ZIP 盘及可擦写 CD-ROM。

如果要使用 Windows 2000 Server 备份文件，则可以利用"开始"→"程序"→"附件"→"系统工具"→"备份状态和配置"命令，打开"备份状态和配置"窗口，利用"备份文件"对话框，然后根据具体情况选择要备份的驱动器、文件或文件夹，并且要输入希望存储备份资料的备份文件名及其完整的路径。

另外，用户还可以进行一些备份的高级设置，例如，选择要执行的备份操作类型和制订是否要备份迁移到远程存储设备中的文件内容。

二、使用 Windows 的备份功能还原文件

当用户的计算机出现硬件故障、意外删除或其他数据丢失或损害时，可以使用 Windows 2000 的故障恢复工具还原以前备份的数据。

如果使用 Windows 2000 还原备份文件，则仍可以利用"开始"→"程序"→"附件"→"系统工具"→"备份状态和配置"命令，打开"备份状态和配置"窗口，单击"还原文件"按钮，打开"还原文件"对话框。其中，用户可以选中某项目前的复选框来选择想要还原的驱动器、文件或文件夹，然后需要输入备份文件的名称，一段时间之后就可以完成还原。

三、使用 Windows 的备份功能安排备份计划

如果用户觉得每次都要手动备份驱动器、文件夹和文件比较麻烦，可使用"备份文件"对话框中的安排备份计划，让系统自动完成备份操作，如果要安排系统备份计划，仍然利用"备份文件"对话框。

在安排备份计划时，可根据当前日期，在日历中为计划选择一个起始日期。然后选择要备份的资料，要备份的驱动器、文件夹或文件，选择备份媒体或文件名。

在操作中，还需要选择一种备份类型，如可选中"备份迁移的远程存储数据"复选框；

为使系统在备份数据后自动验证备份的完整性,可选中"备份后验证"复选框。

如果存档媒体已经包含备份的数据,要将备份数据附加在媒体上,而不替换媒体上的数据,可选中"将备份附加到媒体"单选按钮;如果要用备份数据替换媒体上的数据,可选中"用备份替换媒体上数据"单选按钮。

在操作中,可以利用"备份时间"对话框,选中"以后"单选按钮,使计划以后执行。如果用户要系统马上执行备份计划,也可以选中"现在"单选按钮。

备份计划设置好以后,系统会按照用户的设置自动进行备份。不过,系统自动进行备份的前提是系统和媒体都处在可用状态,否则无法完成计划备份任务。

四、备份工具的比较和选择

如果觉得 Windows 系统自带的备份工具功能过于简单,无法满足网站备份的要求,也可以选择其他备份工具。备份 Windows 系统的常用工具有两种。

1. Windows 提供的系统备份功能

Windows 2000/2008/7/8 等操作系统均提供了备份功能,因此无须另外的软件就可方便地实现系统备份和还原,不过它的备份速度慢、磁盘空间占用较多,这是人所共知的。

2. Symantec Ghost 软件

Ghost 是一个著名的硬盘复制与备份软件,专用于硬盘数据备份和批量装机,用它进行系统备份具有速度快、数据压缩率高、磁盘空间占用少等优点,但它是一个英文界面的软件,而且涉及一些专业术语,在使用时必须小心谨慎。

单元三 电子商务网站工作人员权限的管理

一、网站管理人员分析

要保证电子商务网站正常运行,就离不开网站操作人员对网站的管理。电子商务网站操作人员主要包括以下人员。

(1) 网络系统最高管理人员。系统在默认情况下有一个最高决策者,他是整个系统的最高管理者和权力的拥有者。

(2) 系统安全审核与监督人员。

(3) 账号与权限管理人员。

(4) 服务器开启(运行)与停止人员。

(5) 专门系统(服务器)功能控制人员。由功能服务器的专门管理员完成其专业的服务器管理和维护。

(6) 软件开发与维护人员。

(7) 软件应用人员。

(8) 访问者。

二、网站工作人员管理制度

电子商务网站要能安全运行,除了有一定的软硬件安全保证之外,还要有一定的规章制度来约束规范电子商务网站管理人员。需要对网络中心以下主要岗位拟定相应的工作职责。

（1）网络中心负责人的工作职责。网络中心负责人的工作职责举例如表9-1所示。

表9-1 网络中心负责人的工作职责举例

现代教育技术中心 网络中心负责人工作职责
学院网络中心，是现代教育技术中心下属部门。网络中心负责人由现代教育技术中心主任聘任，并报学院组织部备案。网络中心负责人的工作职责如下： 　　一、保证全院网络完好运行，满足学院信息、教学和科研等活动的要求。 　　二、对学院网络的技术安全负责。 　　三、做好所有设备的维护工作及设备维护的账目。 　　四、安排和管理本部门工作人员的具体工作，并对其工作进行绩效考核。 　　五、对网络中心的机房和办公室的安全和卫生负责，对分布在全院的网络设备的安全和局部环境卫生负责。 　　六、负责全院校园网规划与建设工作；制订全院网络设备（含相应的软件）更新和维修计划，并负责实施。 　　七、完成上级领导布置的其他工作。 <div align="right">现代教育技术中心 2016年8月2日</div>

（2）网络系统管理人员的工作职责。
（3）网站开发人员的工作职责。
（4）网站值班人员的工作职责。
（5）外部维护人员的工作职责。

三、网站管理人员权限分析

网站权限包括浏览、阅读与运行、创建与写入、修改控制及完全控制。

1. 系统管理员设置原则

系统管理员账户拥有系统中最高的权限，拥有管理员权限，也就相当于拥有了整个网络和系统的生杀大权。因此，管理员账户也成为入侵者的主要攻击目标。作为网络和计算机管理员，尤其应该做好管理员账户的安全管理，避免被破解或盗取。

1）更改管理员账户名

通过组策略编辑器虽然可以限制猜测口令的次数，但对系统管理员账号（Administrator）却无法限制，这就可能给非法用户攻击管理员账号口令带来机会。如果将管理员账号改名，使得非法用户无法得知管理员账户名称，从而可以有效地避免攻击。

2）禁用Administrator账户

可以使用管理员账户再重新创建一个账户，并赋予管理员权限，然后使用新的管理员账户登录，将Administrator账户禁用，而使用新管理员账户管理计算机。这样，入侵者无法得知真正的管理员账号，更无从尝试并猜出该账户的密码。

3）强密码设置

管理员账户必须使用强密码。此外管理员账户的密码应当定期修改，尤其是当发现有不良攻击时，更应及时修改复杂密码，以免被破解。为避免密码因过于复杂而忘记，可用笔记录下来，并保存在安全的地方，或随身携带避免丢失。

2. 创建用户账户

无论是在本地计算机还是在域中，都会经常需要添加新的用户账户，供不同的人使用。不过，在独立服务器和域控制器上创建用户的方法不同。

3. 重设用户密码

对于计算机中的每个用户账户，都应设置密码，尤其是那些具有管理访问权限的账户，更应设置安全密码，以抵抗肆意和无意识的密码攻击。

4. 禁用用户账户

用户如果暂时不接触计算机，或者调离当前的岗位，建议立即将该用户的账户禁用，而不是删除。删除用户账户是彻底删除用户的所有信息，而禁用用户账户只是暂时禁止用户的登录权限，该用户的其他信息均还保存在系统中。

5. 限制用户登录工作站

Windows Server 2003 的默认设置允许网络中的域用户可以登录网络中的任何一台计算机，从而在该计算机中留下用户个人的相关记录。因此，限制用户只能在网络中唯一的一台计算机中登录，是保证计算机安全的重要措施。

四、网站管理人员权限控制

在进入计算机网络系统后，用户将依据赋予的权限完成相应工作。

（1）账号和密码。

（2）位置限制。

（3）资源路径。

①运行应用软件目录。

②用户数据调用与保存目录。

（4）时间控制。

（5）资源处理程度限制。

（6）对用户权限的综合应用。

五、系统管理安全日志

1. 日志的提出

作为整个系统的管理工作应有更完善的机制来加以管理。对所有进入系统的对象包括账户、设备、终端等的所有操作的详细记录，一般称为"系统日志"。

2. 日志的设置

（1）审核策略类型设置。

（2）为指定资源、指定账户设置审核项目。

（3）通过安全日志实现事件查看。

单元四 电子商务网站软硬件设备的管理

一、软件维护

1. 操作系统的维护

操作系统是服务器运行的软件基础，其重要性不言自明。多数服务器操作系统使用 Windows NT 或 Windows 2000 Server 作为操作系统，维护起来还是比较容易的。

在 Windows NT 或 Windows 2000 Server 中打开事件查看器，在系统日志、安全日志和应用程序日志中查看有没有特别异常的记录。现在网上的黑客越来越多了，因此需要到微软的网站上下载最新的 Service Pack（升级服务包）安装上，将安全漏洞及时补上。

2. 网络服务的维护

网络服务有很多，如 WWW 服务、DNS 服务、DHCP 服务、SMTP 服务、FTP 服务等，随着服务器提供的服务越来越多，系统也容易混乱，此时可能需要重新设定各个服务的参数，使之正常运行。

3. 数据库服务的维护

数据库经过长期的运行，需要调整数据库性能，使之进入最优化状态。数据库中的数据是最重要的，这些数据库如果丢失，损失是巨大的，因此需要定期来备份数据库，以防万一。

4. 用户数据的维护

经过频繁使用，服务器可能存放了大量的数据。这些数据是非常宝贵的资源，所以需要加以整理，并刻成光盘永久保存起来，即使服务器有故障，也能恢复数据。

二、服务器的维护

1. 服务器维护的工作内容

对于服务器和客户机，通常使用手工管理的方法来检查设备的工作状态。服务器维护的工作内容主要包括：系统安装、升级；致命故障处理；故障判断；故障处理；系统优化；系统配置；系统检查；清洁、保养；裸机系统安装；覆盖或升级安装；迅速准确判断系统故障；区分故障类型；操作系统故障解决；硬件维修或更换；内部邮件服务器故障解决；其他故障解决；安装补丁；系统参数调整；垃圾文件及注册表清理；内存管理优化；磁盘管理优化；启动选项优化；操作系统配置；网络配置。

2. 服务器维护的工作方法

为了能更好地使用和延长服务器的使用寿命，定期对服务器进行维护是非常必要的。但是，在维护服务器的时候一定要小心处理好维护的工作，否则出现了错误就会造成很大影响。对服务器的维护主要从以下几个方面考虑。

（1）服务器的安放位置。每台服务器都应有一个可靠、固定的安置地点。

（2）启动与关闭。对服务器采取严格开机、关机的控制，保证整个计算机网络和网站的正常运行，特别是提供关键功能的服务器。

（3）系统升级。随着时间的延续，原有的计算机系统配置不能满足要求，应对其进行测试、升级等操作。

(4) 故障记录与处理。因为服务器是计算机网络系统中的关键设备，它的正常与否关系到整个网站系统的状态。因此，应对服务器出现的情况进行详细记录，特别是故障记录。故障记录包括时间、地点、设备编号、故障现象、故障结果、连带运行状态等。

三、设备的增减与更换

一般来说，需要进行管理的硬件设备主要有：网络设备、服务器和客户机及线路。

1. 网络设备

网络设备包括一些可以用网管软件来进行管理的网络设备和通过手工进行管理的网络设备。设备维护包括设备增加、设备的卸载和更换、除尘等。

1) 设备的增加

在电子商务过程中内存和硬盘的增加是最常见的，比如安装应用软件，顾客数据越来越多，资源库的增加，服务器需要更多的内存和硬盘容量。在设备增加时，应注意以下几个问题：

（1）增加内存前需要认定与服务器原有内存的兼容性，最好是同一品牌和规格的内存。

（2）在增加硬盘以前，需要认定服务器是否有空余的硬盘支架、硬盘接口和电源接口，还有主板是否支持这种容量的硬盘。注意防止买来了设备却无法使用。

2) 设备的卸载和更换

卸载和更换设备时出现的问题不大，要注意的是有许多品牌服务器机箱的设计比较特殊，需要特殊的工具或机关才能打开，在拆卸机箱盖的时候，需要仔细看说明书，不要强行拆卸。另外，必须在完全断电、服务器接地良好的情况下进行，即使是支持热插拔的设备也是如此，以防止静电对设备造成损坏。

2. 服务器和客户机

根据网站发展规模增减或更换服务器和客户机。

3. 线路

尽可能采用结构化布线，以降低网络故障率。

四、除尘与清洁工作

(一) 灰尘的危害

灰尘可以说是机房的劲敌，机房的除尘措施如果不到位，再好的服务器或网络设备都会出现问题。由于目前的网络设备和服务器在运行的过程中会产生很多热量，为了将这些热量散发出去，通常会采用主动散热的方式排出热量，而由于机房的空间狭小，这些设备通常采用风冷方式进行散热，散热孔与对流的空气配合，于是将灰尘带入了设备内部。除此之外，某些设备工作时会产生高压与静电，都会吸引空气中的灰尘。灰尘会夹带水分和腐蚀物质一起进入设备内部，覆盖在电子元件上，造成电子元件散热能力下降，长期积聚大量热量则会导致设备工作不稳定。

除此之外，由于灰尘中含有水分和腐蚀物质，使相邻印制线间的绝缘电阻下降，甚至短路，影响电路的正常工作，严重的甚至会烧坏电源、主板和其他设备部件。过多的干灰尘进入设备后，会起到绝缘作用，直接导致接插件触点间接触不良。同时，会使设备动作的摩擦阻力增加，轻者加快设备的磨损，重者将直接导致设备卡死损坏。可见，灰尘对服务器的危害是非常大的。

（二）灰尘的产生途径

（1）用于维持整个机房温度和湿度的空调系统，不可避免会将一部分灰尘带入机房。

（2）机房管理人员在进出机房的过程中会将一部分灰尘带入机房。

（3）建筑物本身产生的灰尘，机房的门窗（特别是未经防尘处理的普通房间）容易流入大量灰尘。而机房本身的老化（如墙壁、地面、顶棚等），表面产生的表皮脱落也容易形成灰尘。

（4）机房设备本身产生的灰尘，如打印机等在运转过程中产生的纸屑与墨粉颗粒。

（5）大多数机房在运行时对机房外部都是负压，即外界气压高于机房气压，造成机房内灰尘洁净度严重超标。

（三）如何杜绝灰尘的产生

1. 机房分区控制

对于大型机房，条件允许的情况下应进行区域化管理，将易受灰尘干扰的设备尽量与进入机房的人员分开，减少其与灰尘接触的机会。例如将机房分为 3 个区域：服务器主机区、控制区、数据处理终端区。并设置专门的参观通道，通道与主机区用玻璃幕墙隔开。

2. 定期检查机房密封性

定期检查机房的门窗，清洗空调过滤系统，封堵与外界接触的缝隙，杜绝灰尘的来源，维持机房空气清洁。

3. 维持机房环境湿度

严格控制机房空气湿度，既要保证减少灰尘，同时还要避免空气湿度过大使设备产生锈蚀和短路。

4. 严格控制人员出入

设置门禁系统，不允许未获准进入机房的人员进入机房，进入机房人员的活动区域也要严格控制，尽量避免其进入主机区域。

5. 做好预先除尘措施

机房应配备专用工作服和拖鞋，并经常清洗。进入机房的人员，无论是本机房人员还是其他经允许进入机房的人员，都必须更换专用拖鞋或使用鞋套。尽量减少进入机房人员穿着纤维类或其他容易产生静电附着灰尘的服装进入。

6. 提高机房压力

建议有条件的机房采用正压防灰尘，即通过一个类似打气筒的设备向机房内部持续输入新鲜、过滤好的空气，加大机房内部的气压。由于机房内外的压差，使机房内的空气通过密闭不严的窗户、门等的缝隙向外泄气，从而达到防尘的效果。

（四）设备的清洁处理

1. 主板的清洁

作为整个设备的基础硬件，主板堆积灰尘最容易引起问题，主板也最容易聚集大量灰尘。清洁主板时，首先要取下所有的插接件，拔下的设备要进行编号，以防弄混。

然后，拆除固定主板的螺丝，取下主板，用羊毛刷子刷去各部分的积尘。操作时，力量一定要适中，以防碰掉主板表面的贴片元件或造成元件的松动以致虚焊。灰尘过多处可用无水酒精进行清洁。对于主板上的测温元件（热敏电阻）要进行特殊保护，如提前用遮挡物对其进行遮挡，避免这些元件损坏而引发主板出现保护性故障。主板上的插槽如果灰尘过多可用皮老虎或吹风机进行清洁，如果出现氧化现象，可以用具备一定硬度的纸张，插入槽内来回擦拭（表面光滑的一面向外）。

2. 插接件的处理

插接件表面可以用与清理主板相同的方法清理，插接部分出现氧化现象的，可以用橡皮仔细把全部"手指"擦干净，插回到主板后，在插槽两侧用热熔胶填好缝隙，防止在使用过程中出现灰尘进入和氧化情况。

3. 风扇的清洁

风扇的叶片内、外通常也会堆积大量积灰，可以用手抵住叶片逐一用毛刷掸去叶片上的积灰，然后用湿布将风扇及风扇框架内侧擦净。还可以在其转轴中加一些润滑油以改善其性能并降低噪声。具体加油方法是：揭开油挡即可看到风扇转轴，用手转动叶片并向转轴中滴入少许润滑油使其充分渗透，加油不宜过多，否则会吸附更多的灰尘，最后贴上油挡。

对于风扇与散热片可分离的结构，可以拆下散热片彻底用水清洗，灰尘少的可以用软毛刷加吹气球的方法清理，对于不可分离的散热片，可以用硬质毛刷清理缝隙中的灰尘，同时辅以吹风机吹尘。清洗后的散热片一定要彻底干燥后再装回，重新安装散热片时建议抹上适量导热硅脂增强热传导性。

4. 箱体表面的清洁

对于机箱内表面上的积尘，可以用拧干的湿布进行擦拭。注意湿布应尽量干，避免残留水渍，擦拭完毕应该用电吹风吹干。

5. 外围插头、插座的清洁

对于这些外围插座，一般先用毛刷清除浮土，再用电吹风清洁。如果有油污，可用脱脂棉球沾无水酒精去除。

注意：清洁时也可使用清洁剂，不过清洁剂必须为中性，因为酸性物质会对设备有腐蚀作用，且清洁剂挥发性一定要好。

6. 电源的清洁

电源是非常容易积灰的设备，而且受温度影响严重。拆解电源时一定要注意内部高压，如果没有一定专业知识，不要私自拆开。如不拆解，可以用吹风机强挡对着电源进风口吹出尘土，并用硬毛刷隔着风扇滤网清洁一下风扇叶片。

注意：某些设备不允许用户自行拆卸，否则厂商将不予保修，拆卸前要联系设备生产商进行确认。各部件要轻拿轻放，尤其是硬盘，切不可磕碰；上螺丝时应松紧适中，在需要部位垫上绝缘片；除尘维护后重新将硬件装入机箱，接上电缆和电源，在不盖机箱的情况下先试运行一下系统，看一下各风扇运转是否正常，查看是否有插接不牢或异响情况。

任务实施

新西兰旅游公司网站发布一段时间后，新西兰旅游公司已经能较好地收集和处理客户反馈的信息，并针对问题提出改进意见。在新西兰旅游公司网站发布后，大部分时间转为网站的管理与维护。网站维护管理的好坏直接影响到网站的运行，也是网站能否成功运营的重要因素。公司经理要求小张能够对新西兰旅游公司网站进行维护和管理,以保证新西兰旅游公司网站的正常运行。

任务一　确定电子商务网站管理的内容

【实训准备】
能访问 Internet 的机房,学生 4 人一组,每人一台计算机。

【实训目的】
通过浏览 Internet 上其他企业网站管理的成功经验,熟悉网站管理内容,选择网站管理模式。

【实训内容】
训练确定网站管理内容。

【实训过程】
(1) 熟悉网站管理的基本含义。
(2) 选择网站管理模式。根据企业网站的实际情况及管理需要,选择网站的管理模式。
(3) 确定网站管理内容。
①备份数据。
②恢复数据。
(4) 进行网站客户服务管理。
①确定客户服务管理内容。
②确定客户服务管理目标。
③制订客户服务策略。
(5) 进行网站人员管理。
①制订网站管理人员选聘条件。
②对外发布招聘通告。表 9-2 所示为招聘网站管理人员通告示例。

表 9-2　招聘网站管理人员通告示例

关于公开选聘网站管理人员的通告
本局正在筹建门户网站,现面向社会公开选聘门户网站管理人员一名(临时工或借用),择优录用。具体要求如下: 　　(1) 工作作风踏实,有较强的事业心; 　　(2) 大中专以上学历,有计算机、网站管理维护经验,有较强的文字表达能力; 　　(3) 年龄在 30 周岁以内。 　　工资待遇:临时工和正式员工待遇相同,借用人员按本单位与原单位协议执行。 　　请有意向者在 10 月 30 日之前到北新街 12 号,南风县 IT 公司办公室报名。并请各单位帮助宣传和推荐。 　　联系电话:020-867904321 　　南风县 IT 公司 　　　　　　　　　　　　　　　　　　　　　　　　　　　　　　　　　　　　2019 年 8 月 16 日

③根据企业要求选拔网站管理人员。

④制订网站管理人员职责要求。

(6) 进行网站制度管理。制订网站管理制度,示例如表 9-3 所示。

表 9-3 网站管理制度示例

网站管理制度
第一章　总则
第一条　为了进一步加强公司外部网站的管理与维护,充分发挥网站的作用,促进公司内外部信息交流与沟通,及时掌握市场信息,拓展经营视野,提高经营管理水平,扩大公司对外知名度,提升公司外部形象,制订本规定。
第二章　公司网站的管理机构及职责
第二条　公司设专职网站管理员,负责公司网站的信息收集汇总、日常管理与维护,负责网络版面设计、调整、改换栏目设置、内容更新、新闻发布以及其他信息材料的管理、录入与发布。
第三条　公司网络工程部负责网站防病毒、防黑客攻击以及为网站的正常运行日常维护提供技术支持与保障。
第三章　网站版面与栏目更新
第四条　网站主页面原则上每年进行一次审定或改版,改版内容包括页面的动画、颜色、栏目组合等。
第五条　技术支持、新闻中心、客户服务、论坛等栏目每季度变化一次,应具备时效特色。
第六条　产品简介、成功案例等栏目根据产品和客户情况半月报审修改,页面应适应产品特色和客户特点。
第七条　标题新闻、浮动广告等小栏目根据需要每周更新,应具备动感和多样形式。
第八条　页面改版由网站管理员预先设计出方案,报公司总经理审核、呈公司董事长审批后执行。
第四章　信息的搜集与发布
第九条　网站管理员负责网站内容信息的搜集和整理,各部门主管或专人根据部门职能及时向网站管理员提供最新相关信息。
(1) 重大事务、外事活动、访问活动、上级领导来公司考察活动、公司领导重要出访活动等信息由办公室提供。
(2) 商务活动、市场动态、合同签订等信息由市场部提供。
(3) 新产品开发、新技术应用等信息由软件开发部和影像开发部提供。
(4) 项目管理、工程实施等信息由系统工程部提供。
(5) 技术支持、客户服务等信息由服务支持部提供。
(6) 软件测试、标准规范等信息由测试中心提供。
第十条　网站管理员及时对各部门提供的信息,进行统一分类、整理、汇总成发布稿件,按下列程序报审批准后发布。
(1) 一般信息,如公司签订合同、项目实施完工或实施情况、市场动态等由办公室整理后报公司董事长审批,网站管理员 24 小时内发布。
(2) 公司重要事项、重要商务活动,如重要合作信息、重大合同信息、公司及领导外事活动、重大访问、来访活动等重要信息由办公室及时整理后报董事长审批,交网站管理员 12 小时内发布。
第五章　网站管理
第十一条　任何人未经批准,不得随意发布信息或更改网站页面版式及内容。

续表

第十二条　网站密码由公司网站管理员负责控制，不准向任何部门或个人泄露。 第十三条　网站管理员发现公司网站被病毒、黑客袭击或发现网站运行不正常，应及时向网络工程部报告，由网络工程部处理。 第十四条　任何人不得在公司网站上发布违反国家法律、法规、有损国家利益、公司形象以及不道德的言论。 第十五条　任何人不得利用公司网站传播反动、淫秽、不道德以及其他违反国家法律、社会公德的信息。 第十六条　任何人不得利用公司网站发布虚假信息或违反公司规定、影响公司形象、泄露公司机密的信息。 第十七条　网站管理员一经发现有上述第十四～十六条所示内容的信息，必须立即予以删除，并追究当事者的行政或法律责任。 第十八条　网站管理员应按本规定及时对公司网站进行管理、维护与更新。 第六章　附则 第十九条　本规定解释权归公司办公室。 第二十条　本规定自发布之日起执行。

（7）进行网页管理。
①进行网页测试、发布管理。
②进行网页版面更新。
③进行网站系统升级。
（8）进行网站的软硬件管理。
①进行网站软件管理。
②进行网站硬件管理。
（9）进行网站安全管理。

任务二　备份与恢复电子商务网站数据

【实训准备】
每人一台计算机。
【实训目的】
通过实际操作，让学生掌握网站数据备份与恢复的方法。
【实训内容】
训练备份与恢复网站数据的操作。
【实训过程】
1. 使用 Windows 的备份功能备份文件
（1）执行"开始"→"程序"→"附件"→"系统工具"→"备份状态和配置"命令，打开"备份状态和配置"窗口，如图 9-3 所示。

(2) 单击"设置自动文件备份"选项，如图9-4所示。

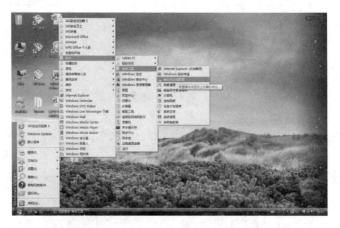

图9-3　Windows的备份功能截图1

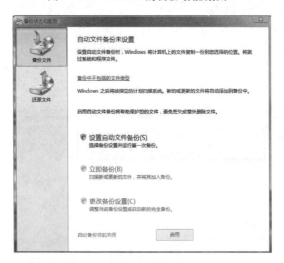

图9-4　Windows的备份过程截图2

(3) 选择保存文件位置，如图9-5所示。

图9-5　Windows的备份过程截图3

(4) 选择想要备份的文件类型，如图 9-6 所示。

图 9-6　Windows 的备份过程截图 4

(5) 设置备份计划，如图 9-7 所示。

图 9-7　Windows 的备份过程截图 5

(6) 保存设置并开始备份，如图 9-8、图 9-9 所示。

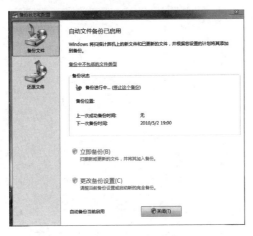

图 9-8　Windows 的备份过程截图 6

图 9-9　Windows 的备份过程截图 7

2. 使用 Windows 的备份功能还原备份

(1) 选择"高级还原"选项,则还原从其他计算机创建的备份还原文件,或还原这台计算机上所有用户的备份文件。

(2) 选择"还原文件"选项,则还原这台计算机创建的备份还原文件,如图 9-10 所示。

图 9-10　Windows 的备份还原过程截图 1

(3) 选择"还原文件"选项,出现"文件来自最新备份"和"文件来自较旧备份"单选按钮,如图 9-11 所示。

图 9-11　Windows 的备份还原过程截图 2

(4) 选中"文件来自最新备份"单选按钮,选择要还原的文件和文件夹,如图 9 – 12、图 9 – 13 所示。

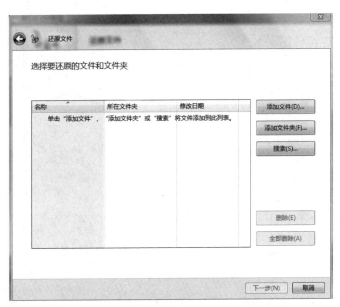

图 9 – 12　Windows 的备份还原过程截图 3

图 9 – 13　Windows 的备份还原过程截图 4

(5) 添加需要还原的文件,如图 9 – 14 所示。
(6) 选择将还原文件保存的位置,选中"在原位置保存"选项,然后单击"开始还原"按钮。

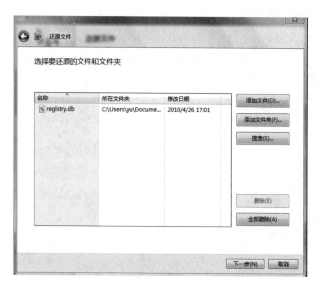

图 9-14　Windows 的备份还原过程截图 5

任务三　管理和设置人员权限控制

【实训准备】
能访问 Internet 的机房，每人一台计算机。
【实训目的】
明确网站管理人员的职责，对网络管理人员的权限进行设置。
【实训内容】
训练设置网站管理人员权限的操作。
【实训过程】
1. 确定网站管理需要的工作人员及其岗位设置
一般网站的管理岗位主要有栏目责任编辑、评论员、网络记者、美工、程序员、服务器管理员、网站开发人员等。
2. 建立网站工作人员管理制度
（1）拟定网络中心负责人的工作职责。
①负责网络中心的全面工作。
②负责网络中心与相关部门的协调工作。
（2）拟定网络系统管理员的工作职责。
①网络设备和服务器的管理维护工作。
②网络设备的安装调试工作。
③网络系统的性能维护及优化工作。
④网络系统和网上信息的安全管理工作。
⑤网络故障检测和排除工作。
⑥网络计费管理工作。

(3) 拟定网站开发人员的工作职责。
①公司网页制作及维护工作。
②网上信息资源开发工作。
③资源数据及网络应用系统的建设应用维护。
(4) 拟定值班人员的工作职责。
①实时监控公司主页,严格防范主页出现违法内容或被黑客攻击。
②监视网络系统运行,做必要记录和处理。
③每天检查设备运行,发现问题及时报告并处理。
(5) 拟定外部维护人员的工作职责。

3. 创建用户和计算机账户

(1) 成员服务器或独立服务器。

通过以下操作,可以在本地计算机中创建账户。

①在本地计算机中,打开"计算机管理"控制台窗口,选择"系统工具"→"本地用户和组"→"用户"选项,可以看到本地计算机中所有的用户账户,如图9-15所示。

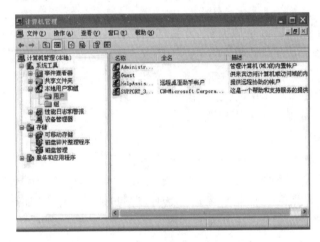

图 9-15 创建计算机用户

②右击"用户"选项,在弹出的快捷菜单中选择"新用户"命令,显示如图9-16所示的"新用户"对话框。在"用户名"文本框中输入新的用户名,在"密码"和"确认密码"文本框中为该用户账户设置一个密码。

③密码认证方式选择。

"用户下次登录时须更改密码":强制用户下次登录网络时更改密码。当希望该用户成为唯一知道其密码的人时,应当使用该选项。

"用户不能更改密码":阻止用户更改其密码。当希望保留对用户账户(如来宾或临时账户)的控制权时,或者该账户是由多个用户使用时,应当使用该选项。此时,不选中"用户下次登录时须更改密码"复选框。

"密码永不过期":防止用户密码过期。建议"服务"账户启用该选项,并且应使用强密码,而其他类型的用户则应当取消对该复选框的选择。

"账户已禁用":选择禁用该用户账户。当员工暂时离开公司时(如休假),其账户应当

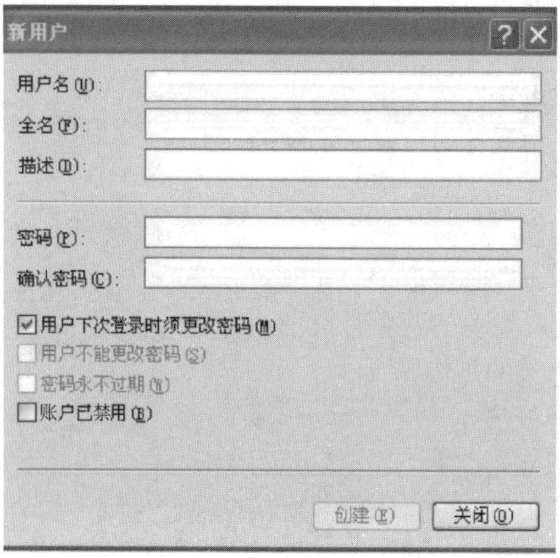

图 9–16 "新用户"对话框

被禁用。提示：如果员工已经彻底离开公司，应当立即删除其账户，而不是简单地禁用。禁用账户只是暂停了该用户的使用，而该账户 ID（SID）仍然存在。删除账户时，则连同其 SID 一同删除，即使再重新创建一个用户名完全相同的账户，其 SID 也已经不同了。

④单击"创建"按钮，即可创建一个新的用户账户。

重复上述操作，可创建多个用户账户。

（2）Active Directory 控制器。

通过以下操作，可以在 Active Directory 控制器上创建域用户。

①选择"开始"→"管理工具"→"Active Directory 用户和计算机"命令，打开"Active Directory 用户和计算机"控制台窗口。选择"book.com"→"Users"选项，即可看到域中的所有用户账户，如图 9–17 所示。

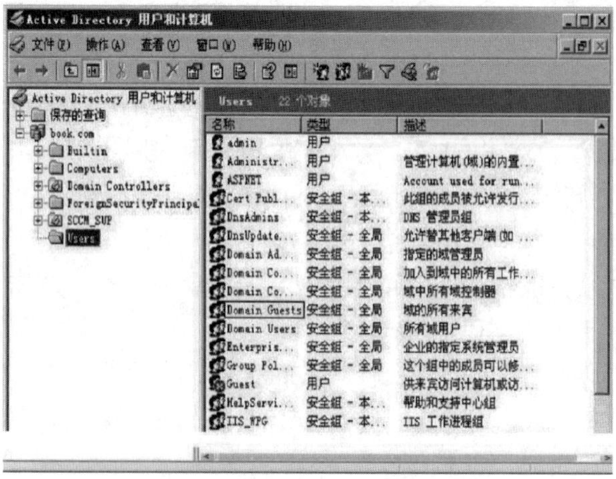

图 9–17 "Active Directory 用户和计算机"窗口

②右击"Users",在弹出的快捷菜单中选择"新建"→"用户"命令,显示图 9 – 18 所示的"新建对象 – 用户"对话框。在"姓""名"和"姓名"文本框中分别输入要添加的账户的姓名,在"用户登录名"文本框中输入用户登录时使用的账户名称。

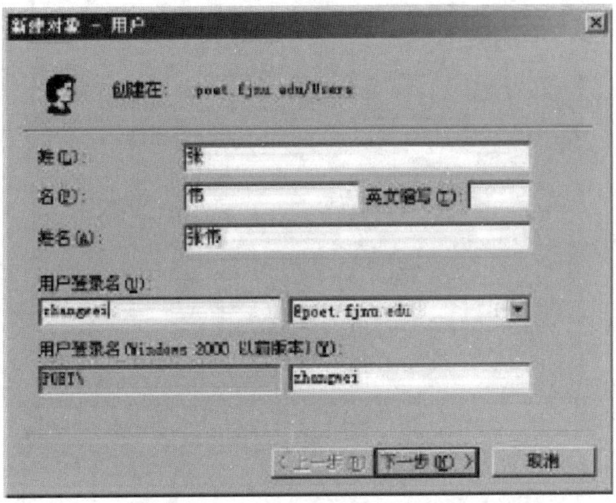

图 9 – 18 "新建对象 – 用户"对话框

③单击"下一步"按钮,显示图 9 – 19 所示的设置用户密码对话框,设置新用户账户的登录密码。在"密码"和"确认密码"文本框中分别输入相同的新密码。密码设置请遵守"密码安全设置原则"。

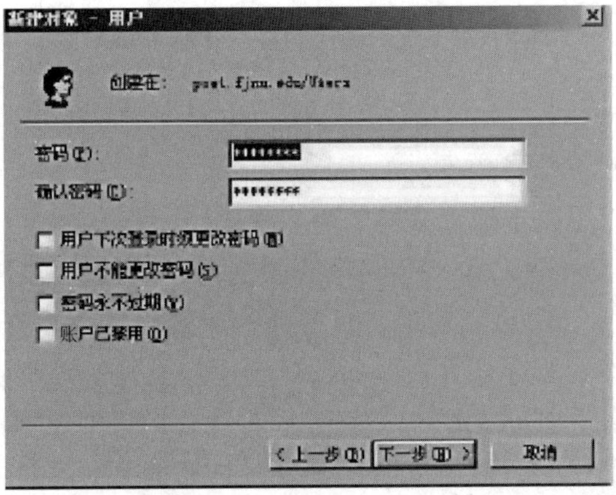

图 9 – 19 设置用户密码

为了用户安全,应选中"用户下次登录时须更改密码"复选框,要求用户在第一次登录时修改密码,从而只有用户自己才知道密码。如果该账户只允许用户使用而不允许更改密码,则可选中"用户不能更改密码"复选框。

在 Windows Server 2003 中,可以限制密码的有效期,以保证账户的安全性。如果该账户只是拥有来宾权限,允许任何人使用,则可以选中"密码永不过期"复选框。

如果创建该账户后暂不使用,也可以选中"账户已禁用"复选框以禁用该账户。以后欲再使用该账户时,可以重新启用该账户。

④单击"下一步"按钮，显示图 9-20 所示的对话框，显示用户信息。单击"完成"按钮，新用户创建成功并被添加至活动目录。

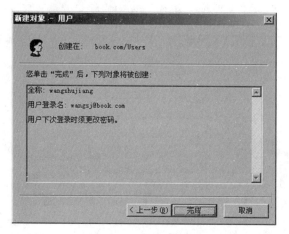

图 9-20　显示用户信息

提示：如果用户密码设置过于简单，不符合系统要求，将显示图 9-21 所示的警告框，必须返回并设置复杂密码。

图 9-21　提示密码设置不符合系统要求

4. 重设用户密码

（1）成员服务器或独立服务器。

通过以下操作，可以更改本地计算机的用户密码。

①选择"开始"→"管理工具"→"计算机管理"命令，打开"计算机管理"窗口。选择"本地用户和组"→"用户"选项，右击要修改密码的用户账户，在弹出的快捷菜单中选择"设置密码"命令，显示图 9-22 所示的为用户设置密码对话框。

②单击"继续"按钮，显示如图 9-23 所示的设置密码对话框，在"新密码"和"确认密码"文本框中输入新密码，然后单击"确定"按钮即可。

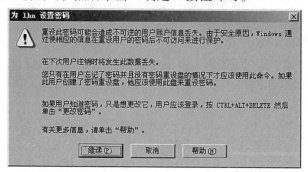

图 9-22　重设用户密码

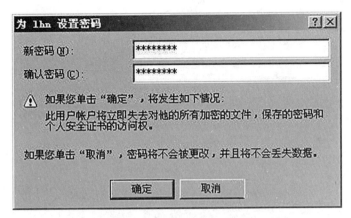

图 9-23 设置新密码对话框

（2）Active Directory 控制器。

通过以下操作，可以更改域用户的密码。

①选择"开始"→"管理工具"→"Active Directory 用户和计算机"命令，打开"Active Directory 用户和计算机"控制台窗口。

②在"Users"容器中，右击要设置密码的用户，在弹出的快捷菜单中选择"重设密码"命令，显示如图 9-24 所示的"重设密码"对话框。在"新密码"和"确认密码"文本框中键入新密码，单击"确定"按钮即可更改用户密码的设置。

图 9-24 "重设密码"对话框

5. 禁用账户

（1）成员服务器或独立服务器。

通过以下操作，可以禁用本地计算机的用户。

本地计算机用户的禁用在"计算机管理"窗口中进行。打开用户账户的属性对话框，如图 9-25 所示。在"常规"选项卡中选中"账户已禁用"复选框，单击"确定"按钮，即可禁用该账户。

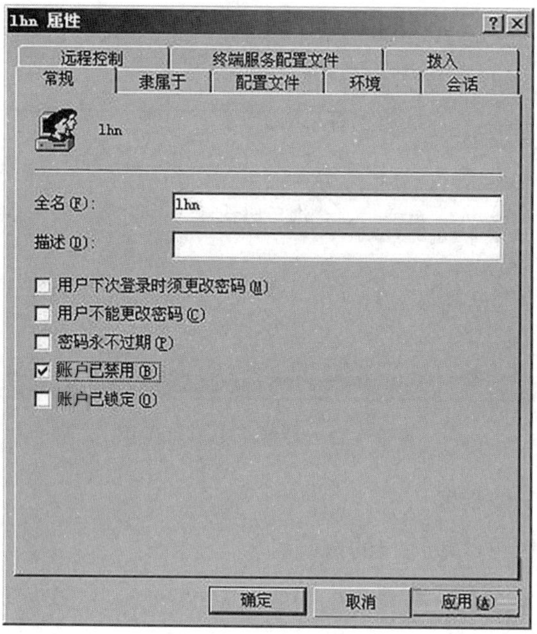

图 9 – 25 禁用账户

提示：除非有特殊应用，否则 Guest 账户应当被禁用。事实上，许多网络攻击就是借助 Guest 用户来实现的。即使启用 Guest 账户，也应当为其指定最低的访问权限。

（2）Active Directory 控制器

通过以下操作，可以禁用域用户。

域用户的禁用在"Active Directory 用户和计算机"控制台窗口中进行。打开用户账户的属性对话框，打开"账户"选项卡，在"账户选项"列表框中，选中"账户已禁用"复选框即可，如图 9 – 26 所示。

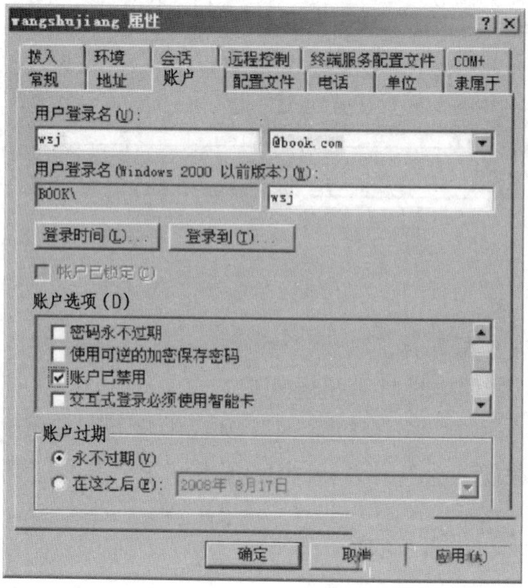

图 9 – 26 禁用账户

用户账户被禁用以后，便不能再登录。如果想启用用户账户，则取消选中"账户已禁用"复选框即可。

如果账户不再使用，或需要重设所有权限，可将其删除。右击用户账户名，在快捷菜单中选择"删除"命令即可删除该账户。

6. 限制用户登录网站

（1）成员服务器或独立服务器。

本地计算机中的用户只能在当前的计算机中登录，不能登录到其他的计算机。

（2）Active Directory 控制器。

通过以下操作，可以在 Active Directory 控制器上限制域用户登录工作站。

①选择要设置的用户，打开用户属性对话框，单击"登录到"按钮，显示图 9 – 27 所示的"登录工作站"对话框。默认选中"所有计算机"单选按钮，允许用户登录网络中的所有计算机。

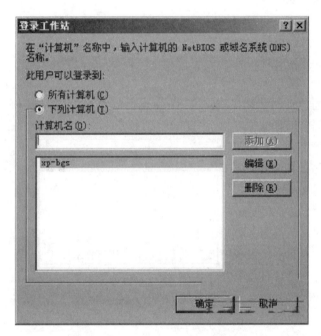

图 9 – 27　"登录工作站"对话框

②选中"下列计算机"单选按钮，然后在"计算机名"文本框中输入允许登录的工作站的 NetBIOS 名称，单击"添加"按钮添加到列表中。可以添加多个允许登录的工作站。

③添加完成后单击"确定"按钮保存。这样，该用户就只能在所允许的工作站上登录了。

任务四　管理与维护网站硬件设备

【实训准备】

每人一台计算机。

【实训目的】

通过实际操作，让学生掌握网站硬件设备的管理与维护工作。

【实训内容】
训练网站硬件设备的管理与维持工作。
【实训过程】
1. 对网站服务器进行维护
(1) 明确服务器维护的工作内容。
①服务器系统的安装与升级。
②服务器日常故障判断,要求能迅速准确判断故障,区分故障类型。
③服务器日常故障处理。
④服务器系统化。
⑤服务器系统简称。
⑥服务器清洁与保养。
⑦服务器覆盖或升级安装。
⑧服务器系统故障解决与参数配置。
⑨服务器硬件维修或更换。
⑩服务器其他维护与管理工作。
(2) 选择服务器的安放地点。
(3) 练习服务器启动与关闭操作。
(4) 讨论服务器升级要求。
(5) 服务器故障判断。
(6) 服务器故障处理与记录。

2. 增减与更换网站设备
(1) 增加设备。
①确认要增加的设备与服务器原有设备的兼容性。
②确认服务器是否有空余的设备支架、设备接口和电源接口。
③确认主板是否支持这种设备。
④确认已完全断电,并确认服务器接地良好。
⑤仔细阅读要增加设备的说明书,按说明书规定要求操作。
(2) 卸载更换设备。
①确认已经完全断电,并确认服务器接地良好。
②仔细阅读要卸载和更换的设备的说明书,按规定要求操作。

3. 除尘和清洁工作
(1) 设置合理的除尘周期。
(2) 清洁前要检查是否存在静电危害。
(3) 清洁前了解设备结构。
(4) 选择清洁工具。
(5) 主板清洁要轻巧,防止碰掉主板元件或焊接松动。
(6) 风扇清洁。
(7) 箱体清洁。
(8) 外围插头、插座清洁。

(9)电源清洁。

> 技能训练

技能训练一　撰写网站管理制度

【训练准备】
(1)能访问 Internet 的机房。
(2)企业名称:房地产开发网站。
【训练目的】
通过上网浏览其他网站管理制度,撰写企业网站管理制度。
【训练内容】
训练网站管理制度撰写。
【训练过程】
(1)上网搜索网站管理制度,查看其他企业网站管理制度。
(2)根据企业实际情况,学生4人一组,分析网站管理制度的内容。
(3)撰写网站管理制度,在小组内进行讨论通过。
(4)将撰写的网站管理制度制作成PPT。
(5)在班级进行交流。

技能训练二　备份与恢复网站数据

【训练准备】
(1)学生每人一台计算机。
(2)企业名称:图书销售网站。
【训练目的】
利用 Windows 自带功能,对图书销售网站的数据进行备份与恢复。
【训练内容】
训练网站数据备份与恢复的方法。
【训练过程】
(1)练习使用 Windows 的备份功能备份图书销售网站的文件。
(2)练习使用 Windows 的备份功能还原备份到另一个目录。
(3)练习使用 Windows 的备份功能制订备份计划。

技能训练三　电子商务网站维护

【训练准备】
(1)学生每人一台计算机。
(2)查看本地计算机是否已与 Internet 连接成功。

（3）查看本地计算机的浏览器是否是最新版本的，建议最好是 IE6.0 或以上的浏览器。

（4）建立自己的子目录以备后用，以后可以将 Internet 上搜索到的资料下载到该子目录中去。

（5）建议最好将自己的子目录创建在除 C 盘以外的硬盘中，然后，待用完后再将其相应的资料内容复制到自己的软磁盘中或 U 盘中。

【训练目的】

使学生了解电子商务网站的各种模板，学会对电子商务网站的维护和网页内容的修改、更新等工作。

【训练内容】

训练电子商务网站的维护工作。

【训练过程】

（1）设计 2 个不同结构的电子商务网页。

可以从 Internet 相应的网站上下载模板，并修改成符合自己要求的网页框架结构。参考地址如下：

①http：//www.cncss.com/ 模板精品店。

②http：//www.e-travel.com.cn/new/moban/index.asp 网站模板样例。

③http：//www.machine365.com.cn/demo/ 企业网站模板库。

（2）对以上网页设计一个具有个性化服务策略的项目，具体内容由读者根据情况设定。

技能训练四　管理与维护网站硬件设备

【训练准备】

（1）学生每人一台计算机。

（2）网络中心。

（3）学生 4 人一组，共同完成训练任务。

【训练目的】

通过参观学校网络中心，让学生熟悉网站硬件设备的维护及管理方法。

【训练内容】

训练网站硬件设备的维护及管理工作。

【训练过程】

（1）参观学校网络中心机房，向管理人员了解下列内容。

①服务器的维护涉及的主要工作。

②其他设备的维护涉及的主要工作。

③需要除尘的设备与除尘周期。

（2）邀请学校计算机设备维修组的工作人员到课堂，请工作人员介绍下列内容。

①计算机硬件设备维护涉及的主要工作。

②计算机其他设备维护涉及的主要工作。

③计算机硬件增加、卸载和更换的注意事项。

④计算机硬件除尘的周期及技巧。

（3）分小组撰写网站硬件管理内容。

（4）将撰写的内容制作成 PPT，然后全班在一起交流。

网站数据备份　　网站安全维护日常检查　　电子商务网站数据备份　　电子商务网站管理包括哪些内容

项目十

电子商务网站安全

电子商务网站安全

知识目标

- 了解电子商务网站存在的安全隐患。
- 重点掌握电子商务网站安全对策。
- 掌握电子商务网站常见病毒防范措施及方法。

能力目标

- 专业能力目标：了解电子商务网站存在的安全隐患，重点掌握电子商务网站安全对策，掌握电子商务网站常见病毒防范措施及方法。
- 社会能力目标：具有独立分析问题的能力，能诊断、检测网站存在的安全隐患，并能及时防范；掌握消除计算机病毒的方法，确保网站安全。
- 方法能力目标：分析能力、判断能力、管理能力。

素质目标

- 通过学习电子商务网站安全问题及隐患内容和安全防范措施知识，提高同学们电商网站安全防范意识，养成遵纪守法的良好习惯，促进社会和谐稳定发展。
- 使学生正确认识网站钓鱼诈骗手段，树立打击网络犯罪分子的法律意识，并能积极配合公安系统做好反诈工作，维护网站安全。

知识准备

【资料引入】

盘点 2021 年新型网络诈骗案例

网购虚假退款套路为何层出不穷？热心财务小王为何叫苦不迭？网上"爱心女神"竟秒变诈骗高手？究竟是道德的沦丧，还是人性的缺失？"疫苗诈骗""核酸检测诈骗""春运诈骗""网络兼职诈骗"……2021年不法分子紧跟社会热点，翻新诈骗套路，针对不同人群定制"诈骗脚本"迷惑性极强、套路极深。南昌网警盘点了这些五花八门的诈骗手段，一起来看看2021年新型网络诈骗案例。

1."杀猪盘"诈骗（见图10-1）

诈骗分子通过婚恋平台、社交软件等方式寻找潜在受害人，通过聊天发展感情取得信任，然后将受害人引入博彩、理财等诈骗平台进行充值，骗取受害人钱财。

图10-1 "杀猪盘"诈骗

警方提示：网络交友务必提高警惕，不要被对方的花言巧语所迷惑，不要轻易透露个人隐私，不要轻易相信网友所说的"稳赚不赔""低成本、高回报"之类的投资赚钱的谎言，拒绝金钱诱惑。

2. 虚假征信诈骗（见图10-2）

骗子冒充知名借贷平台客服人员，用专业术语如"影响个人征信""注销贷款账户""消除贷款记录"等，引起受害人内心恐慌后，引导受害人下载多个APP贷款平台，按贷款额度取现后转账到指定账号，实施诈骗。

图10-2 虚假征信诈骗

警方提示：个人征信无法人为更改或消除，不存在注销网贷账户的操作，只要按时还清贷款，个人征信就不会受影响。

3. 虚假投资理财诈骗（见图10-3）

诈骗分子利用市民的理财需求，通过互联网仿冒或搭建虚假投资平台，分享期货、黄金、股票投资知识，并推荐受害人添加微信群、QQ群，邀请加入他的战队一起赚钱。当受害人添加这些群，深信跟着"导师"有钱赚时，他们早已盘算好通过操纵虚假平台数据，以"高收益""有漏洞"等幌子吸引受害人转账实施诈骗。

图10-3 虚假投资理财诈骗

警方提示：投资有风险，理财需谨慎！"老师""学员"都是托儿，理财软件都是假，只有你是"真韭菜"。请勿相信非官方网站、微信群、QQ群所提供的投资理财信息！对各种理财产品，投资者要掌握基础的理财知识，务必通过正规途径、合法渠道进行投资！

4. 虚假购物网站诈骗（见图10-4）

不法分子建立与正规网站相同的交易网站，打着节日特惠活动的旗号，引诱用户购买商品，当用户输入真实的账号和密码支付时，不法分子便会通过真正的网上银行或者伪造的银行储蓄卡、交易卡来盗取资金。

图10-4 虚假购物网站诈骗

警方提示：用户要养成登录正规网站购物的习惯，切勿登录不明网站进行支付等操作，登录购物网站时应注意观察网址域名是否正确，以免被钓鱼网站蒙骗，进行网络交易时，要使用安全性较高的第三方交易平台。

5. 冒充领导、熟人诈骗（见图10-5）

不法分子通过非法手段获得党政机关领导干部的信息，主动添加下属或企/事业单位负责人的微信，以关心个人前途或企业发展情况为话题，获取受害人信任，再以急需用钱、自己不方便转账为由，让受害人代为转账，并伪造汇款收据，实施诈骗。

图 10-5 冒充领导、熟人诈骗

警方提示：微信上的"领导"找上门，不要轻易相信。凡遇到"领导"要求转账的，请务必电话联系，确认身份，谨防被骗。

［案例思考］此案例给我们的启发是什么？我们应该怎么做？

单元一　电子商务网站安全隐患

据美国网络界权威杂志《信息安全杂志》报道，从事电子商务的企业比一般企业承担着更大的信息风险。其中，前者遭黑客攻击的比例高出一倍，感染病毒、恶意代码的可能性高出9%，被非法入侵的频率高出10%，而被诈骗的可能性更是比一般企业高出2.2倍。

2022年1月27日发布的《2021年中国手机安全状况报告》显示，2021年全年，360手机卫士累计拦截恶意程序攻击约82.4亿次，拦截钓鱼网站攻击约933.4亿次。手机用户仅依靠社会经验和常识已无法甄别骗局，数字技术在诈骗预警和黑灰产反制中发挥着越来越重要的作用。

电子商务企业利用其网站开展电子交易活动，而电子商务的基础平台是互联网，电子商务发展的核心和关键问题是交易的安全性。由于 Internet 的开放性和虚拟性，网上交易面临着很大的风险和安全隐患。

在电子交易中，电子商务网站存在以下几方面的安全隐患。

一、网站信息窃密

电子商务网站遭到攻击，往往是其信息磁带被人非法复制、盗取、篡改、非法输出，甚至破坏程序，造成信息的失窃。主要体现在以下几个方面。

（一）窃取信息

对于未加密的信息，在数据包传输过程中到达对方之前，入侵者通过搭线窃听在数据经过的网关或路由器上可以窃获传送的信息。经过多次窃取和分析，从而找到信息的规律和格式，进而得到信息传输的内容，造成网上传输信息窃密。

(二) 数据泄露

网站数据是非常重要的,尤其是电商的数据,包含了姓名、性别、身份证号、收货地址、电话等个人信息和购物信息。目前,有些较大的电商平台基于用户以往浏览及购买网站大数据进行分析可以计算出每个用户的喜好是什么,然后适时进行个性化定制推送产品与服务信息,以便实现精准营销,甚至像阿里、京东在搞的金融业务,背后也是依赖这些常年积累下来的用户数据,基于这些数据可以对用户进行信用评级。倘若网站积累的用户数据一旦被泄露,该企业将会收到巨大损失,用户也会遭受损害。现在大家经常收到的各类骚扰电话,就是广告商通过各种渠道拿到的用户信息,这些信息基本都来自非正常渠道。我们以前听到有黑客爆料多家知名网站平台的用户数据被窃取,而且这些信息是在神不知鬼不觉中被泄露的,这说明网络时刻会受到黑客攻击,我们应该高度警惕网络安全及陷阱。好在大网站现在都非常重视网络安全问题。所以建议大家保护好自己的信息,尤其是用户的隐私信息,最好不要在一些不是很出名的网站上留下个人的敏感信息,因为目前中小网站的自我保护能力还没有那么强。

对个人来说,把好个人信息保护的第一道关口、从源头杜绝隐私外泄至关重要。当前,个人信息的泄露、贩卖等现象突出,已成为诈骗犯罪黑色产业链的重要组成部分。在非必要情况下,不向陌生人提供个人敏感重要信息,是最基础的自我保护。不点击可疑链接及陌生人发送的文件,不扫描非正规渠道获取的二维码,不在任何网站上设置与网上银行、手机银行等相同的用户名和密码;不向任何人透露或转发短信验证码,这些都是基本常识。当然,最重要的一点是,平时要多关注反诈新闻报道,因为媒体揭露的通常是最新或者最易中招的电诈作案手法。

(三) 篡改信息

当入侵者掌握了信息的规律和格式后,通过各种技术手段和方法,将网络上传送的信息数据在中途修改,然后再发向目的地。在路由器或网管上都可以做此类工作。

(四) 假冒

由于掌握了数据格式并且可以篡改通过的信息,第三方攻击者就有可能假冒交易一方的身份改变用户数据,解除订单或生成假订单,发送假冒的信息,以破坏交易、破坏被假冒一方的信誉或盗取被假冒一方的交易成果等,而远端用户通常很难分辨,这是危险的。

(五) 恶意破坏

由于攻击者可以接入网络,则可能对网络中的信息进行修改,掌握网上的机要信息,甚至可以嵌入网络内部,破坏系统,使系统瘫痪,其后果是非常严重的。

1. 黄牛刷单

当电子商务平台搞大型满减、满赠促销活动时,或者对于一些稀缺商品价格下降力度很大甚至采取秒杀时,便会招来黄牛。但是商家搞促销活动是希望能够吸引新用户,激活老用户,本质是一种花钱买潜在用户的过程,所以商家才愿意赔本搞促销。商家投入很大成本,结果商家促销商品都被黄牛会买走了,而真正目标用户没有买到商品,这是商家不愿意看到的结果。这时候需要电商平台采取一些手段机智地识别黄牛。

黄牛都有特殊的渠道,一般黄牛都是一群人通过大量地获取某种商品,造成某种商品在市场上的稀缺,使价格上涨,然后通过倒卖获利出局,接盘的是那些刚需的人。早期的黄牛主要倒卖过节车票或者紧俏物资，互联网时代随着技术的发展，他们开始升级换代，开始通过更智能化的工具，自动进行热门商品的抢购，比如软件抢购小米手机，利用节假日的优惠券购买大量商品，然后经倒卖从中牟利。现在黄牛已经是一个比较专业的团队，是一个生态闭环的产业链：团队内部分工明确，专业度也较高，有人专门提供工具、有人专门负责收集各大平台促销信息、有人负责定时地抢购商品、有人负责将抢到的商品通过各种渠道卖出去。这就为电商平台带来了比较大的挑战，是一个道高一尺、魔高一丈的不断升级对抗的过程。

2. 恶意攻击钻空子

网站恶意攻击不仅是黄牛刷单，电商网站更恶意的攻击就是他不仅不买东西，还让正常的用户无东西可以买。这种恶意行为又具体分为以下两类。

因为现在电商平台下单有一个业务的逻辑是：如果你下了单，但是没付款，那么这个商品的库存会被你先占用掉，等30分钟后你仍然不付款，那么系统会将这个订单自动取消，然后释放库存（见图10-6）。但是在这30分钟内你购买的商品库存是被你占用的，别人无法购买。

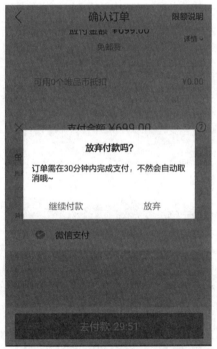

图10-6 购买未支付30分钟后平台自动取消订单（但占用库存）

比如，如果你在京东上买了一个iPhone 7手机，这个iPhone 7手机京东的仓库里面一共有100件，你下单后京东会帮你锁定一件库存，表示你有购买意愿，给你预留着，等你付款后仓库会帮你发货。如果你30分钟没付款，系统会把你的订单取消，但是在你下了单没付款的这30分钟里面，京东实际对外只能卖99件iPhone 7手机，尽管他仓库里面有100件，因为有一件是给你预留的。

主流的电商基本都是这么玩的，只是大家等待的时间不一样，有的是半个小时，有的是1个小时，有的是2个小时。

有人利用这个业务特点会写工具进行批量下单但是不付款，导致电商平台上某段时间热门商品无法售卖，像上面的例子，如果黑客知道京东有 100 件 iPhone 7 手机，那么他就把仓库的 iPhone 7 手机 100 件全部下单，但是不付款，就会导致京东明明有很多 iPhone7 手机，但是商品详情上无法购买，会显示"缺货通知"，因为库存全部被恶意占用了。

还有一种类似的攻击方法，现在很多网站支持货到付款。那么攻击者就将上面例子中的 iPhone 7 手机买下来，但是支付方式选择"货到付款"，等配送员辛辛苦苦实际送到的时候再拒收。那么他同样占用了这个商品的库存，并且占用的时间更长，消耗的资源更多（还消耗了仓库捡货、配送资源）。如果再采用批量下单恶意占用某些商品，那么电商平台将遭受比较大的损失。

批量下单的方法有很多种，有的是一单下多个数量，但是主流平台一般会对一次购买数量有一个上限的控制。然后攻击者会通过各种渠道拿到很多注册账号，每个注册账号下多单等。关于恶意注册也是常见的一种攻击方式，淘宝上也有卖各个平台的注册账号，也是一个完整的产业链，这里就不详细说了。

3. 大量恶意请求攻击导致网站不可用

这种攻击手段比较偏技术些，细分下来也有两种：一种是 DDOS 攻击，简单暴力，导致整个网站请求流量过大而失去响应。另外一种是针对业务的攻击，专业术语叫"CC"攻击，比如写工具批量请求商品详情或者加入购物车的接口。因为每一次请求都会耗费服务端的资源，服务端响应的能力又是有限的，如果攻击的请求量比较大，则会导致正常用户的请求无法响应，最终使得整个电商平台失去响应。这种攻击的目的就是导致网站不可用，因此需要网站具有快速扩容的能力与恶意流量清洗的能力。

（六）人为无意的失误

如用户安全意识不强，用户口令选择不慎，用户将自己的账号随意转借他人或与别人共享等都会对网站安全带来威胁。

二、网站系统漏洞和"后门"

由于网站操作系统、Web 服务器、代码及脚本等的漏洞，导致电子商务网站很容易被攻破，可能导致网络安全和信息泄露，同时很容易导致病毒、黑客的入侵，非法盗取或破坏大量的情报资料，甚至造成系统瘫痪，招致很大的经济损失。操作系统是网站的核心系统，要力争其使用安全、Web 配置安全、运行安全。网络软件不可能是百分之百的无缺陷和无漏洞，然而，这些漏洞和缺陷恰恰是黑客进行攻击的首选目标，曾经出现过的黑客攻入网络内部的事件，这些事件的大部分就是因为安全措施不完善所招致的苦果。另外，软件的"后门"都是软件公司的设计编程人员为了自便而设置的，一般不为外人所知，但一旦"后门"洞开，其造成的后果将不堪设想。

三、钓鱼网站

非法者通过建立与销售者服务器名字相同或混淆性相似的一个网站、WWW 服务器来假冒销售者，以致造成虚假订单，获取他人机密数据。或者提供假冒网站的链接地址，一旦用户通过链接进入网站进行订购以及在线付款，消费者往往是人财两空。如今手机链接钓鱼网站往往植入了木马程序，一旦用户点开，犯罪分子就很容易获得手机绑定的手机号码、银行卡号（或者信用卡号）、身份证号，由于密码简单，通过用户反复使用就会让非法者轻易获得密码，然后他们利用掌握的号码进行非法转账、在线消费或网上信用贷款以骗取钱款等非法活动，让受害者被骗。由于黑客的存在，以及网站容易被仿造，一些恶意破坏者、非法攻击者或利益竞争者总是设法篡改网站的重要信息，或干脆假冒该网站欺骗客户。

典型案例1：骗子盯上了核酸检测，小心别被骗了！

近期，多地暴发新冠肺炎疫情，全民抗疫，骗子却在伺机而动，这些涉疫骗局要留意。

"根据防疫防控要求请你马上进行核酸检测"。

前几天，浙江宁波的邱先生来到核酸检测点希望能安排他插队检测。原来，他收到一条短信，要求他3小时内完成核酸检测，否则就要承担法律责任。

民警对其短信进行核对，发现短信里含有一条链接（见图10-7），点开后要求邱先生按提示输入身份证号等个人信息，其目的是骗取公民个人信息。

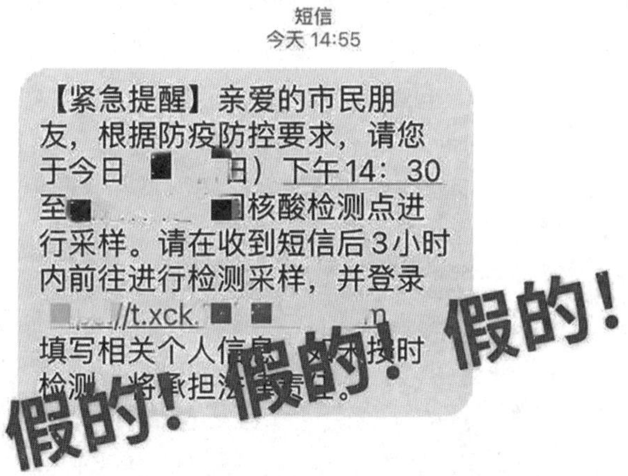

图10-7 新冠肺炎核酸检测短信诈骗案例

警方提示：疫情期间，不法分子冒充"权威部门机构"将钓鱼短信包装成各类防疫提示，非法获取公民个人信息，公众不要轻易点击含陌生链接的短信，看到此类信息请立即删除。

典型案例2：骗子盯上了核酸检测，30分钟出结果！

"我们可以加急，测核酸半小时出结果"。

近日，浙江宁波的赵先生因出差急用想快速拿到核酸检测结果，这时，他接到自称疾控中心人员的电话，对方表示只需缴纳500元加急费用便可立刻出具报告。赵先生转账后却被瞬间拉黑，这才发现是一场骗局。

四、病毒、黑客入侵

1. 计算机病毒

计算机病毒，是指编制或者在计算机程序中插入的破坏计算机功能或者毁坏数据，影响计算机使用，并能自我复制的一组计算机指令或者程序代码。目前70%的病毒发生在网络上。联网微机病毒的传播速度是单机的20倍，病毒的危害是不可忽视的。

病毒可以蠕虫、病毒邮件、预置陷阱等形式通过互联网迅速地传递，神不知鬼不觉地侵入网站内部，盗取、破坏情报资料，造成用户数据丢失或毁损；造成网络阻塞或系统瘫痪；破坏操作系统等软件或计算机主板等硬件，造成计算机无法启动。网站可能会通过一个恶意的代码下载病毒并执行,但是 RMVB 文件可能会有弹出网站或窗口,如果那个网站上有病毒就会中毒。

据腾讯电脑管家实验室相关数据显示,截至 2014 年 12 月 31 日,2014 年电脑端感染最多的前十位病毒类型分别为:弹窗广告、盗取 QQ 账号及密码、刷流量、Rootkit、篡改或锁定主页、恶意注入、恶意下载器、盗取游戏账号及密码、后门或远程控制、劫持浏览器。

同时了解到,在所有病毒类型中,弹窗广告被报告频次最高,占到了病毒总数的 20%。腾讯电脑管家反病毒实验室认为,弹窗广告具有很大的迷惑性,常常利用用户对弹窗广告已经习以为常的社会心态,故意诱导用户去手动关闭该弹窗,实现通过广告木马强迫用户访问其恶意推广网站和传播病毒的目的。

2. 黑客入侵

黑客最早源自英文 hacker,黑客一词往往指那些"软件骇客"(software cracker)。黑客一词,原指热心于计算机技术,水平高超的电脑专家,尤其是程序设计人员。但到了今天,黑客一词已被用于泛指那些拥有高超的编程技术,专门利用计算机网络搞破坏或恶作剧的家伙。对这些人的正确英文叫法是 Cracker,有人翻译成"骇客"。他们因为拥有了极高的编程能力,可以对某段程序做出修改,或运行某种骇客程序、脚本来达到破解目的,这就是可怕的地方。早期的黑客的目标是窃取国家情报、科研情报,而现在的黑客的目标大部分瞄准了银行的资金和电子商务的整个交易过程。目前,黑客的行为正在不断地走向系统化和组织化。

2016 年金融网络安全引发普遍担忧。孟加拉央行 8 100 万美元失窃巨款,厄瓜多尔 Banco del Austro 银行约 1 200 万美金被盗,越南先锋银行也被曝出黑客攻击未遂,一年来黑客利用 SWIFT 系统漏洞入侵了一家又一家金融机构,俄罗斯也赶上了 2016 年的末班车,其中央银行遭黑客攻击,3 100 万美元不翼而飞。

案例——北京侦破黑客侵入计算机案

2016 年 9 月,海淀公安机关接到辖区一网络公司报警,称公司运行的一家视频网站的后台服务器有异常访问记录,怀疑系统被黑客侵入。接警后,海淀分局刑侦支队网络队与网络安全保卫大队联合成立专案组进行侦办。民警查看了公司服务器的运行日志,发现登录记录中显示的访问身份均是客户身份,并没有异常身份。随后,民警对客户访问的记录数据进行分析,发现一些"客户"每天访问量高达上万次,而且将视频进行本地下载。民警通过这些隐藏在访问身份背后的操作记录,在上海抓获犯罪嫌疑人宋某和侯某。

经调查,2 人竟是被害公司的原职工。

宋某和侯某作为技术负责人参与了研发被害公司的视频播放软件,随后被涉案公司高价挖走。涉案公司就是想利用他们的"能力",通过破解被害公司的密码机制,然后进入后台系统将其视频下载,再上传到涉案公司软件内播放。目前,宋某、侯某等因涉嫌非法侵入他人计算机罪被海淀公安机关刑事拘留。(来源:中国警察网)

五、管理漏洞

电子商务网站可能由于口令太弱、太简单,以及制度不健全和网站工作人员素质不高等,使得网站管理出现了漏洞,给非法者提供了可乘之机。

（一）网站管理口令安全问题

1. 弱口令问题

有些管理员为了记忆方便，会以 Admin、Admin888、manager、webmaster 等作为管理员的用户名，同样，也有用 Admin、Admin888、12345888888 等来作为管理员密码，数据库以 SA 为用户名，留空密码等，这些弱口令是很容易被黑客猜测到的。

2. 明文密码问题

很多企业的管理员密码都采用明文来保存，这样的明文密码是最不安全的因素之一，通过 SQL 注入很容易就能猎取数据库中的明文密码。

3. 简单口令加密问题

一些网站设计人员有时只是对口令进行简单的对称加密，这种经过简单的对称加密生成的密文用现在的 PC 机器可以在较短的时间内解密成明文，因此也是不可取的。

4. 长时间密码不更换

从安全要求出发，密码 3 个月要更换，往往网站管理密码长年累月都使用同一密码，没有更换或修改密码，导致不安全，即使管理员换了，而密码依然是原来的，原先管理员如果素质不高，他会用原先掌握的密码登录网站后台，获取重要信息或搞破坏或盗取资金等，从而造成很大损失。

（二）网站管理制度不健全问题

员工管理不严，外部不相关人员随便进入机房，防盗或屏蔽工作不到位，内部管理人员或员工为了图方便省事，不设置用户口令，或用户口令过于简单，容易破解。责任不清，使用相同的用户名、口令、权限导致管理混乱，信息泄密。

1. 尚未建立电子交易及监管制度

对于一个网站，电子交易制度的不完善或缺失，缺少信息系统安全管理的技术规范，缺少定期的安全测试与检测，更缺少安全监控，法律的滞后，就不能保证在电子交易的任何一个环节上出问题。

2. 人员管理问题

计算机人员犯罪每年按 30% 递增，因工作人员职业道德素养不高、缺乏安全教育和管理松散所致，他们会把内部网络结构、管理员用户及口令以及系统的一些信息传播给外人，带来信息泄露风险。甚至肆意泄露机密，从中牟取暴利。另外，一些竞争对手或非法分子利用企业招聘新人的方式进入该企业，或利用不正当的方式收买企业网站管理人员，窃取企业的用户识别码、密码、传递方式以及相关的机密文件资料。还有网站普遍缺少网络系统安全管理员，这样就不能有效地防患于未然。

3. 网络交易技术管理的漏洞

无口令用户，如匿名 FTP、远程登录（Telnet）或利用 r 系列（rlogin 等）服务存在的信任概念，作为被信任用户不需要口令进入系统，然后把自己升级为超级用户，就可以获取重要数据文件。

六、信用威胁

电子商务网站也存在信用风险。

（1）买方风险。由于买方素质不高，确认了订单而拒付款，或恶意透支、利用虚假信用卡骗取商家货物，集团购买者延迟付款，卖方为此要承担风险。

（2）卖方风险。卖方可能收到钱不发货，或者不能按质、按量、按时寄送消费者所订的货物。

（3）买卖双方互相抵赖的情况。网上交易双方互不见面，网上购买支付与商品交付又是分离、往往跨时空的，这难免会存在交易双方互相抵赖的信用风险，所以要求交易双方都要诚信，才能确保电子商务网站交易的正常进行。

单元二 电子商务网站安全对策

电子商务网站承载着巨大的信息，一旦受到非法分子及黑客的攻击，病毒的入侵，电子商务网站的安全就会受到影响，大量机密数据可能被窃取，甚至使其网站系统瘫痪，波及整个互联网，带来巨大的损失。所以在认清和知道了网站安全隐患及风险后，积极采取各种措施及对策，以确保网站的安全，防患于未然。

一、电子商务网站安全的内容

1. 电子商务网站信息安全

电子商务网站遭到攻击，出现网络诈骗以及网络钓鱼等的威胁，往往使企业网站的信息被盗取、篡改等，会带来巨大的损失。电子商务网站信息安全是核心，可通过各种加密方法实现网络信息传输的安全。

2. 电子商务网站系统安全

电子商务是开放、自由的交易，确保电子商务网站系统安全是十分重要的。对于一个企业网站而言，信息的安全尤为重要。要实现网站信息安全，前提是确保系统安全。电子商务网站系统安全包括网络系统、操作系统、应用系统三方面的安全。

3. 网络交易平台安全

网上交易安全位于系统安全风险之上，在数据安全风险之下。只有提供一定的安全保证，在线交易的网民才会具有安全感，电子商务网站才会具有发展的空间。网络交易平台安全一般采取口令密码、安全数字证书、验证码、安全套接层协议 SSL、安全电子交易协议 SET、交易提醒等确保网站交易安全。

4. 网络交易身份安全

随着电子商务及互联网的快速发展，网络交易类别和行业渗透愈加频繁，然而网络交易的安全问题更加突出，网络诈骗层出不穷，给网络交易蒙上阴影。通过数字认证来解决交易双方的身份真实性，这是至关重要的。消费者被骗往往是通过错误或虚假的网站所致，所以企业网站的真实性尤为重要。网站注册后，用户可以通过备案号及网上公示，查询企业网站的真实性和合法性，得到证实后，可以放心通过网络购物。

5. 网站管理制度安全

无论参与交易的是商家还是个人，都有一个维护网络交易系统安全的问题，不过对于大量从事网络贸易的企业来说，这个问题更为重要。网络交易制度使用文字的形式规定从事网络交易人员的安全工作规范和准则。从构建电子商务网站之前，就开始制定一套完整的、适应网络环境的安全管理制度，包括工作人员安全、运行环境安全、网站交易安全、网站安全管理等制度。

从事电子商务的工作人员，一定要素质高，不仅要熟练商务操作的流程，更重要的是要有保密意识，对他们要加强教育和管理，防止其利用计算机网络犯罪。

6. 网络交易法规安全

电子交易是通过网络的虚拟交易，传统的有形的法律显然不适应电子交易，国家和政府要加大法律调整的力度，尽快出台各种法律、法规，来约束规范电子交易行为，为网上交易的安全提供可靠保障。

二、电子商务网站安全对策

一般解决电子商务网站的安全对策有网站信息安全对策、网站系统安全对策、网络交易身份安全对策、网站安全技术对策、网站安全管理对策、网站交易法规安全和防火墙技术。

（一）网站信息安全对策

网站信息安全是整个网站安全的关键要素，要做到信息的保密性、完整性，交易不可抵赖性、可控性，身份的真实性。网站的大量核心数据一般存储于企业数据库服务器中，在其上运行数据库系统软件，这就涉及数据库的安全和数据本身的安全，针对两者应有相应的安全措施。

1. 数据库安全

大中型企业一般采用具有一定安全级别的 SYBASE 或 ORACLE 大型分布式数据库，基于数据库的重要性，应在此基础上开发一些安全措施，增加相应控件，对数据库分级管理并提供可靠的故障恢复机制，实现数据库的访问、存取、加密控制。具体实现方法有安全数据库系统、数据库保密系统、数据库漏洞扫描系统等。

2. 数据安全

指存储在数据库中的数据本身的安全，相应的保护措施有安装反病毒软件，建立可靠的数据备份与恢复系统，定期对数据进行备份，定期修改数据库密码，必要时可以对某些重要数据采取加密保护。

以上措施可以归为两种安全技术来实现网站信息的安全，即采用数据加密技术和认证技术。较为安全的数据加密技术有秘密电子邮件 PEM、PGP 加密、三次 DES、RC4、RC5 和 EU 等。网络层加密采用 IPSEC 核心协议，具有加密、认证双重功能，是在 IP 层实现的安全标准。通过网络加密可以构造企业内部的虚拟专网（VPN），使企业在较少投资下得到安全较大的回报，并保证用户的 VPN（虚拟专用网）安全。通过加密确保信息的安全，通过认证来控制对数据库的访问，从而确保网站信息被窃取、破坏等。

（二）网站系统安全对策

网站系统安全对策有网络系统安全对策、操作系统安全对策、应用系统安全对策。

1. 网络系统安全对策

由于网络系统是应用系统的基础，要使其变成可以控制和管理的独立网络，网络安全便成为首要问题。解决网络系统安全的主要方式有网络冗余、系统隔离、访问控制、身份鉴定、安全监测等方法，实现电子商务网站系统安全。

（1）网络冗余——它是解决网络系统单点故障的重要措施。对关键性的网络线路、设备，通常采用双备份或多备份的方式。网络运行时双方对运营状态相互实时监控并自动调整,当网络的一段或一点发生故障或网络信息流量突变时能在有效时间内进行切换分配,保证网络正常地运行。

(2) 系统隔离——就是将重要的网络系统与其他系统分离,分为物理隔离和逻辑隔离。主要从网络安全等级考虑划分合理的网络安全边界,使不同安全级别的网络或信息媒介不能相互访问,从而达到安全的目的。也可以采用 VLAN 等网络技术对业务网络或办公网络实行逻辑上的隔离,划分出不同的应用子网。

物理隔离是指不得直接或间接地连接互联网。2000 年 1 月 1 日实施《计算机信息系统国际联网保密管理规定》中规定:"涉及国家秘密的计算机信息系统,不得直接或间接地与国际互联网或其他公共信息网络连接,必须实行物理隔离。"

(3) 访问控制——对网络不同信任域实现双向控制或有限访问原则,使受控的子网或主机访问权限和信息流向能得到有效控制。具体相对网络对象而言需要解决网络边界的控制和网络内部的控制,对于网络资源来说保持有限访问的原则,信息流向则可根据安全需求实现单向或双向控制。访问控制最重要的设备就是防火墙,它一般安置在不同安全域出入口处,对进出网络的 IP 信息包进行过滤并按企业安全政策进行信息流控制,其主要解决的问题就是网络边界的安全控制和网络内部资源的访问控制。同时实现网络地址转换、实时信息审计警告等功能,高级防火墙还可实现基于用户的细粒度的访问控制。

(4) 身份鉴定——对访问网络的用户进行身份识别,通常可以使用三种方式对访问者进行身份验证,一是访问者了解的安全信息,比如账号、密码、密钥等;二是访问者提供的物件,比如访问磁卡、通用 IC 卡、动态口令卡等;三是访问者自身的特征信息,比如声音、指纹、视网膜、笔迹等。身份鉴定的目的就是阻止非法用户访问这些被加密的数据,而加密是为了防止网络数据被窃听、泄露、篡改和破坏。

(5) 安全监测——利用网络设备的高级功能和技术,通过分析来访数据信息,找出未经授权的网络访问和非法行为,包括对网络系统的扫描、跟踪、预警、阻断、记录等,从而将系统遭受的攻击伤害减少到最低。除了网络设备,还可利用一些专业的网络扫描监测系统来对付黑客和非法入侵,这些系统能够主动、实时、有效地识别出非法数据和用户,并且通过网络扫描能够针对网络设备的安全漏洞进行检测和分析,包括网络服务、防火墙、路由器、邮件服务器、网站服务器等,从而识别那些可以被入侵者利用并非法进入的网络漏洞。网络扫描系统对检测到的漏洞信息形成详细报告并提供改进方案,使网络管理人员能检测和管理好安全风险。

2. 操作系统安全对策

操作系统是管理计算机资源的核心系统,负责信息发送、管理设备存储空间和各种系统资源的调度,它作为应用系统的软件平台具有通用性和易用性,操作系统的安全性直接关系到应用系统的安全,操作系统的安全分为应用安全和系统漏洞扫描。

(1) 应用安全——面向应用选择可靠的操作系统,可以杜绝使用来历不明的软件。用户可安装操作系统保护与恢复软件,并做相应的备份。可以安装 Super Scan 及 X_Scan 软件进行系统扫描,防范漏洞及非法入侵;同时要安装正版杀毒软件、防火墙、入侵检测系统、网络警察、备份系统、容灾抗灾系统等,防患于未然。

(2) 系统漏洞扫描——通过定期对操作系统可能存在的安全漏洞进行扫描分析,划分不同的安全风险级别,并提供完整的安全漏洞检查列表,最后对扫描漏洞自动修复及打补丁并形成报告，保护应用程序、数据免受盗用、破坏。

3. 应用系统安全对策

（1）办公系统文件（邮件）的安全存储——利用加密手段，配合相应的身份鉴别和密钥保护机制（IC卡、PCMCIA PC卡等），使得存储于本机和网络服务器上的个人和单位重要文件处于安全存储的状态，使得他人即使通过各种手段非法获取相关文件或存储介质（硬盘等），也无法获得相关文件的内容。

（2）文件（邮件）的安全传送——对通过网络（远程或近程）传送给他人的文件进行安全处理（加密、签名、完整性鉴别等），使得被传送的文件只有指定的收件者通过相应的安全鉴别机制（IC卡、PCMCIA PC卡）才能解密并阅读，杜绝了文件在传送或到达对方的存储过程中被截获、篡改等，主要用于信息网中的报表传送、公文下发等。

（3）业务系统的安全——主要面向业务管理和信息服务的安全需求。对通用信息服务系统（电子邮件系统、Web信息服务系统、FTP服务系统等）采用基于应用开发安全软件，如安全邮件系统、Web页面保护等；对于业务信息，可以配合管理系统采取对信息内容的审计稽查，防止外部非法信息侵入和内部敏感信息泄漏。

（三）网络交易身份安全对策

1. 身份认证方法

用户和主机之间的认证，一般通过3种方式验证主体身份，一是用户了解的秘密，如用户名、口令、密钥；二是用户携带的物品，如印章、IC卡、动态口令卡和令牌卡等；三是USB Key的认证；四是数字证书认证；五是用户具有的生物特征，如指纹、声音、视网膜、签名等，实现网络交易身份的真实性，确保应用安全。

（1）基于口令的身份认证。口令有静态口令和动态口令。由于在一般人的习性上，为了记忆方便通常都采用简单易记的内容，如单一字母、账号名称、一串相容字母或有规则变化的字符串，甚至于电话号码、生日、QQ号、身份证号码等，这些很容易被网络高手破解，它是无法保证网络资源或机密的安全的。静态口令的缺点在于容易被偷看、猜测、字典攻击、暴力破解、窃取、监听、重放攻击、木马攻击等。动态口令认证方式主要有短信验证密码、动态口令牌方式。因此基于口令的身份认证，要采用字母+数字+符号等强密码口令，再加上短信验证密码，这样更安全，而且2~3月应更换一次。另外，对于重要网站，比如淘宝网、京东、唯品会、网上银行等避免使用同一套账户及密码。

（2）基于USB Key的认证。基于USB Key的身份认证方式是近几年发展起来的一种方便、安全的身份认证技术。它采用软硬件相结合、一次一密的强双因子认证模式，很好地解决了安全性与易用性之间的矛盾。USB Key是一种USB接口的硬件设备，它内置单片机或智能卡芯片，可以存储用户的密钥或数字证书，利用USB Key内置的公钥算法实现对用户身份的认证。基于USB Key身份认证系统主要有两种应用模式：一是基于冲击/响应的认证模式，二是基于PKI体系的认证模式。

（3）基于IC卡（Integrated Circuit Card，集成电路卡）的认证。此认证方式具有硬盘加密功能，有较高的安全性，是一种双因素认证（PIN+IC卡）。智能卡由合法用户随身携带，登录时必须将智能卡插入专用的读卡器读取其中的信息，以验证用户的身份。智能卡认证是通过智能卡硬件的不可复制性来保证用户身份不会被仿冒。然而由于每次从智能卡中读取的数据是静态的，通过内存扫描或网络监听等技术还是很容易截取到用户的身份验证信息，因此也存在安全隐患。

（4）基于数字证书的认证。数字证书是一种权威性的电子文档，由权威公正的第三方机构即 CA 中心签发的证书。数字证书有用户数字证书、企业（单位）数字证书、服务器数字证书、代码签名（软件）数字证书、网关数字证书和表单签名证书等，应用比较广泛。以数字证书为核心的加密技术可以对网络上传输的信息进行加密和解密、数字签名和签名验证，确保网上传递信息的机密性、完整性。使用了数字证书，即使发送的信息在网上被他人截获，甚至在丢失个人的账户、密码等信息的情况下，仍可以保证账户资金安全。如支付宝数字证书。

（5）基于生物特征的认证。采用计算机强大功能和网络技术进行图像处理和模式识别，具有很高的安全性、可靠性和有效性。生物特征分为身体特征和行为特征两类。身体特征包括：指纹、掌形、视网膜、虹膜、人体气味、脸形、手的血管和 DNA 等；行为特征包括：签名、语音、行走步态等。目前部分学者将视网膜识别、虹膜识别和指纹识别等归为高级生物识别技术；将掌形识别、脸形识别、语音识别和签名识别等归为次级生物识别技术；将血管纹理识别、人体气味识别、DNA 识别等归为"深奥的"生物识别技术。指纹识别技术目前应用广泛的有微型支付，如指付通。

2. 电子商务网站安全认证方法

电子商务网站安全认证的方法有数字证书、数字摘要、数字信封、数字签名、数字时间戳（DTS）、CA 认证中心、PKI 安全体系和金融 CFCA。鉴于大家对于数字证书、数字摘要、数字信封、数字签名及 CA 认证中心比较熟悉，下面只介绍数字时间戳、PKI 安全体系和 CFCA。

数字证书是由一个权威性的第三方认证机构（CA）颁发的用于证实网络交易用户的身份和网络资源访问权限的一种技术手段。它由一些权威的机构所认证，从而解决了各方相互间的信任问题。

（1）数字时间戳服务是网上安全服务项目，由专门的机构提供。时间戳（Time-stamp）是一个经加密后形成的凭证文档，它包括三个部分：

①需加时间戳的文件的摘要（Digest）。

②DTS 收到文件的日期和时间。

③DTS 的数字签名。

数字时间戳产生的过程为：用户首先将需要加时间戳的文件用 HASH 编码加密形成摘要，然后将该摘要发送到 DTS，DTS 在加入了收到文件摘要的日期和时间信息后再对该文件加密（数字签名），然后送回用户。由 Bell core 创造的 DTS 采用如下的过程：加密时将摘要信息归并到二叉树的数据结构；再将二叉树的根值发表在报纸上，这样更有效地为文件发表时间提供了佐证。注意，书面签署文件的时间是由签署人自己写上的，而数字时间戳则不然，它是由认证单位 DTS 来加的，以 DTS 收到文件的时间为依据。因此，时间戳也可作为科学家的科学发明文献的时间认证。

（2）公约基础设施 PKI（Public Key Infrastructure）是一种遵循标准的利用公钥加密技术为电子商务的开展提供一套安全基础平台的技术和规范，用户可以利用 PKI 平台提供的服务进行安全的电子交易、通信和互联网的各种活动。

目前被广泛采用的公钥基础设施 PKI，采用证书管理公钥，通过第三方的可信任机构——CA 认证中心把用户的公钥和用户的其他标识信息捆绑在一起,在互联网上验证用户的身份。通用的办法是把传输的信息进行加密和数字签名,保证信息传输的保密性、完整性、真实性和不可否认性,从而实现信息传输的安全。

PKI 技术是信息安全技术的核心,也是电子商务的关键和基础技术。PKI 的基础技术包括加密、数字签名、数字完整性机制、数字信封、双重数字签名等。一个 PKI 至少包括以下几部分:

- 公钥密码证书管理。
- 黑名单的发布和管理。
- 密钥的备份和恢复。
- 自动更新密钥。
- 自动管理历史密钥。
- 支持交叉认证。

基于 PKI 的市场发展前景非常巨大,它包含了很多内容,如 WWW 服务器和浏览器之间的通信、安全的电子邮件、EDI、Internet 上的信用卡交易以及 VPN。电子商务网站都需要 PKI 技术和解决方案,大企业需要建立自己的 PKI 平台,中小企业可以利用社会服务机构的 PKI 平台,为电子商务、政府办公、网上证券、网上银行等提供完整的网络安全解决方案。

图 10-8 的基于 PKI 的金融及税务安全管理平台构建了系统防护安全平台和统一安全服务平台来确保网站系统的安全可靠。系统防护安全平台设置了防火墙、入侵检测系统、病毒防护系统、漏洞扫描系统、灾难恢复系统,以保证网站免受内外攻击,安全运行。统一安全服务平台通过不可抵赖、数据加密、数据完整、访问控制、身份认证实现网站系统信息安全,实现了网站系统的关键安全。两套系统结合很好地保障了网站系统的安全。

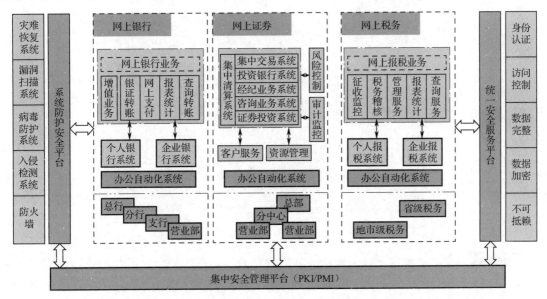

图 10-8 基于 PKI 的金融及税务安全管理平台

(3) 中国金融认证中心 CFCA。中国金融认证中心 (China Financial Certification Authori-

ty，英文简称 CFCA），是经中国人民银行和国家信息安全管理机构批准成立的国家级权威的安全认证机构，是重要的国家金融信息安全基础设施之一，也是《中华人民共和国电子签名法》颁布后，国内首批获得电子认证服务许可的 CA 之一。

CFCA 作为国家级权威、公正的第三方安全认证机构，为网上金融、电子商务、电子政务、网上缴税提供安全认证服务；确保了网上信息传递双方身份的真实性、信息的保密性和完整性，以及网上交易的不可否认性。

现在各家银行为开展网上业务也都成立了各自 CA 认证机构，专门负责签发和管理数字证书，并进行网上身份审核，实现了权威的、公正的、可信赖的第三方的作用。这样，交易的双方在参加交易之前，就已经过了网络银行在互联网上的身份验证和确认。保证了买卖双方的真实身份，为安全的交易奠定了信任的基础。

金融认证中心为了满足金融业在电子商务方面的多种需求，采用 PKI 技术，建立了 SET 和 Non-SET 两套系统，提供多种证书来支持各成员行有关电子商务的应用开发以及证书的使用。CFCA 有三层结构，第 1 层为根 CA、第 2 层为政策 CA，第 3 层为运营 CA，运营 CA 由 CA 系统和证书注册机构（RA）两大部分组成。

CFCA 体系结构如图 10-9 所示。

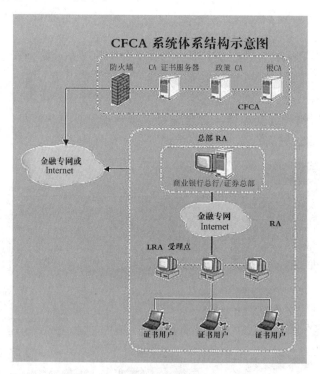

图 10-9 CFCA 系统体系结构示意图

目前 CFCA 证书已实现了网上银行业务的跨行身份认证，用户只需持有一张 CFCA 证书，即可在多个银行的网银系统中进行身份鉴别。今后，使用一张 CFCA 证书即可进行网上跨行查询、转账、支付等业务，这将极大地促进网上银行和电子商务业务的大力发展。

（四）网站安全技术对策

网站所采用的安全技术协议及标准有：S-HTTP（安全超文本传输协议）、SSL（安全套接层协议)、STT（安全交易技术协议）、SET 安全电子交易协议和 VPN 技术。其中广泛采用的是 SSL 和 SET 协议。

1. SSL 协议

SSL 是由 NETSCAPE 公司提出的针对数据的机密性/完整性/身份确认/开放性的安全协议，事实上它已成为 WWW 应用安全标准。SSL 协议采用对称加密和公开加密技术，准许浏览器端和 WWW 服务器端相互认证，保证了链路数据传输的保密性、完整性和认证性，因为客户端是有选择的，但它不能实现交易的不可否认性。SSL 协议体系完成交易过程中电子证书验证、数字签名、指令数据的加密传输、交易结果确认审计等功能。

2. SET 协议

SET 是由信用卡机构 VISA 及 MasterCard 提出的针对电子钱包/商场/认证中心的安全协议标准，它主要用于银行等金融机构的网上支付。SET 标准以推广利用信用卡网上交易，采用双重加密技术，能够实现信息保密性、资料完整性及数据认证、数据签名和交易者身份的真实性等，保障付款安全，而广受各界瞩目，并使全球市场接受。

使用 SSL 协议和 SET 协议实现了网络安全交易。为了确保十分安全，实施电子商务的企业网站最好采用 SET 协议。

3. VPN

VPN 利用不可靠的公用互联网络作为信息传输媒介，通过附加的安全隧道、用户认证和访问控制等技术实现与专用网络相类似的安全功能，从而实现对重要信息的安全传输。VPN 是一种"基于公共数据网，给用户一种直接连接到私人局域网感觉的服务。"VPN 极大地降低了用户的费用，而且具有安全、经济、易扩展、灵活、简化网络设计的特点。VPN 使用加密、信息和身份认证、访问控制等技术实现了安全访问和数据隧道传输的保密性和可用性。

VPN 分为三大类：企业各部门与远程分支之间的访问（Intranet VPN），企业网与远程（移动）雇员之间的远程访问（Remote Access VPN），企业与合作伙伴、供应商之间的访问（Extranet VPN）。

远程访问 VPN 方案（见图 10 - 10）：办事处、分公司、以太网、出差人员等外部人员通过 ISP 搭建的互联网 VPN 平台访问内部数据库服务器，通过防火墙建立一条安全通道，同时利用路由器和隧道技术与 VPN 不同设备建立不同的专网，比如专网 1 至专网 4（见图 10 - 11），让数据通过专网传输、交换、处理，从而做到保密安全。

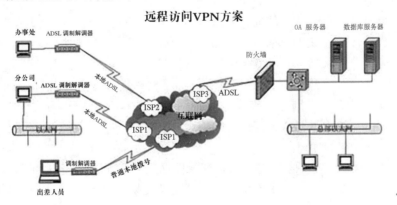

图 10 - 10　远程访问 VPN 方案

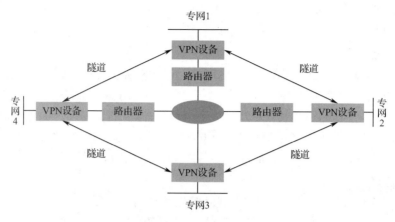

图 10-11 VPN 技术结构

（五）网站安全管理对策

电子商务网站建设之前就要建立一套完整的安全管理制度，包括人员安全管理制度、保密制度、跟踪审计和稽核制度、网站系统的日常维护制度、网站后台管理制度。

1. 人员安全管理制度

提高网站工作人员的素质，加强教育，明确责任，非网站工作人员不得进入机房，打印废弃纸张不随便丢弃。如果人力资源允许，可以将网络的安全维护、系统和数据备份、软件配置和升级等责任具体到网管人员，实行包机制度（每台计算机的责任落实到人）和机历本制度（记录每台计算机的使用过程、人员与状态）等，保证责任人之间的备份和替换关系。

对网站人员管理遵循以下原则：一是双人负责原则，重要业务实行两个人以上相互监督。二是任期有限原则，任何人不能长期担任与交易安全有关的职务。三是最小权限原则，分别设置查询权限、录入权限、分析权限、管理权限，只有网络管理员才可进行物理访问，只有网络人员才可进行软件安装工作。

2. 保密制度

企业网站系统涉及企业、产品及客户等相关信息，大多是有关机密的内容，因此要确定划分机密的类别，进行重点安全防护，相应人员要遵守保密制度。信息的安全级别分为三类：一是绝密级，即网站内部配置及规划、价格、公司经营状况及网络发展规划等。此部分网址、密码不在互联网上公开，只限于公司中级以上人员使用。二是机密级，即网站日常管理情况、会议通知。此部分网址、密码不在互联网上公开，只限于公司高级人员掌握。三是秘密级，即公司简介、新产品介绍及订货方式等。此部分网址、密码会在互联网上公开，只供用户浏览、查询，但必须有保护程序，防止黑客入侵。另外，网站要定期更换密钥，防止黑客破解密码。

3. 跟踪审计和稽核制度

网站要求建立网络交易日志机制，用来记录网站运行的全过程。利用 Cookie 进行实时跟踪，了解操作日期及方式、登录次数、运行时间及交易内容等，以便进行监督、维护分析、故障排除，防止网站遭到破坏。建立预警系统，一旦发现可疑，立马报警。建立审计和稽核制度，查漏补缺，杜绝不安全事件。

4. 网站系统的日常维护制度

要加强网站的日常维护，建立一系列日常维护制度。一是硬件设备维护。要保证 Web 存储服务器的安全保管、防盗、防毁和防霉。通信设备和通信线路的装置安装要稳固可靠，防止人为破坏，包括防止电磁泄漏、线路截获，以及电磁干扰。二是软件日常管理与维护。定期清理日志文件、临时文件、垃圾文件，检测服务器上的活动状态和用户注册数，处理运行中的死机情况和软件升级。三是数据备份制度。对信息系统进行存储、备份及恢复。四是病毒防范制度。安装杀毒软件，定期进行杀毒和木马检测。五是控制权限。对终端用户只有只读权限，对于已感染文件的属性、权限加以限制，防止病毒入侵。六是高度警惕网络陷阱。对诱人网络广告及免费使用，保持高度的警惕。七是容灾抗灾应急措施。不可抗力或紧急事件发生时，最大限度地减少损失，尽快恢复系统。

5. 网站后台管理制度

应该制定更加严格的网站后台管理制度，包括强密码（8 位以上字母 + 数字 + 符号字符的强密码），强制对所有用户密码加密（非对称加密得 32 位的 MD5 码），网站后台入口路径设置、黑客入侵的技术支持与汇报制度等。

聘任网站后台安全管理员出任网络警察，建立入侵检测系统，一旦发现非法入侵者，立马处理与解决，保障网站始终安全可靠。

（六）网站交易法规安全

虽然国家出台了一些有关网络交易的安全法律，比如《电子合同法》《电子签名法》《加强网络安全法》《电子支付示范法》《电子商务法》。但是对于瞬息巨变的网络，显然是不够的。政府应尽快出台较为安全的法律法规，保证网上交易的正常进行，并且探索适合我国国情的电子商务法律制度。

（七）防火墙技术

1. 防火墙的来历及概念

古时候，人们常在住处与生活处所之间砌起一道墙，一旦发生火灾，它能够防止火势蔓延到别的地方，这种墙称为防火墙（Firewall）。

防火墙是指设置在内网与外网入口处或网络安全域之间的一系列软件或硬件设备（包括路由器、服务器）的组合。其目的是阻止对信息资源的非法访问；也可以使用防火墙阻止内部信息从公司的网络上被非法窃取。防火墙是用来保护内部网安全的系统，它通过控制和监测网络之间的信息交换和访问行为来实现对网络安全的有效管理。图 10 – 12 所示是典型的防火墙结构。

2. 防火墙的主要功能

防火墙的主要功能有以下 6 个方面：

（1）实现了网络之间的隔离或控制。

限制外部网对内部网的访问，限制内部网对外部网的访问，设立屏障，隔离、控制病毒及非法入侵，从而保护内部网特定资源的安全。防火墙能过滤那些天生不安全的服务，只有预先被容许的服务才能通过防火墙。防火墙还可以保护基于路由选择的攻击，如源路由选择和企图通过 ICMP 将发送路径转向招致损害的网站。防火墙可以排斥所有源点发送的包和 ICMP 改向，然后把偶发事件通知管理人员。

（2）记录与 Internet 之间的通信活动。

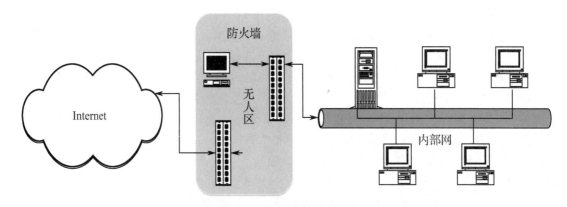

图 10－12　防火墙的结构示意图

如果所有对 Internet 的访问都经过防火墙，防火墙就对访问的全部情况进行日志记录和统计。当发生可疑情况时，防火墙就报警并提供网络是否受到检测和攻击的详细信息。

（3）强化了安全访问策略。

凡是没有被列为禁止访问的服务都是允许的，凡是没有被列为容许访问的服务都是被禁止的。企业使用防火墙，就可以将所有修改过的软件和附件的安全软件，尤其对于密码口令系统或其他的身份认证软件都放在防火墙上集中管理，因而使用防火墙比不使用防火墙更经济。

（4）控制对特殊站点的访问。

防火墙能控制对特殊站点的访问，在内网中，只有 WWW 服务器、E-mail 服务器、FTP 服务器能被外部网访问，而其他访问则被防火墙禁止，防护有害的访问。确定是安全被许可站点的访问才放行，否则拒绝。

（5）过滤进出网络数据包。

安全预先许可的数据包允许进出网络。保证任何未经许可的数据包不"通"。

（6）网络地址翻译。

对于预先容许通过的数据的请求，防火墙则将其请求传到相应的 IP 地址的 Web 服务器上做出相应处理。

3. 防火墙的不足之处

防火墙的不足之处主要表现在：

（1）防火墙不能防范不经由防火墙的攻击，如通过工作站的攻击。

（2）防火墙不能防止受到病毒感染的软件或文件的传输。

（3）防火墙不能防止数据驱动式攻击。当有些表面看起来无害的数据被邮寄或复制到 Internet 主机上并被执行二次发起攻击时，就会发生数据驱动攻击。数据在防火墙之间的更新，如果延迟太大将无法支持实时服务请求。

作为保护网络安全的产品，防火墙技术已经逐步趋于成熟，并为广大用户所认可。但防火墙是不能防病毒的，可以采用双防火墙或采用包过滤路由器加防火墙二级安全机制来实现网站的安全，如图 10－13 所示。

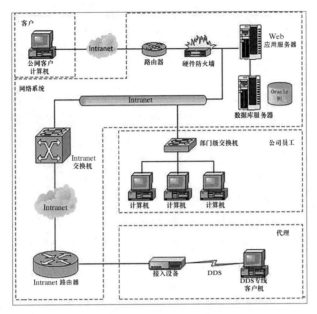

图 10-13 二级安全防火墙结构

如今电信网络诈骗"合体",安全"防火墙"亟待升级,今后一定要借助技术手段加强网站安全以防诈骗。

单元三 电子商务网站常见病毒防范

电子商务网站往往更容易受到病毒的入侵与攻击。我们要弄清病毒传播方式,采取相应的病毒防范措施,以控制病毒无法进入网站系统内部盗取重要数据或搞破坏。

一、网络病毒的传播方式

网络病毒一般通过网络、电子邮件文件进行传播,它的传染能力更强,破坏性更大,扩散面更广,可以防不胜防。它破坏的不仅是单机系统,而很可能疯狂复制,蔓延到整个互联网系统,造成不可挽回的大量损失。

网络病毒不仅包括网上下载文件时带来的病毒,而且也包括用户在客户机或服务器上使用软盘时感染的病毒。

从互联网传来的病毒主要隐藏在下载软件程序文件和电子邮件里,比如附在文件、链接、弹出窗口、网络游戏之中。例如比较著名的爱虫病毒(fall in love),利用电子邮件在全球的互联网疯狂传播,造成上亿元的损失。另外一些病毒隐藏在 Web 页面上,一般是一些恶意的 Active 或 Java 程序。

二、网络病毒的分类

目前,破坏计算机的流行病毒可以归纳为以下几类。

1. 蠕虫病毒

蠕虫病毒是一种常见的计算机病毒。它的传染机理是利用网络进行复制和传播,传染途径是通过网络和电子邮件。比如近几年危害很大的"尼姆达"病毒就是蠕虫病毒的一种。这一病毒利用了微软视窗操作系统的漏洞，计算机感染这一病毒后，会不断自动拨号上网，并利用文件中的地址信息或者网络共享进行传播，最终破坏用户的大部分重要数据。

蠕虫病毒于1987年出现，这是一种能迅速大规模繁殖的病毒，其繁殖的速度可达300台/月，在危害网络的数以千计的计算机病毒中蠕虫病毒造成的危害最大，蠕虫长时间占用系统资源，使系统负担过重而瘫痪。2007年爆发的"网游大盗"病毒，损失估计达千万美元。

2. 病毒邮件

收发电子邮件是互联网的一项基本而普遍的操作。企业实施电子商务活动时需频繁使用电子邮件进行信息传递。然而，某些病毒制造者也看中了深受人们喜欢的电子邮件，并将其置于附件中，用户一旦用计算机或手机打开附件，机子就会感染病毒。

3. 公开发放的病毒

在计算机网络中有一种"共享软件"，它是由计算机用户免费使用、复制以及分享的软件。如果计算机病毒以这种方式公开发布，就可进入各种领域，并进入各个计算机网络，对计算机网络造成极大的危害。

4. 逻辑炸弹

它由满足某些条件（如时间、地点、特定名字的出现等）受激发而产生破坏作用。逻辑炸弹是由编写程序的人有意设置的，定时器一到就爆炸，将会造成致命性的损失。

5. 特洛伊木马

它是一种未经授权的程序，带有人们喜欢的名字。当使用者将它引入自己的计算机后，木马程序就将用户计算机名、口令或编辑文档复制存入一个隐蔽的文件中，供攻击者检索。

6. 预置陷阱

预置陷阱是指在信息系统中程序开发者有意安排预设一些陷阱，以干扰和破坏计算机系统的正常运行。在对信息安全的各种威胁中，预置陷阱是危害最大、最难预防的一种威胁，一般分为硬件陷阱和软件陷阱两种。

（1）硬件陷阱，指"芯片级"陷阱。例如，使芯片经过一段有限的时间后自动失效，使芯片在接收到某种特定电磁信号后自毁，使芯片在运行过程中发出可识别其准确位置的电磁信号等。这种"芯片捣鬼"活动的危害不能忽视，一旦发现，损失非同寻常，计算机系统中一个关键芯片的小小故障，就足以导致整个网站服务器系统乃至整个连接信息网络系统停止运行。这是进行信息网络攻击既省力、省钱又十分有效的手段。

（2）软件陷阱，指"代码级"陷阱。软件陷阱的种类比较多，黑客主要通过软件陷阱攻击网络。"陷阱门"又称"后门"，是计算机系统设计者预先在系统中构造的一种结构。网络软件所存在的缺陷和设计漏洞是黑客进行攻击服务器系统的首选目标。在计算机应用程序或系统操作程序的开发过程中，通常要加入一些调试结构。在计算机软件开发完成之后，如果为达到攻击系统的目的，而特意留下少数结构，就形成了所谓越过对方防护系统的防护进入系统，从而进行攻击破坏。

三、网站病毒防范的措施及方法

防范网站病毒的入侵与攻击，可采取以下措施与方法。

1. 安装杀毒软件和防火墙

安装优秀的正版的企业级反病毒软件，如瑞星杀毒软件、卡巴斯基、360 安全卫士等，且能够不断地实现在线升级，加强网站内部网的整体防病毒措施。在因特网入口处安装防火墙或计算机杀毒软件，将病毒隔离在局域网之外。并经常进行查毒、杀毒，开启所有病毒实时监控功能，对不同的服务器进行监控，分析、判断是否有非法攻击或病毒入侵。对防火墙进行安全设置、屏蔽，防止网站系统感染病毒。

图 10 – 14 所示是安装杀毒软件和防火墙的示意图。

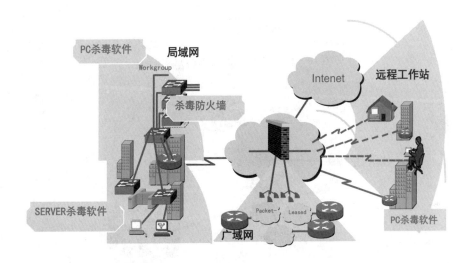

图 10 – 14　安装不同杀毒软件和防火墙

2. 必须做到"三打三防"措施

所谓的"三打"指的是注意打系统补丁、上网时打开杀毒软件实时监控功能、玩网络游戏时打开个人防火墙。"三防"指的是防邮件病毒，不要打开陌生电子邮件附带的附件；防木马病毒；防恶意"好友"通过 MSN、QQ、OICQ 传染病毒。

3. 建立病毒入侵检测系统

病毒入侵检测系统是一套监控计算机和网站系统中发生的事件，根据规则进行安全审计的软件或硬件系统。它是一个"窥探系统"，悄无声息地收集若干关键点的数据，如自身检验、关键字、文件长度的变化，进而分析有无网站的异常和病毒的攻击，尽量减少损失。

病毒检测一直是病毒防护的支柱，然而随着病毒的数目和可能切入点的大量增加，识别古怪代码串的进程变得越来越复杂，而且容易产生错误和疏忽，因此应将病毒检测、多层数据保护和集中式管理等结合起来，形成多层次防御体系。

图 10 – 15、图 10 – 16 为病毒入侵检测系统。

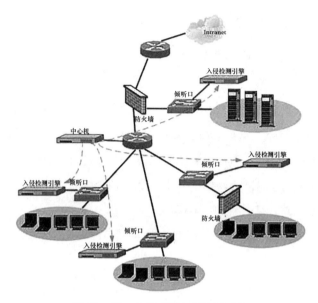

图 10-15　多组病毒入侵检测系统

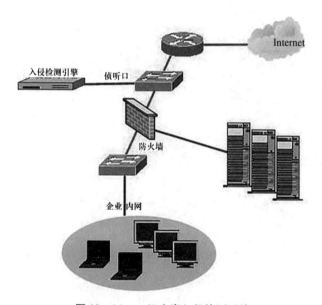

图 10-16　一组病毒入侵检测系统

4. 采用网络防病毒技术

预防病毒技术，包括加密可执行程序、引导区保护、系统监控和读写控制（如防病毒卡），监视和判断系统中是否存在病毒，阻止其破坏。对于网站服务器上的文件进行频繁的扫描和检测，工作站上采用防病毒芯片和对网络目录文件设置网络访问权限等。对网站上的所有机器，利用唤醒功能，进行夜间扫描，检测病毒；设置在线报警系统，以便及时处理机子故障，防范病毒入侵。

5. 加强网站管理员的安全防范意识

对于病毒入侵，网站管理员要有警觉，要意识到病毒的巨大危害性，及时安装并升级杀毒软件，及时更新病毒数据库与漏洞检测，尽量减少共享数据库，尽量控制权限，增加密码，不时清理系统恶评插件与恶意代码、脚本等，防止病毒在网络中传播，提高网站安全管理水平。

通过员工教育，组织培训，健全计算机网络系统的管理规则，提高员工的防病毒意识。将常见病毒等问题直接链接到公司主页公告牌上，使员工能够方便查询、知晓。

6. 建立备份策略和应急响应系统

为网站所有重要数据进行有规律的备份，并确保对备份进行病毒检查，即使备份信息有可能携带病毒，也是必要的。因为用户有可能采用适当的反病毒方案，安全恢复所有数据。当发现病毒时能在第一时间提供解决方案，以便及时杀灭病毒。

图 10-17 是某公司网站系统安全解决方案示意图。

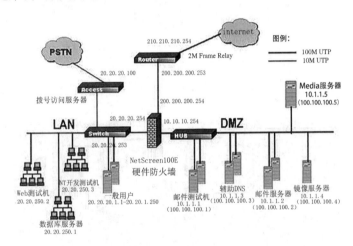

图 10-17　某公司网站系统安全解决方案

设置隔离区（DMZ），把邮件服务器等放到该区，并把该区的服务器映射到外网的合法地址上，以便 Internet 网上用户访问。

严禁 Internet 网上用户到公司内部网的访问。

允许公司内部网通过地址转换方式（NAT）访问 Internet。

允许拨号用户通过拨号访问服务器到公司内部网访问。

任务实施

任务一　安装防病毒软件

对某一电子商务网站，安装防病毒软件，经常进行杀毒，并开启实时病毒入侵检测。

【实训准备】

（1）能访问 Internet 的机房，学生 4 人一组，每人一台计算机。

（2）具有教师控制机，能随时监控学生操作情况。

【实训目的】

通过安装防病毒软件，掌握杀毒软件的使用，并会利用杀毒软件进行病毒入侵检测。

【实训内容】

安装金山杀毒软件并杀毒。

【实训过程】

(1) 下载金山杀毒软件,如图 10-18 所示。

(2) 下载完成后,双击图标进行安装,选择安装地址,然后进行安装,如图 10-19 所示。

(3) 安装完毕,进行全面扫描,如图 10-20、图 10-21 所示。

图 10-18 下载金山杀毒软件界面

图 10-19 安装金山杀毒软件

图 10-20 安装完毕界面

图 10 – 21　全面扫描界面

（4）扫描完毕，选择"一键修复"选项进行处理，如图 10 – 22、图 10 – 23 所示。

（5）修复结束，如图 10 – 24 所示。

（6）单击"闪电查杀"选项，可以快速杀毒，如图 10 – 25 所示。

图 10 – 22　扫描结果界面

图 10-23 修复电脑异常界面

图 10-24 电脑修复结束界面

图 10-25 闪电查杀界面

任务二　安装防火墙

对某一电子商务网站安装防火墙软件，开启所有网页实时监控，并进行安全设置。

【实训准备】

（1）能访问 Internet 的机房，学生 4 人一组，每人一台计算机。

（2）具有教师控制机，能随时监控学生操作情况。

【实训目的】

通过安装防火墙软件，掌握防火墙软件的使用，并会进行安全设置。

【实训内容】

安装瑞星防火墙软件并进行安全设置。

【实训过程】

（1）下载金山卫士防火墙，如图 10-26 所示。

图 10-26　下载金山卫士防火墙

（2）下载完毕，选中"我已阅读并且同意金山网络许可协议"复选框，双击"立即安装"按钮，打开选择"中文简体"选项，确定后进行安装，如图 10-27、图 10-28、图 10-29 所示。

（3）安装完毕，进行体检，如图 10-30、图 10-31 所示。

（4）对体检结果进行修复，如图 10-32、图 10-33 所示。

图 10-27　接受许可协议，进行安装界面

图 10-28 金山卫士安装界面

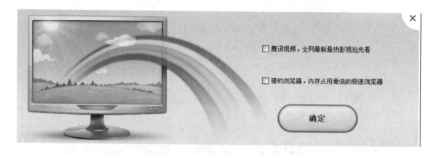

图 10-29 金山卫士安装完毕界面

图 10-30 安装完毕等待安全体检界面

项目十 电子商务网站安全 313

图 10 – 31 安全体检界面

图 10 – 32 体检结果界面

图 10 – 33 安全修复界面

技能训练

技能训练一　支付宝数字证书的申请

【训练准备】
(1) 能访问 Internet 的机房，学生每人一台计算机。
(2) 具有教师控制机，供学生上传作业。

【训练目的】
学会申请个人支付宝数字证书，掌握操作流程。

【训练内容】
个人支付宝数字证书申请及使用。

【训练过程】
(1) 登录支付宝（www.Alipay.com）。登录自己的支付宝账户，进入支付宝账户之后，进入安全中心。
(2) 进入安全中心以后，单击进入"安全管理工具"，找到数字证书工具。
(3) 单击数字证书工具中的查看详情，输入相关的个人信息，接收手机验证码。
(4) 验证码通过以后，申请数字证书并下载安装证书。
(5) 直至数字证书安装成功。

技能训练二　360 安全卫士的使用

【训练准备】
(1) 能访问 Internet 的机房，学生每人一台计算机。
(2) 具有教师控制机，供学生上传作业。

【训练目的】学会利用 360 安全卫士进行查杀病毒以及漏洞检测与修复，清理恶评插件、临时文件和系统垃圾，保障系统安全。

【训练内容】
360 安全卫士的使用。

【训练过程】
(1) 下载安装 360 安全卫士。
(2) 升级，开启网络实时防护。
(3) 快速扫描并修复漏洞、打补丁。
(4) 清理系统垃圾及临时文件。
(5) 清理重要使用痕迹。
(6) 云木马查杀病毒。
(7) 病毒检测。

项目十　电子商务网站安全

网站建设流程和
电子商务法

你的手机安全吗

防电信网络诈骗

疫情相关

参 考 文 献

[1] 李迎辉. 电子商务网站安全与维护 [M]. 北京：电子工业出版社，2012.
[2] 臧良运，崔连和. 电子商务网站建设与维护 [M]. 北京：电子工业出版社，2010.
[3] 宋文官，杨国良. 电子商务网站建设与维护实训 [M]. 2版. 北京：高等教育出版社，2016.
[4] 李建忠，安刚，牟凤瑞. 电子商务网站建设与维护 [M]. 北京：清华大学出版社，2014.
[5] 陈红红，史红军. 网站管理与维护 [M]. 北京：北京航空航天大学出版社，2010.
[6] 孙伟，焦述艳. 网站建设与管理 [M]. 北京：人民邮电出版社，2014.
[7] 李建忠. 电子商务网站建设 [M]. 北京：清华大学出版社，2012.
[8] 徐彬，贾成会，赵骥. 电子商务网站建设 [M]. 广州：华南理工大学出版社，2014.
[9] 陈薇. Dreamweaver CS6 网页设计应用案例教程 [M]. 北京：清华大学出版社，2015.
[10] 李军，黄宪通，李慧. ASP 动态网页制作教程 [M]. 北京：人民邮电出版社，2016.
[11] 黄胜忠. 轻松学 HTML + CSS 网站开发 [M]. 北京：电子工业出版社，2013.